建筑工程施工管理研究

张统华　著

吉林科学技术出版社

图书在版编目（C I P）数据

建筑工程施工管理研究 / 张统华著. -- 长春 : 吉林科学技术出版社, 2022.8

ISBN 978-7-5578-9379-8

Ⅰ. ①建… Ⅱ. ①张… Ⅲ. ①建筑工程－施工管理－研究 Ⅳ. ①TU71

中国版本图书馆 CIP 数据核字(2022)第 113547 号

建筑工程施工管理研究

著　　张统华
出 版 人　宛　霞
责任编辑　王　皓
封面设计　北京万瑞铭图文化传媒有限公司
制　　版　北京万瑞铭图文化传媒有限公司
幅面尺寸　185mm×260mm
开　　本　16
字　　数　310 千字
印　　张　14.375
印　　数　1-1500 册
版　　次　2022年8月第1版
印　　次　2022年8月第1次印刷

出　　版　吉林科学技术出版社
发　　行　吉林科学技术出版社
地　　址　长春市南关区福祉大路5788号出版大厦A座
邮　　编　130118
发行部电话/传真　0431-81629529　81629530　81629531
　　　　　81629532　81629533　81629534
储运部电话　0431-86059116
编辑部电话　0431-81629510
印　　刷　廊坊市印艺阁数字科技有限公司

书　　号　ISBN 978-7-5578-9379-8
定　　价　58.00 元

《建筑工程施工管理研究》编审会

前言 PREFACE

近年来，组织施工的方法和施工管理水平有了较大发展与进步，表现为流水施工理论与应用的发展和进步，工程网络计划及其优化方法的应用与发展，施工组织与管理方法的不断进步以及与施工组织设计、工程项目管理有关规范的出台或更新等。这些都要求教材的更新和进步，以适应高级应用型人才培养的需要。

建筑施工技术是建筑类专业的一门主干专业课程。其主要内容是研究建筑工程各分部分项工程的施工工艺流程、施工方法、技术措施和要求以及质量验收方法等，对培养学生在施工一线的岗位能力有着重要的作用。建筑施工技术涉及面广，综合性、实践性强，其发展又日新月异。建筑工程施工组织与管理它所研究的内容是建筑施工项目管理科学的重要组成部分，它对统筹建筑施工项目全过程，推动建筑企业进步和优化建筑施工项目管理起到核心作用。通过该门课程的学习将使学生掌握建筑施工组织设计与管理的基本概念、基本方法以及流程，并通过实操训练、案例学习与项目实训获得进行建筑施工组织与管理的技能，对培养学生的专业和岗位能力，使学生较快成为具有实际工作能力的建筑施工技术和管理人才有重要作用。

本书主要从建筑施工承包商的角度出发，以工程项目的施工组织与管理为立足点，对施工准备、施工组织设计的编制、进度计划的编制与执行、成本管理、安全与质量控制、合同管理等各主要环节的关键问题都做了详细的阐述，并运用现代组织管理理论，将各主要环节连接成一个有机整体。

本书结合工程实际，由浅入深地讲述建筑工程流水施工组织方法、建筑工程施工进度网络计划的编制方法和单位工程施工组织设计的编制方法，简要介绍施工现场管理的基本知识。本书针对学科实践综合性强、涉及面广的特点，在编写过程中注重理论联系实际，具有系统完整、内容先进适用、可操作性强的特点，便于案例教学、实践教学。

目录 CONTENTS

第一章　建筑工程施工管理

第一节　施工质量管理

一、施工质量管理概述

（一）工程质量的特性

工程质量指建设工程满足相关标准规定与合同约定要求的程度。建筑工程质依的特性主要表现在适用性、耐久性、安全性、可靠性、经济性、节能性以及与环境的协调性 7 个方面。

1. 适用性

适用性指工程满足使用要求所具备的各种性能。其主要包括理化性能、结构性能、使用性能和外观性能等。

2. 耐久性

耐久性即寿命，指工程在规定的条件下，满足规定功能要求使用的年限，也就是工程竣工后的合理使用寿命周期。

3. 安全性

安全性指工程建成后在使用过程中保证结构安全、保证人身和环境免受危害的程度。

4. 可靠性

可毒性指工程在规定的时间内和规定的条件下，完成规定功能能力。工程不仅要求在交工验收时要达到规定的指标，而且在一定的使用时期内要保持应有的正常功能。

5. 经济性

经济性指工程整个寿命周期内的成本和消耗的费用，其主要包括设计成本、施工成本、使用成本三者之和。

6. 节能性

节能性是工程在设计与建造过程及使用过程中满足节能减排、降低能耗的标准和有关要求的程度。

7. 与环境的协调性

与环境的协调性指工程与其周围生态环境协调，与所在地区经济环境协调以及与周围已建工程相协调，以适应可持续发展的要求。

上述7个方面的质量特性相互依存、缺一不可。针对不同门类、不同专业的工程，可根据其所处的特定地域环境条件、技术经济条件的差异，有不同的侧重面。

（二）影响工程质量的因素

在工程施工中，影响工程质量的因素很多，主要归纳为人、材料、机械、方法和环境5个方面。

1. 人员素质

人是生产经营活动的主体，也是工程项目建设的决策者、管理者、操作者，工程项目建设的全过程都是通过人来完成的。人员的素质、管理水平、技术和操作水平的高低都将最终影响工程实体质量，所以人员素质是影响工程质量的一个重要因素。

2. 工程材料

工程材料指构成工程实体的各类建筑材料、构配件、半成品等，是工程建设的物质条件，是工程质量的基础。工程材料选用是否合理、产品质量是否合格、保管使用是否得当等，都将直接影响工程的结构安全和使用功能。

3. 机械设备

机械设备可以划分为两类：一类是构成工程实体及配套的工艺设备和各类机具，如电梯、采暖、通风设备等，它们构或了工程项目的一部分；另一类是施工过程中使用的各类机具设备，包括大型垂直运输设备、各类施工操作工具、各类测量仪器和计量器具等，施工机具设备产品质量的优劣会直接影响工程的使用功能质量，此外，施工机具设备的类型是否符合工程施工特点，性能是否先进稳定，操作是否方便安全等，都会影响工程项目的质量。

4. 方法

方法指工艺方法、操作方法和施工方案。在工程施工过程中，施工方案是否合理，施工工艺是否先进，施工方法是否正确，都将对工程质量产生重大影响，积极推进采用新技术、新工艺、新方法，不断提高工艺技术水平，是保证工程质量稳定提高的重要因素。

5. 环境条件

环境条件是指对工程质量特性起重要作用的环境因素，主要包括以下4个方面：

（1）工程技术环境，如工程地质、水文、气象等。

（2）工程作业环境，如施工作业而大小、防护设施、通风照明、通信条件等。

（3）工程管理环境，如工程实施的合同结构与管理关系的确定、组织体制与管理制度等。

（4）周边环境，如工程临近的地下管线、建筑物等。

加强环境管理，把握好技术环境，改进作业条件，辅以必要措施，是控制环境对质量影响的重要保证。

（三）施工质量控制的工作程序

在工程开工前，施工单位必须做好施工准备工作，待开工条件具备之时，应向项目监理机构报送工程开工报审表及相关资料。专业监理工程师审查合格后，由总监理工程师签署审核意见，并报建设单位批准后，总监理工程师签发开工令。

在施工过程中，每道工序完成后，施工单位应进行自检，只有上一道工序被确认质量合格后，才可进行下道工序施工。当隐蔽工程、检验批、分项工程完成后，施工单位应自检合格，填写相应的隐蔽工程或检验批或分项工程报审、报验表，并附有相应工序和部位的工程质量检查记录，报送项目监理机构验收。

施工单位完成分部工程施工，且分部工程所包含的分项工程全部检验合格后，应填写相应分部工程报验表，并附有分部工程质量控制资料，报送项目监理机构验收。施工单位已完成施工合同所约定的所有工程量，并完成自检工作，工程验收资料已整理完毕，应填报单位工程竣工验收报审表，报送项目监理机构竣工验收。

二、施工企业质量管理体系的建立和运行

质量管理的各项要求是通过质量管理体系实现的。建立完善的质量管理体系并使之有效地运行，是企业质量管理的核心。质量管理体系是在质量方面指挥和控制组织的管理体系，是建立质量方针和质量目标并实现这些目标的相互关联或相互作用的一个要素。施工企业应结合自身特点和质量管理的需要，对质量管理体系中的各项活动进行策划，建立质量管理体系，并在运行过程中遵循持续改进的原则，及时进行检查、分析、改进质量管理的过程和结果。

质量管理体系的建立和运行一般可分为 3 个阶段，即质量管理体系的策划和建立、质量管理体系文件的编制和质量管理体系的实施运行。

（一）质量管理体系的策划和建立

1. 质量管理体系的策划

质量管理体系策划应以有效实施质量方针和实现质量目标为目的，使质量管理体系的建立满足质量管理的需要。通过质量管理活动的策划，明确目的、职责、步骤和方法。策划的内容包括：①确定质量管理活动、相互关系及活动顺序。②确定质量管理组织机构。③制定质量管理制度。④确定质量管理所需的资源。

2. 质量管理体系的建立

质量管理体系的建立是企业根据质量管理 8 项原则，在确定市场及顾客需求的前提下，制定企业的质量方针、质成目标、质量手册、程序文件和质量记录等体系文件，并将质量目标落实到相关层次、相关岗位的职能和职责中，以此来形成企业质量管理体系执行系统的一系列工作。

（二）质量管理体系文件的编制

质量管理体系文件是质量管理体系的重要组成部分，同时也是企业进行质量管理

和质量保证的基础。编制质量管理体系文件是建立和保持体系有效运行重要基础工作。质量管理体系文件包括：质量手册、质量计划、质量管理体系程序、详细作业文件和质量记录。

（三）质量管理体系的实施运行

在质量管理体系运行阶段，施工企业应建立内部质量管理监控检查和考核机制，确保质量管理制度有效执行。施工企业对所有质量管理活动应采取适当的方式进行监督检查，明确监督检查的职责、依据和方法，对其结果进行分析。根据分析结果明确改进目标，采取适当的改进措施，以提高质量管理活动的效率。

1. 对过程及其结果进行监视和测量

在质量管理体系运行过程中，应对各项质量活动过程及其结果进行监视和测量，通过对监视和测量所收集的信息进行分析，确定各个过程满足预定目标的程度，并对过程质量进行评价和确定纠正措施。

同时，在质量管理体系运行中，还要针对质量计划和程序文件的执行情况进行监视，针对质量管理体系中的某些关键点跟踪检查、监督其是否按计划要求和有关程序要求实施。

2. 组织协调

质量管理体系的运行是依靠体系中组织机构内各个部门和全体员工的共同参与，所以为保证质量管理体系有序、高效地运行，各部门及其人员之间的活动必须协调一致。为此，管理者应做好组织内部和外部的协调工作，建立稳定有序的协调机制，明确责任和权限，实行分层次协调的机制，使组织内部各层次和各部门都能了解规定的质量要求、质量目标和完成情况，对存在的问题和分歧能够取得共识；对组织外部的协作单位和部门也能相互配合、协调活动，建立起积极的协作互利的关系。

3. 信息管理

在质量管理体系运行中，通过质量信息的反馈，可以对异常信息进行分析、处理，实施动态控制，使各项质量活动和过程处于受控状态，从而保证质量管理体系的正常运行。为做好信息管理工作，企业应建立公司、分公司、项目部等多级信息系统，并规定相应的工作制度，而且信息系统必须延伸到分包企业或是外联劳务队伍的管理工作中。

4. 定期进行内部（或外部）审核

审核的目的是确定质量管理体系过程和要素是否符合规定要求，能否实现质量目标，并为质量管理体系的改进提供意见。审核的内容一般包括质量管理体系的组织结构及其相应的职责和权限；有关的管理程序和工作程序；人员、设备和材料；质量管理体系中各阶段的质量活动；有关文件、报告记录。

审核人员应该是与被审核部门的工作无直接关系的人员，以保证审核工作及其结果的公正性。审核人员应具备相应的工作能力，具有有关机关颁发的资格证书。质量管理体系的内审工作是由内审员来完成的，对内审员的管理和监督将直接关系到内审工作的好坏。因此，企业应加强对内审员的监督管理、改进内审员的选择和聘用制度，提高内审员的素质。

三、施工质量控制的内容和方法

施工质量控制是一个由对投入的资源和条件的质量控制，进而对生产过程及各环节质量进行控制，直到对所完成的工程产出品的质量检验与控制为止的全过程的系统控制工程。施工质量控制的划分方式有以下三种：①按工程实体质量形成过程的时间阶段可以划分为施工现场准备的质量控制、施工过程的质量控制、竣工验收控制 3 个环节。②按工程实体形成过程中物质形态转化的阶段可以划分为对投入的物质资源质量的控制、施工过程质量控制、对完成的工程产出品质量的控制与验收。③按工程项目施工层次划分。例如可对于建筑工程项目，可以划分为单位工程、分部工程、分项工程、检验批等层次。

以下按工程实体质量形成过程的时间阶段分别介绍质量控制内容。

（一）施工现场准备的质量控制

施工准备工作指在工程项目正式施工之前，从组织、技术、经济、劳动、物资、生活等方面做好施工的各项准备工作，以保证工程顺利施工。

施工现场准备的质量控制主要包括以下内容：

1. 工程定位及标高基准控制

工程施工测量放线是建设工程产品由设计转化为实体的第一步。施工测量的质量好坏，将直接影响工程产品的质量。因此要求施工单位对建设单位提供的原始基准点、基准线和标高等测量控制点进行复核，并将复测结果报监理工程师审核，经批准后施工单位方能据以建立施工测量控制网，进行测量放线。

2. 施工平面布置的控制

建设单位应按照合同约定并考虑施工单位施工的需要，事先划定并提供施工用地和现场临时设施用地的范围。施工单位应合理规划施工场地，合理安排各种临时设施、材料加工场地、机械设备的位置，保持施工现场的道路畅通、材料的合理堆放、临水临电的合理布置等。合理的施工平面布置不仅有利于工程施工的顺利进行，并能够进一步减少材料的运距、减少二次搬运，降低施工成本。

3. 工程材料的质量控制

（1）把好采购订货关

凡由承包单位负责采购的原材料、半成品或构配件，在采购订货前应向监理工程师申报。对于重要的材料，还应提交样品，供试验或鉴定，有些材料则要求供货单位提交理化试验单（如预应力钢筋的硫、磷含量等），经监理工程师审查认可之后，方可进行订货采购。

（2）把好进场检验关

对于工程材料，施工单位必须按照规范要求的检验批数量、取样方法、检验指标要求等内容进行抽样检验或试验。例如，水泥物理力学性能检验要求同一生产厂、同一等级、同一品种、同一批号且连续进场的水泥，袋装不超过 200t 为一检验批、散装不超过 500t 为一检验批，每批抽样不少于一次。取样应在同一批水泥的不同部位等量采集，取样点不少于 20 个点，并应具有代表性，且总重量不少于 12kg。

（3）把好存储和使用关

施工单位必须加强材料进场后的存储和使用管理，避免材料变质，如水泥受潮结块、钢筋锈蚀等，将变质材料应用于工程将导致结构承载力的下降，由此引发质量事故。防止使用规格、性能不符合要求的材料造成工程质量事故。施工单位应根据材料的性质、存放周期等做好材料的合理调度，合理安排储存量，合理堆放，并做到正确使用材料。

4. 施工机械设备的质易控制

施工机械设备的质量控制就是要使施工机械设备的类型、性能、参数等与施工现场的实际条件、施工工艺、技术要求等因素相匹配，符合施工生产要求。

机械设备的选型应按照技术上先进、生产上适用、经济上合理、使用上安全、操作上方便的原则进行。主要性能参数的确定必须满足施工需要和保证质量要求。例如，选择起重机进行吊装施工，其起重量、起重高度及起重半径均应满足吊装要求。为正确操作机械设备，实行定机、定人、定岗位职责的使用管理制度，规范机械设备操作规程、例行保养制度等。在施工前，应审查所需的施工机械设备是否已按批准的计划备妥，是否处于完好的可用状态，以确保工程施工质量。

（二）施工过程的质量控制

施工过程的质量控制主要包括以下内容。

1. 工序施工质量控制

施工过程是由一系列相互联系与制约的工序构成。工序则是人、材料、机械设备、施工方法和环境因素对工程质量综合起作用的过程。对施工过程的质量控制，必须以工序质量控制为基础和核心。工序的特征是工作者、劳动对象、劳动工具和工作地点均不变。例如，钢筋制作施工过程是由平直钢筋、钢筋除锈、切断钢筋、弯曲钢筋等工序组成的。

工序施工质量控制主要包括工序施工条件质量控制和工序施工效果质量控制。工序施工条件控制就是控制工序活动的各种投入要素质量和环境条件质量。采用检查、测试、试验、跟踪监督等手段判断是否满足设计质量标准、材料质量标准、机械设备技术性能标准、施工工艺标准以及操作规程等。工序施工效果质量控制就是控制工序产品的质量特性和特性指标能否达到设计质量标准以及施工质量验收标准的要求。工序施工效果质量控制通过实测获取的数据、统计分析其所获取的数据来判断认定质量等级和纠正质量偏差，因此属于事后质量控制。

2. 质量控制点的设置

质量控制点指为了保证作业过程质量而确定的重点控制对象、关键部位或薄弱环节。施工单位在工程施工前应根据施工过程质量控制的要求，列出质量控制点明细表，并详细列出各质量控制点的名称或控制内容、检验标准及方法等，提交监理工程师审查批准，在此基础上实施质量预控。

（1）选择质量控制点的原则

选择质量控制点，主要考虑以下原则：并对工程质量产生直接影响的关键部位、关键工序或某一环节、隐蔽工程；施工中的薄弱环节，质量不稳定的工序、部位或对象；对后续工序质量或安全有重大影响的工序、部位或对象；采用新技术、新工艺、新材料的部位或环节；施工上无足够把握的、施工条件困难的或技术难度大工序或环节。

（2）质量控制点重点控制的对象

①人的行为

对某些操作或工序，应以人为重点控制对象，如技术难度大、操作要求高的工序，钢筋焊接、模板支设、复杂设备安装等；对人的身体素质或心理要求较高的作业，如高温、高空作业等。

②材料的质量与性能

材料是直接影响工程质量和安全的重要因素，应作为控制的重点。

③施工方法与关键操作

例如，预应力钢筋的张拉操作过程及张拉力的控制，屋架的吊装工艺等应列为控制的重点。

④施工技术参数

例如，回填土的含水量、压实系数，砌体的砂浆饱满度，混凝土冬期施工的受冻临界强度等参数均应作为重点控制的质量参数与指标。

⑤技术间歇

有些工序之间必须留有必要的技术间歇时间。例如，混凝土养护技术间歇应使混凝土达到规定拆模强度后方可拆除。卷材防水屋面须待找平层干燥后才能刷冷底子油。

⑥施工顺序

对于某些工序之间必须严格控制先后的施工顺序，例如冷拉钢筋应先焊接后冷拉，否则会失去冷拉强化效应。

⑦易发生或常见的质量通病。

⑧新技术、新工艺、新材料的应用

由于缺乏经验，施工时应将其作为重点进行控制。

⑨产品质量不稳定、不合格率较高及易发生质量通病的工序。

⑩特殊地基或特种结构

例如，对于湿陷性黄土、膨胀土等特殊土地基的处理，以及大跨度结构、高耸结构等技术难度较大的环节和重要部位，均应予以特别重视。

3. 技术交底

做好技术交底是保证工程施工质量的一项重要措施。项目开工前应由项目技术负责人向承担施工的负责人或分包人进行书面技术交底。每一分项工程开工前均应进行作业技术交底。作业技术交底是对施工组织设计或施工方案的具体化，是工序施工或分项工程施工的具体指导文件。作业技术交底应由施工项目技术人员编制，并经项目技术负责人批准实施。作业技术交底的内容主要包括：任务范围、施工方法、质量要求和验收标准，施工过程中需注意的问题，可能出现意外的措施及应急方案，文明施工和安全防护措施以及成品保护要求等。技术交底的形式有：书面、口头、会议、挂牌、样板、示范操作等。

4. 承包单位的自检系统

施工单位是施工质量的直接实施者和责任者。施工单位内部应建立有效的自检系统，主要表现在以下几点：①作业者在作业结束后必须自检。②不同工序交接、转换必须由相关人员交接检查。③承包单位专职质检员的专检。

为保证施工单位自检系统有效，施工单位必须建立完善的管理制度及工作程序，具有相应的试验设备及检测仪器，并配备相应的专职质检人员及试验检测人员。而监理工程师的检查必须在施工单位自检并确认合格的基础上开展，专职质检员没有检查或检查不合格的，不能报监理工程师检查。

（三）工程竣工质量验收

1. 建筑工程质量验收的划分

根据建筑工程施工质量验收统一标准，建筑工程施工质量验收划分为单位工程、分部工程、分项工程和检验批 4 级。根据工程特点，按结构分解的原则将单位或子单位工程划分为若干个分部工程。在分部工程中，按相近工作内容和系统又划分为若干个子分部工程。每个分部工程或子分部工程又可划分为若干个分项工程。每个分项工程中又可划分为若干个检验批。检验批是工程施工质量验收的最小单位，是分项工程乃至整个建筑工程质量验收的基础

（1）单位工程的划分

单位工程应按下列原则划分：①具备独立施工条件并能形成独立使用功能的建筑物或构筑物为一个单位工程，如一个工厂的一栋办公楼、车间，一所学校的一栋教学楼等。②对于规模较大的单位工程，可将其能形成独立使用功能的部分划分为一个子单位工程。子单位工程的划分一般可根据工程的建筑设计分区、使用功能的显著差异、变形缝的位置等因素综合考虑，施工前由建设、监理、施工单位商定划分方案，并据此收集整理施工技术资料和验收。

（2）分部工程的划分

分部工程应按下列原则划分：①按专业性质、工程部位确定。例如，建筑工程划分为地基与基础、主体结构、建筑装饰装修、屋面、建筑给水排水及供暖、通风与空调、建筑电气、智能建筑、建筑节能、电梯 10 个分部工程。②当分部工程较大或较复杂时，可按材料种类、施工特点、施工程序、专业系统及类别将分部工程划分为若干子分部工程。例如，主体结构划分为混凝土结构、砌体结构、钢结构、钢管混凝土结构、型钢混凝土结构、铝合金结构、木结构 7 个子分部工程。

（3）分项工程的划分

分项工程可按主要工种、材料、施工工艺、设备类别进行划分。如砌体结构子分部工程中，按材料划分为砖砌体、混凝土小型空心砌块砌体、石砌体、配筋砌体和填充墙砌体等分项工程。

（4）检验批的划分

检验批是按相同的生产条件或规定的方式汇总起来供抽样检验用的，由一定数量样本组成的检验体。分项工程可由一个或若干个检验批组成，检验批应根据施工、质

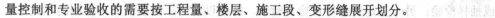

量控制和专业验收的需要按工程量、楼层、施工段、变形缝展开划分。

例如，多层及高层建筑的分项工程可按楼层或施工段来划分检验批，单层建筑的分项工程可按变形缝等划分检验批；地基基础的分项工程一般划分为一个检验批，有地下层的基础工程可按不同地下层划分检验批；屋面工程的分项工程可按不同楼层屋面划分为不同的检验批。

施工前，应由施工单位制定分项工程和检验批的划分方案，由监理单位审核。

2. 建筑工程质量验收合格规定

（1）检验批质量验收合格规定

①主控项目的质量经抽样检验均应合格

主控项目是对检验批的基本质量起决定性影响的检验项目，是保证工程安全和使用功能的重要检验项目，因此必须全部符合有关专业验收规范的规定。

②一般项目的质量经抽样检验合格

当采用计数抽样时，合格点率应符合有关专业验收规范的规定，且不得存在严重缺陷。

一般项目指除主控项目以外的检验项目，如在混凝土结构工程施工质量验收规范中规定，一般项目的合格点率应达到80%及以上。各专业工程质量验收规范对各检验批的一般项目的合格质量均给予了明确的规定。对于一般项目，虽然允许存在一定数量的不合格点，但某些不合格点的指标与合格要求偏差较大或存在严重缺陷时，仍将影响施工功能或观感质量，因此对这些部位进行维修处理。

③具有完整的施工操作依据、质量验收记录

质量控制资料反映了检验批从原材料到最终验收的各施工工序的操作依据、检查情况以及保证质量所必需的管理制度等。对质量控制资料完整性的检查，实际是对过程控制的确认，这是检验批质量验收合格的前提。

（2）分项工程质量验收合格规定

①所含检验批的质量均应验收合格。

②所含检验批的质量验收记录应完整。

分项工程的验收在检验批质量验收合格的基础上进行。一般情况下，两者具有相同或相近的性质，只是批量的大小不同而已。因此，将有关的检验批汇集构成分项工程即可，该层次验收属于汇总性验收。

（3）分部工程质量验收合格规定

①所含分项工程的质量均应验收合格。

②质量控制资料应完整。

③有关安全、节能、环境保护和主要使用功能的抽样检验结果应符合相应规定。

④观感质量应符合要求。

分部工程的验收是以所含各分项工程验收为基础进行的。首先，组成分部工程的各分项工程已验收合格且相应的质量控制资料齐全、完整。其次，分部工程验收必须进行以下两类检查：一类是使用功能检验，涉及安全、节能、环境保护和主要使用功能的地基与基础、主体结构、设备安装、建筑节能等分部工程要进行有关的见证检验或抽样检验；另一类是观感质量检查验收，即便以观察、触摸或简单量测的方式进行观感质量验收，并由验收人根据经验判断，给出“好”“一般”“差”的质量评价，对于“差”的检查点应进行返修处理。

（4）单位工程质量验收合格规定

①所含分部工程的质量均应验收合格。

②质量控制资料应完整。

③所含分部工程中有关安全、节能、环境保护和主要使用功能的检验资料应完整。

④主要使用功能的抽查结果应符合相关专业验收规范的规定。

⑤观感质量应符合要求。

单位工程质量验收也称为质量竣工验收，是建筑工程投入使用前的最后一次验收，也是最重要的一次验收。参建各方责任主体和有关单位及人员，应加以重视，认真做好单位工程质量竣工验收，把好工程质量关。

所含分部工程的质量验收合格和质量控制资料完整，属于汇总性验收的内容。在此基础上，对涉及安全、节能、环境保护与主要使用功能的分部工程的检验资料应复查合格。

资料复查不仅要全面检查其完整性，不得有漏检缺项，而且对分部工程验收时的见证抽样检验报告也要进行复核，这体现了对安全和主要使用功能的重视。

对主要使用功能的检查是对建筑工程和设备安装工程最终质量的综合检验，体现了过程控制的原则，该项检查的实施减少了工程投入使用后的质量投诉和纠纷。抽检项目是在检查资料文件的基础上由参加验收的各方人员商定，并用计量、计数的方法抽样检验，检验结果应符合有关专业工程施工质量验收规范的要求。

观感质量验收不单纯是对工程外表质量进行检查，同时也是对部分使用功能和使用安全所做的一次全面检查。例如，门窗启闭是否灵活、关闭后是否严密；顶棚、墙面抹灰是否空鼓等。涉及使用的安全，在检查时应加以关注。

第二节 施工安全管理

一、施工安全管理、文明施工与环境管理概述

施工安全管理就是在生产活动中组织安全生产的全部管理活动，通过对生产因素具体状态的控制，使生产因素中的不安全行为和状态减少或者消除，避免事故的发生，以保证生产活动中人员的健康和安全。

文明施工指保持施工现场良好的作业环境、卫生环境和工作秩序。文明施工主要包括规范施工现场的场容，保持作业环境的整洁卫生；科学组织施工，使生产有序进行；减少施工对周围居民和环境的影响；保证职工的安全和身体健康等内容。

环境管理就是在生产活动中通过对环境因素的管理活动，使环境不受到污染，使资源得到节约。

施工安全管理、文明施工与环境管理是施工项目管理的重要任务，建筑企业应建立健全施工现场安全生产、文明施工与环境的组织管理体系，并采取有效措施控制施工安全、文明施工及环境影响因素。

二、施工安全管

（一）建筑工程施工的主要危险源

建筑工程施工的主要危险源指常见的安全事故，包括高处坠落、物体打击、触电、机械伤害和施工坍塌。

1. 高处坠落

高处坠落主要指从“四口”“五临边”（“四口”是指楼梯口、电梯口、预留洞口、通道口；“五临边”是指沟、坑、槽和深基础周边，楼层周边，楼梯侧边，平台或阳台边，屋面周边坠落；脚手架上坠落；塔吊、物料提升机（井字架、龙门架）在安装、拆除过程中坠落；模板安装、拆除时坠落；结构和设备吊装时坠落等）。

2. 物体打击

物体打击指同一垂直作业面的交叉作业中或通道口处坠落物体打击。

3. 触电

触电主要指碰触缺少防护的外电线路造成触电；使用各种电器设备触电；电线老化、破皮、又无开关箱等触电。

4. 机械伤害

机械伤害指各种机械、吊装设备等对施工人员造成的伤害。

5. 施工坍塌

施工坍塌主要指基坑边坡失稳引起塌方；现浇混凝土梁、模板支撑失稳倒塌；施工现场的围墙及在建工程屋面板质量低劣塌落；拆除工程中的坍塌等。

（二）施工安全保证体系

施工安全管理的工作目标主要指避免或减少一般安全事故和轻伤事故，杜绝重大、特大安全事故和伤亡事故的发生，最大限度地确保施工中劳动者的人身和财产安全。能否达到施工安全管理的工作目标，关键是需要安全管理和安全技术来保证。

施工安全保证体系主要由组织保证体系、制度保证体系、技术保证体系、投入保证体系和信息保证体系 5 个部分组成。

1. 施工安全的组织保证体系

施工安全的组织保证体系一般包括最高权力机构、专职管理机构和专、兼职安全管理人员的配备。企业应建立健全企业层次和项目层次两级安全生产管理机构。

公司应设置以法定代表人为第一责任人的安全生产管理机构，可以根据企业的施工规模及职工人数配备专职安全管理人员。项目部应根据工程特点和规模，建立以项目经理为第一责任人的安全管理领导小组，成员由项目经理、技术负责人、专职安全员、施工员及各工种班组长组成。施工班组要设置不脱产的兼职安全员，协助班组长做好班组的安全生产管理工作。

2. 施工安全的制度保证体系

施工安全的制度保证体系是为贯彻执行安全生产法律、法规与各项安全技术措施，确保施工安全而提供的制度支持与保证体系，从根本上改善施工企业安全生产规章制度不健全、管理方法不适当、安全生产状况不佳的现状。

现阶段施工企业安全生产管理制度主要包括：

（1）安全生产责任制度。

（2）安全生产许可证制度。

（3）政府安全生产监督检查制度。

（4）安全生产教育培训制度。

（5）安全措施计划制度。

（6）特种作业人员持证上岗制度。

（7）专项施工方案专家论证制度。

（8）严重危及施工安全的工艺、设备、材料淘汰制度。

（9）施工起重机械使用登记制度。

（10）安全检查制度。

（11）生产安全事故报告和调查处理制度。

（12）“三同时”（所谓“三同时”，即建设项目的安全设施必须与主体工程同时设计、同时施工、同时投入生产和使用）制度。

（13）安全预评价制度。

（14）工伤和意外伤害保险制度。

3. 施工安全的技术保证体系

施工安全的技术保证是指为了达到工程施工的作业环境和条件安全、施工技术安全、施工状态安全、施工行为安全以及安全生产管理到位等方面的要求而提供的安全技术保证，以确保在施工中准确判断安全的可靠性，对避免出现危险状况、事态做出限制和控制规定，对施工安全保险与排险措施给予规定以及对施工生产给予安全保证。

（1）施工安全技术措施

施工安全技术措施是具体安排和指导工程安全施工的安全管理与技术文件，是工程施工中安全生产的指令性文件，是施工组织设计的重要组成部分。建筑施工企业在编制施工组织设计时，应针对不同的施工方法和施工工艺制定相应安全技术措施。施工安全技术措施主要包括以下内容：

①进入施工现场的安全规定

②地面及深基坑作业的防护。

③高处及立体交叉作业的防护。

④施工用电安全。

⑤施工机械设备的安全使用。

⑥在采用新技术、新工艺、新设备、新材料之时，有针对性的专门安全技术措施。

⑦针对自然灾害预防的安全技术措施。

⑧预防有毒、有害、易燃、易爆等作业造成危害的安全技术措施。

对危险性较大的分部分项工程，如基坑支护与降水工程、土方开挖工程、模板工程、起重吊装工程、脚手架工程、拆除、爆破工程等，应编制专项施工方案，并附具安全验算结果，经施工单位技术负责人、总监理工程师签字后实施，由专职安全生产管理人员进行现场监督。

（2）安全技术交底

施工安全技术交底是在施工前，项目部技术人员向施工班组、作业人员进行有关工程安全施工的详细说明。工程项目必须实行逐级安全技术交底制度。安全技术交底必须具体、明确、针对性强。各级安全技术交底必须有交底时间、内容、交底人和被交底人签字。交底内容必须针对分部分项工程施工中给作业人员带来潜在危险因素进行编写。安全技术交底的主要内容包括：

①本工程项目施工作业的特点和危险点。

②针对危险点的具体预防措施。

③应注意的安全事项。

④相应的安全操作规程和标准。

⑤发生事故后应采取的应急措施。

4. 施工安全投入保证体系

施工安全投入保证体系是确保施工安全有与其要求相适应的人力、物力和财力投入，并发挥其投入效果的保证体系。建立安全投入保证体系是安全资金支付、安全投入有效发挥作用的重要保证。安全作业环境及安全施工措施所需费用主要用于施工安全防护用具及设施的采购和更新、安全施工措施的落实、安全生产条件的改善。

5. 施工安全信息保证体系

施工安全工作中的信息主要有文件信息、标准信息、管理信息、技术信息、安全施工状况信息及事故信息等，这些信息对于企业搞好安全施工工作具有重要的指导和参考作用。因此，企业应把这些信息作为安全施工的基础资料保存，建立施工安全的信息保证体系，以便为施工安全工作提供有力安全信息支持。

（三）安全生产责任制

安全生产责任制是根据“管生产必须管安全”“安全生产，人人有责”的原则，明确规定各级领导、各职能部门和各类人员在生产活动中应负的安全职责。凡是与生产全过程有关的部门和人员，都对保证生产安全负有与其参与情况和工作要求相应的责任。安全生产责任制是以企业法人代表为责任核心的安全生产管理制度。安全生产责任制纵向是从最高管理者、管理者代表到项目经理、技术负责人、专职安全生产管理人员、施工员、班组＆和岗位人员等各级人员的安全生产责任制；横向是各个部门（如安全环保、设备、技术、生产、财务等部门）的安全生产责任制。

建筑企业应根据国家有关法律法规和规章制度要求，结合本单位情况，制定安全生产责任制度，使企业的安全生产工作岗位明确、职责清楚，真正将安全生产工作落到实处。

安全生产责任制的主要内容如下：

1. 施工单位主要负责人依法对本单位安全生产工作全面负责

施工单位应当建立健全安全生产责任制度和安全生产教育培训制度，制定安全生产规章制度和操作规程，保证本单位安全生产条件所需资金的投入，对所承担的建设工程进行定期和专项安全检查，并做好安全检查记录。

2. 对建设项目负责

施工单位的项目负责人应当由取得相应执业资格的人员担任，对建设工程项目的安全施工负责，落实安全生产责任制度、安全生产规章制度和操作规程，确保安全生产费用的有效使用，并根据工程的特点组织制定安全施工措施，消除安全事故隐患，及时、如实报告生产安全事故。

3. 专职安全生产管理人员负责对安全生产进行现场监督检查

发现安全事故隐患，应当及时向项目负责人和安全生产管理机构报告；对违章指挥、违章操作的，应当立即制止。

4. 建设工程实行施工总承包的，由总承包单位对施工现场的安全生产负总责

总承包单位依法将建设工程分包给其他单位仪，分包合同中应当明确各自安全生产方面的权利、义务。总承包单位和分包单位对分包工程的安全生产承担连带责任。分包单位应当服从总承包单位的安全生产管理，若分包单位不服从管理导致生产安全事故的，由分包单位承担主要责任。

垂直运输机械作业人员、安装拆卸工、爆破作业人员、起重信号工、登高架设作业人员等特种作业人员，必须按照国家有关规定经过专门的安全作业培训，并取得特种作业操作资格证书后，方可上岗作业。

（四）安全生产教育培训制度

人是施工安全管理中的重要因素，提高人员素质和技能是安全生产的重要保障。施工企业安全生产教育的内容、方式随管理层次、岗位的不同而不同。施工企业安全生产教育培训一般包括对管理人员、特种作业人员和新工人的安全教育。

1. 管理人员的安全教育

（1）项目部成员的安全教育

项目经理是安全生产的第一责任人，其对安全生产的重视程度对项目的安全生产工作起到决定性的影响。项目经理要自觉学习安全法规、技术知识，提高安全意识和安全管理工作领导水平。

项目部成员的安全教育主要内容包括：安全生产方针、政策与法律、法规；项目经理部安全生产责任、典型事故案例剖析；本系统安全技术知识等。

（2）安全管理人员的安全教育

主要内容包括：国家有关安全生产的方针、政策、法律、法规和安全生产标准，企业安全生产管理、安全技术、职业病知识、安全文件；员工伤亡事故和职业病统计报告及调查处理程序；有关事故案例及事故应急处理措施等。

（3）班组长和安全员的安全教育

主要内容包括：安全生产法律和法规、安全技术及技能、职业病和安全文化的知识；本企业、本班组和工作岗位的危险因素、安全注意事项；本岗位安全生产职责；事故抢救与应急处理措施；典型事故案例等。

2. 特种作业人员的安全教育

特种作业指容易发生事故并对操作者本人、他人的安全健康及设备、设施的安全可能造成重大危害的作业。直接从事特种作业的人员称为特种作业人员。特种作业的范围由特种作业目录规定。

由于特种作业的危险性较大，所以特种作业人员必须经过安全培训和严格考核。对特种作业人员的安全教育要求如下：

（1）特种作业人员上岗作业前，必须进行专门的安全技术及操作技能的培训教育，进一步提高安全操作技术和预防事故的能力。

（2）培训后，经考核合格取得操作证，方可独立作业。

（3）取得操作证的特种作业人员，必须定期进行复审。

3. 新工人的安全教育

新工人入厂和作业人员调换工种必须进行公司、工程项目部和班组三级教育，经三级教育考核合格者方能进入工作岗位，并建立三级教育卡归档备查。

（1）公司进行安全教育的主要内容包括

安全生产政策、法规、标准，本企业安全生产规章制度、安全纪律、事故案例，发生事故后如何抢救伤员、排险、保护现场和及时报告等内容。

（2）工程项目部进行安全教育的主要内容包括

工程项目概况，施工安全基本知识，安全生产制度、安全规定及安全隐患注意事项；本工种的安全技术操作规程；机械设备电气安全及高处作业安全基本知识；防毒、防尘、防火、防爆、紧急情况安全技术和安全疏散知识；防护用具、用品使用基本知识。

（3）班组进行安全教育的主要内容包括

本班组作业及安全技术操作规程；班组安全活动制度及纪律；爱护和正确使用安全防护装置、设施及个人劳动防护用品；本岗位易发生事故的不安全因素及防范对策；本岗位的作业环境及使用的机械设备、工具的安全要求等。

三、施工现场文明施工

文明施工能促使施工现场保持良好作业环境、卫生环境和工作秩序，促进企业综合管理水平的提高，对促进安全生产、加快施工进度、保证工程质量、降低工程成本、提高经济和社会效益均有较大作用。

（一）施工现场文明施工的要求

施工现场文明施工应符合以下要求：①有完整的施工组织设计或施工方案，施工平面图布置紧凑、施工场地规划合理，符合环保、市容、卫生的要求。②有健全的施工组织管理机构和指挥系统，明确项目经理为现场文明施工的第一责任人，并以专业工程师、质量、安全、材料、保卫、后勤等项目部人员为成员的施工现场文明施工管理组织，共同负责现场文明施工工作。岗位分工明确，工序交叉合理，交接责任明确。③建立健全文明施工管理制度。④有严格的成品保护措施和制度，各种材料、构件、半成品按要求堆放整齐。⑤施工场地平整，道路畅通，排水设施合理，水电线路符合要求，机具设备状况良好，使用合理，施工作业符合消防和安全要求。⑥做好环境卫生管理，包括施工区、生活区环境卫生与食堂卫生管理。

（二）施工现场文明施工内容

施工现场文明施工主要包括以下内容。

1. 现场围挡

（1）市区主要路段的工地应设置高度不小于 2.5m 的封闭围挡。

（2）一般路段的工地应设置高度不小于 1.8m 的封闭围挡。

（3）围挡应坚固、稳定、整洁、美观。

2. 封闭管理

（1）施工现场进出口应设置大门，并设置门卫值班室，建立门卫值守管理制度，配备门卫值守人员。

（2）施工人员进入施工现场应佩戴工作卡。

（3）施工现场出入口应标有企业名称或标识，并应设置车辆冲洗设施。

3. 施工场地

（1）施工现场的主要道路及材料加工区地面应进行硬化处理。

（3）施工现场应有防止扬尘措施。

（4）施工现场应设置排水设施，且排水通畅无积水。

（5）施工现场应有防止泥浆、污水、废水污染环境的措施。

（6）施工现场应设置专门的吸烟处，严禁随意吸烟。

（7）温暖季节应有绿化布置。

4. 材料管理

（1）建筑材料、构件、料具应按总平面布局进行码放，并应标明名称、规格等。施工现场材料码放应采取防火、防锈蚀、防雨等措施。

（2）建筑物内施工垃圾的清运，应采用器具或管道运输，严禁随意抛掷。

（3）易燃易爆物品应分类储藏在专用库房内，并应制定防火措施。

5. 现场办公与住宿

（1）施工作业、材料存放区与办公、生活区应划分清晰，并应采取相应的隔离措施。

（2）宿舍应设置可开启式窗户，床铺不得超过 2 层，通道宽度不应小于 0.9m；宿舍内住宿人员人均面积不应小于 $2.5m^2$，且不得超过 16 人；冬季宿舍内应有采暖和防一氧化碳中毒措施；夏季宿舍内应有防暑降温和防蚊蝇措施；生活用品应摆放整齐，环境卫生应良好。在建工程、伙房、库房不得兼做宿舍。

（3）宿舍、办公用房的防火等级要符合规范要求。

6. 现场防火

（1）施工现场应建立消防安全管理制度、制定消防措施。

（2）施工现场临时用房和作业场所的防火设计应符合规范要求。

（3）施工现场应设置消防通道、消防水源，并应符合规范要求。

（4）施工现场灭火器材应保证可靠有效，布局配置应符合规范要求。

（5）明火作业应履行动火审批手续，配备动火监护人员。

7. 现场公示标牌

（1）大门口处应设置公示标牌，内容应包括：工程概况牌、消防保卫牌、安全生产牌、文明施工牌、管理人员名单及监督电话牌、施工现场总平面图，标牌应规范、整齐、统一，并有宣传栏、读报栏、黑板报。

（2）施工现场应有安全标语。

8. 生活设施

（1）应建立卫生责任制度并落实到人。

（2）食堂与厕所、垃圾站、有毒有害场所等污染源的距离应符合规范要求；食堂必须有卫生许可证，炊事人员必须持身体健康证上岗；食堂使用的燃气罐应单独设置存放间，存放间应通风良好，并严禁存放其他物品；食堂的卫生环境应良好，且应配备必要的排风、冷藏、消毒、防鼠、防蚊蝇等设施。

（3）厕所内的设施数量和布局应符合规范要求，厕所应符合卫生要求。

（4）必须保证现场人员卫生饮水。

（5）应设置淋浴室，且能满足现场人员需求。

（6）生活垃圾应装入密闭式容器内，并应及时清理。

四、施工现场环境管理

施工现场环境管理的目的是防止建筑施工造成的作业污染和扰民，保障建筑工地附近居民和施工人员的身体健康。

为使施工现场环境管理达到良好的效果，必须采取行之有效的措施，主要包括以下内容：①把环保指标以责任书的形式层层分解到有关单位和个人，列入承包合同和岗位责任制，建立一套完善的施工企业内部监管体系。②加强检查，加强对施工现场粉尘、噪声、废气的监测和监控工作。③采取有效措施控制噪声、水源污染、大气污染和固体废物污染。

（一）控制噪声措施

主要包括：严格控制人为噪声进入施工现场，如不得高声喊叫、无故敲打模板等，严禁使用高音喇叭，机械设备空转，最大限度减少噪声扰民；在人口稠密区进行施工时，严格控制作业时间；选用低噪声设备和工艺；或采用吸声、隔声、隔振与阻尼等声学处理的方法，在传播途径上控制噪声。

（二）控制水源污染措施

主要包括：施工产生的污水，如搅拌站污水、现制水磨石污水、泥浆水等，应经沉淀池沉淀处理后排放，或回收利用，未经处理不得直接排入城市排水设施和河流；现场存放的油料，必须对库房地面进行防渗处理，防止油料跑、冒、滴、漏，污染水体；化学药品、外加剂等妥善保管，库内存放，来防止污染环境。

（三）控制大气污染措施

主要包括：施工作业区的垃圾要随时清理，做到每天工完场清，严禁凌空随意抛撒。施工现场应设置密闭式垃圾站，施工垃圾、生活垃圾分类存放。施工现场地面应进行硬化处理，并指定专人定期洒水清扫，防止道路扬尘。易飞扬的细颗粒散体材料应存放库内，室外存放时必须严密遮盖，防止扬尘。禁止施工现场焚烧油毡、橡胶、油漆以及其他会产生有毒、有害烟尘和恶臭气体的物质。尾气超标排放的车辆，应安装净化消声器，防止噪声和冒黑烟。

（四）控制固体废物污染措施

施工现场应设立专门的固体废弃物临时贮存场所，废弃物分类存放并及时收集处理，可回收的废弃物做到回收再利用。提高工程质量，减少或杜绝工程返工，避免产生固体废弃物污染。施工中及时回收、使用落地灰和其他施工材料，做到工完料尽，减少固体废弃物污染。

在编制施工组织设计时，必须有完善的环境保护技术措施。严格执行有关防治空气污染、水源污染、噪声污染等环境保护的法律、法规与规章制度。

第三节　施工现场扬尘治理及文明施工

一、文明施工的概念、基本条件与要求

（一）文明施工的概念

文明施工是指工程建设实施过程中，保持施工现场良好的作业环境、卫生环境和工作秩序。施工现场文明施工的管理范围既包括施工作业区的管理，也包括办公区和生活区的管理。

文明施工主要包括以下几个方面的内容：①规范施工现场的场容，保持作业环境的整洁卫生。②科学组织施工，使生产有序进行。③减少施工对周围居民和环境的影响。④保证职工的安全和身体健康。

（二）文明施工的基本条件

1. 有整套的施工组织设计（或施工方案）。

2. 有健全的施工指挥系统以及岗位责任制度。

3. 工序衔接交叉合理，交接责任明确。

4. 有严格的成品保护措施和制度。

5. 大小临时设施和各种材料、构件、半成品按平面布置堆放整齐。

6. 施工场地平整，道路畅通，排水设施得当，水电线路整齐。

7. 机具设备状况良好，使用合理，施工作业符合消防和安全要求。

（三）文明施工的基本要求

1. 工地主要入口要设置简朴规整的大门，门旁应设立明显的标牌，标明工程名称、施工单位及工程负责人姓名等内容。

2. 施工现场建立文明施工责任制，划分区域，明确管理负责人，实行挂牌制度，做到现场清洁整齐。

3. 施工现场场地平整，道路坚实畅通，有排水措施，基础、地下管道施工完成后应及时回填平整，清除积土。

4. 现场施工临时水电要有专人管理，不得有长流水、长明灯。

5. 施工现场的临时设施，包括生产、办公、生活用房、料场、仓库、临时上下水管道以及照明、动力线路，要严格按照施工组织设计确定的施工平面图布置、搭设或埋设整齐。

6. 工人操作地点及周围必须清洁整齐，做到工完场地清，及时清除在楼梯、楼板上的杂物。

7. 砂浆、混凝土在搅拌、运输、使用过程中，要做到不洒、不漏、不剩，使用地点盛放砂浆、混凝土应有容器或垫板。

8. 要有严格的成品保护措施，禁止损坏、污染成品，堵塞管道。高层建筑要设置临时便桶，禁止在建筑物内大小便。

9. 建筑物内清除的垃圾渣土，要通过临时搭设的竖井或利用电梯井或采取其他措施稳妥下卸，禁止从门窗向外抛掷。

10. 施工现场不准乱堆垃圾及余物，应在适当地点设置临时堆放点，定期外运。清运渣土垃圾及流体物品，要采取遮盖防漏措施，运送途中不得遗撒。

11. 根据工程性质和所在地区的不同情况，采取必要的围护和遮挡措施，并保持外观整齐清洁。

12. 针对施工现场情况，设置宣传标语和黑板报，并适时更换内容，切实起到表扬先进、促进后进的作用。

13. 施工现场禁止居住家属，严禁居民、家属、小孩在施工现场穿行、玩耍。

14. 现场使用的机械设备，要按平面布置规划固定点存放，遵守机械安全规程，经常保持机身及周围环境的清洁，机械的标记、编号明显，安全装置可靠。

15. 清洗机械排出的污水要有排放措施，不可随地流淌。

二、文明施工管理的内容

（一）现场围挡

1. 施工现场必须采用封闭围挡，并根据地质、气候、围挡材料展开设计与计算，确保围挡的稳定性、安全性。

2. 围挡高度不得小于1.8 m，建造多层、高层建筑的，还应设置安全防护设施。在市区主要路段和市容景观道路及机场、码头、车站广场设置的围挡高度不得低于2.5 m，在其他路段设置的围挡高度不得低于1.8 m。

3. 施工现场的施工区域应与办公、生活区划分清晰，并应采取相应的隔离措施。

4. 围挡使用的材料应保证围挡坚固、整洁、美观，不宜使用彩布条、竹笆或安全网等。

5. 市政工程现场，可按工程进度分段设置围栏，或按规定使用统一的连续性围挡设施。

6. 施工单位不得在现场围挡内侧堆放泥土、砂石、建筑材料、垃圾和废弃物等，严禁将围挡做挡土墙使用。

7. 在经批准临时占用的区域，应严格按批准的占地范围和使用性质存放、堆卸建筑材料或机具设备等，临时区域四周应设置高于1m的围挡。

8. 在有条件的工地，四周围墙、宿舍外墙等地方，应张挂、书写反映企业精神、时代风貌及人性化的醒目宣传标语或绘画。

9. 雨后、大风后以及冻融季节应及时检查围挡的稳定性，发现问题及时处理。

（二）封闭管理

1. 施工现场进出口应设置固定的大门，且要求牢固、美观，门头按规定设置企业名称或标志（施工现场的门斗、大门，各企业应统一标准，施工企业可根据各自的特色，标明集团、企业的规范简称）。

2. 门口要设置专职门卫或保安人员，并制定门卫管理制度，对来访人员应进行登记，禁止外来人员随意出入，所有进出材料或机具都要有相应的手续。

3. 进入施工现场的各类工作人员应按规定佩戴工作胸卡和安全帽。

（三）施工场地

1. 施工现场的主要道路必须进行硬化处理，土方应集中堆放。集中堆放土方和裸露的场地应采取覆盖、固化或绿化等措施。

2. 现场内各类道路应保持畅通。

3. 施工现场地面应平整，且应有良好的排水系统，保持排水畅通。

4. 制订防止泥浆、污水、废水外流以及堵塞排水管沟和河道的措施，实行二级沉淀、二级排放。

5. 工地应按要求设置吸烟处，有烟缸或水盆，禁止流动吸烟。

6. 现场存放的油料、化学溶剂等易燃易爆物品，按分类要求放置于专门的库房内，地面应进行防渗漏处理。

7. 施工现场地面应经常洒水，对粉尘源进行覆盖或其他有效遮挡。

8. 施工现场长期裸露的土质区域，应进行力所能及的绿化布置，以美化环境，并防止扬尘现象。

（四）材料堆放

1. 施工现场各种建筑材料、构件、机具应按施工总平面布置图要求堆放。

2. 材料堆放要按照品种、规格堆放整齐，并按规定挂置名称、品种、产地、规格、数量、进货日期等内容及状态（已检合格、待检、不合格等）的标牌。

3. 工作面每日应做到工完料清、场地净。

4. 建筑垃圾应在指定场所堆放整齐并标出名称、品种，并做到及时清运。

（五）职工宿舍

1. 职工宿舍要符合文明施工的要求，并在建建筑物内不得兼作员工宿舍。

2. 生活区应保持整齐、整洁、有序、文明，并符合安全、消防、防台风、防汛、卫生防疫、环境保护等方面的要求。

3. 宿舍应设置在通风、干燥、地势较高的位置，防止污水、雨水流入。

4. 宿舍内应保证有必要的生活空间，室内净高不得小于 2.4 m，通道宽度不得小于 0.9 m，每间宿舍居住人员不得超过 16 人。

5. 施工现场宿舍必须设置可开启式窗户，宿舍内的床铺不得超过 2 层，严禁使用通铺。

6. 宿舍内应设置生活用品专柜，有条件的宿舍宜设置生活用品储藏室。

7. 宿舍内严禁存放施工材料、施工机具和其他杂物。

8. 宿舍周围应当做好环境卫生，按要求设置垃圾桶、鞋柜或鞋架，生活区内应提供为作业人员晾晒衣物的场地。

9. 宿舍外道路应平整，并尽可能地使夜间有足够的照明。

10. 冬季，北方严寒地区的宿舍应有保暖和防止煤气中毒措施；夏季，宿舍应有消暑和防蚊虫叮咬措施。

11. 宿舍不得留宿外来人员，特殊情况必须经有关领导及行政主管部门批准方可留宿，并报保卫人员备查。

12. 考虑到员工家属的来访，宜在宿舍区设置适量固定的亲属探亲宿舍。

13. 应当制定职工宿舍管理责任制，安排人员轮流负责生活区的环境卫生和管理，或安排专人管理。

（六）现场防火

1. 施工现场应建立消防安全管理制度、制订消防措施，施工现场临时用房和作业场所的防火设计应符合相关规范要求。

2. 根据消防要求，在不同场所合理配置种类合适的灭火器材；要严格管理易燃、易爆物品，设置专门仓库存放。

3. 施工现场主要道路必须符合消防要求，并时刻保持畅通。

4. 高层建筑应按规定设置消防水源，并能满足消防要求，坚持安全生产的“三同时”。

5. 施工现场防火必须建立防火安全组织机构、义务消防队，明确项目负责人、其他管理人员及各操作人员的防火安全职责，落实防火制度和措施。

6. 施工现场需动用明火作业的，如电焊、气焊、气割、黏结防水卷材等，必须严格执行三级动火审批手续，并落实动火监护和防范措施。

7. 应按施工区域或施工层合理划分动火级别，动火必须具有“两证一器一监护”（焊工证、动火证、灭火器、监护人）。

8. 建立现场防火档案，并纳入施工资料管理。

（七）现场治安综合治理

1. 生活区应按精神文明建设的要求设置学习与娱乐场所，如电视机室、阅览室和其他文体活动场所，并配备相应器具。

2. 建立健全现场治安保卫制度，责任落实到人。

3. 落实现场治安防范措施，杜绝盗窃、斗殴、赌博等违法乱纪事件发生。

4. 加强现场治安综合治理，做到目标管理、职责分明，治安防范措施有力，重点要害部位防范措施到位。

5. 与施工现场的分包队伍须签订治安综合治理协议书，并加强法制教育。

三、施工现场环境保护

环境保护也是文明施工的主要内容之一，是按照法律法规、各级主管部门和企业的要求，采取措施保护和改善作业现场的环境，控制现场的各种粉尘、废水、废气、固体废弃物、噪声、振动等对环境的污染和危害。

（一）大气污染的防治

1. 产生大气污染的施工环节

引起扬尘污染的施工环节有：①土方施工及土方堆放过程中的扬尘；②搅拌桩、灌注桩施工过程中的水泥扬尘；③建筑材料（砂、石、水泥等）堆场的扬尘；④混凝土、砂浆拌制过程中的扬尘；⑤脚手架和模板安装、清理和拆除过程中的扬生；⑥木工机械作业的扬尘；⑦钢筋加工、除锈过程中的扬尘；⑧运输车辆造成的扬尘；⑨砖、砌块、石等切割加工作业的扬尘；⑩道路清扫的扬尘； 建筑材料装卸过程中的扬尘； 建筑和生活垃圾清扫的扬尘等。

引起空气污染的施工环节：①某些防水涂料施工过程中的污染；②有毒化工原料使用过程中的污染；③油漆涂料施工过程中的污染；④施工现场的机械设备、车辆的尾气排放的污染；⑤工地擅自焚烧废弃物对空气的污染等。

2. 防止大气污染的主要措施

施工现场的渣土要及时清理出现场；施工现场作业场所内建筑垃圾清理，必须采用相应容器、管道运输或采用其他有效措施。严禁凌空抛掷；施工现场的主要道路必须进行硬化处理，并指定专人定期洒水清扫，防止道路扬尘，并形成制度。

土方应集中堆放，裸露的场地和集中堆放的土方应采取覆盖、固化或绿化等措施。渣土和施工垃圾运输时，应采用密闭式运输车辆或采取有效的覆盖措施。施工现场出入口处应采取保证车辆清洁的措施。施工现场应使用密目式安全网对施工现场进行封闭，防止施工过程扬尘。

对细粒散状材料(如水泥、粉煤灰等)应采用遮盖、密闭措施，防止和减少尘土飞扬。对进出现场的车辆应采取必要的措施，消除扬尘、抛洒和夹带现象。许多城市已不允许现场搅拌混凝土。在允许搅拌混凝土或砂浆的现场，应将搅拌站封闭严密，并在进料仓上方安装除尘装置，采取可靠措施控制现场粉尘污染。

拆除既有建筑物时，应采用隔离、洒水等措施防止扬尘，并应在规定期限内将废弃物清理完毕。施工现场应根据风力和大气湿度的具体情况，确定合适的作业时间及内容。

施工现场应设置密闭式垃圾站。施工垃圾、生活垃圾应分类存放，并及时清运。施工现场的机械设备、车辆的尾气排放应符合国家环保排放标准要求。城区、旅游景点、疗养区、重点文物保护地及人口密集区的施工现场应使用清洁能源。

施工时遇到有毒化工原料，除施工人员做好安全防护外，应按相关要求做好环境保护。除设有符合要求的装置外，严禁在施工现场焚烧各类废弃物以及其他会产生有毒、有害烟尘和恶臭的物质。

（二）噪声污染的防治

1. 引起噪声污染的施工环节

施工现场人员大声的喧哗；各种施工机具的运行和使用；安装及拆卸脚手架、钢筋、模板等；爆破作业；运输车辆的往返及装卸。

2. 防治噪声污染的措施

施工现场噪声的控制技术可从声源、传播途径、接收者防护等方面考虑。

（1）声源控制

从声源上降低噪声，这是防止噪声污染的根本措施。具体措施如下：

①隔声

包括隔声室。

②消声，行消声

减振降噪，对来自振动引起的噪声，通过降低机械振动减少噪声，若将阻挡材料涂在制动源上，或改变振动源与其他刚性结构的连接方式等。

③严格控制人为噪声

进入施工现场不得高声叫喊、无故敲打模板、乱吹口哨，限制高音喇叭的使用，最大限度地减少噪声扰民。

（2）接收者防护

让处于噪声环境下的人员使用耳塞、耳罩等防护用品，减少相关人员在噪声环境中的暴露时间，以减轻噪声对人体的危害。

（3）控制强噪声作业时间

凡在人口稠密区进行强噪声作业时，必须严格控制作用时间，一般可以在22时至次日6时期间（夜间）停止打桩作业等强噪声作业。确系特殊情况必须昼夜施工时，建设单位和施工单位应于15日前，到环境保护和住房城乡建设主管等部门提出申请，经批准后方可进行夜间施工，并会同居委会或村委会，公告附近居民，且做好周围群众的安抚工作。

（三）水污染的防治

引起水污染的施工环节：①桩基础施工、基坑护壁施工过程的泥浆；②混凝土（砂浆）搅拌机械、模板、工具的清洗产生的泥浆污水；③现场制作水磨石施工的泥浆；④油料、化学溶剂泄漏；⑤生活污水；⑥将有毒废弃物掩埋于土中等。

防治水污染的主要措施：①回填土应过筛处理。严禁将有害物质掩埋于土中；②施工现场应设置排水沟和沉淀池。现场废水严禁直接排入市政污水管网和河流；③现场存放的油料、化学溶剂等应设有专门的库房。库房地面应进行防渗漏处理。使用时，还应采取防止油料和化学溶剂跑、冒、滴、漏的措施；④卫生间的地面、化粪池等应进行抗渗处理；⑤食堂、盥洗室、淋浴间的下水管线应设置隔离网，并应与市政污水管线连接，保证排水通畅；⑥食堂应设置隔油池，并应及时清理。

（四）固体废弃物污染的防治

固体废弃物是指生产、日常生活和其他活动中产生的固态、半固态废弃物质。固体废弃物是一个极其复杂的废物体系。按其化学组成可分为有机废弃物和无机废弃物，按其对环境和人类的危害程度可分为一般废弃物和危险废弃物。固体废弃物对环境的危害是全方位的，主要会侵占土地、污染土壤、污染水体、污染大气、影响环境卫生等。

1. 建筑施工现场常见的固体废弃物

（1）建筑渣土

包括砖瓦、碎石、混凝土碎块、废钢铁、废屑、废弃装饰材料。

（2）废弃材料

包括废弃的水泥、石灰等。

（3）生活垃圾

包括炊厨废物、丢弃食品、废纸、废弃生活用品等。

（4）设备、材料等的废弃包装材料等。

2. 固体废弃物的处置

固体废弃物处理的基本原则是采取资源化、减量化和无害化处理，对固体废弃物产生的全过程进行控制。固体废弃物的主要处理方法有以下几项：

（1）回收利用

回收利用是对固体废弃物进行资源化、减量化的重要手段之一。对建筑渣土可视具体情况加以利用；废钢铁可按需要用作金属原材料；对废电池等废弃物应分散回收，集中处理。

（2）减量化处理

减量化处理是对已经产生的固体废弃物进行分选、破碎、压实浓缩、脱水等减少其最终处置量，降低处理成本，减少对环境的污染。在减量化处理的过程之中，也包括和其他处理技术相关的工艺方法，如焚烧、解热、堆肥等。

（3）焚烧技术

焚烧用于不适合再利用且不宜直接予以填埋处置的固体废弃物，尤其是对受到病菌、病毒污染的物品，可以用焚烧进行无害化处理。焚烧处理应使用符合环境要求的处理装置，注意避免对大气的二次污染。

（4）稳定和固化技术

稳定和固化技术是指利用水泥、沥青等胶结材料，将松散的固体废弃物包裹起来，减小废弃物的毒性和可迁移性，使得污染减少的技术。

（5）填埋

填埋是固体废弃物处理的最终补救措施，经过无害化、减量化处理的固体废弃物残渣集中到填埋场进行处置。填埋场应利用天然或人工屏障，尽量使需处理的废物与周围的生态环境隔离，并注意废物的稳定性与长期安全性。

第二章 建筑工程施工准备工作管理

第一节 施工准备工作的基础认知

一、施工准备工作的意义

施工准备工作是为保证工程顺利开工和施工活动正常进行而必须事先做好的各项准备工作。它是施工程序中的重要环节，不仅存在于开工之前，而且贯穿于整个施工过程。为了保证工程项目顺利地进行施工，必须做好施工准备工作。做好施工准备工作具有以下意义。

1. 确保建筑施工程序

现代建筑工程施工大多是十分复杂的生产活动，其技术规律和社会主义市场经济规律要求工程施工必须严格按照建筑施工程序进行。只有认真做好施工准备工作，才能取得良好的建设效果。

2. 降低施工的风险

做好施工准备工作，是取得施工主动权、降低施工风险有力保障。就工程项目施工的特点而言，其生产受外界干扰及自然因素的影响较大，因而施工中可能遇到的风险就多。只有根据周密的分析和多年积累的施工经验，采取有效的防范控制措施，充分做好施工准备工作，加强应变能力，才能有效地降低风险损失。

3. 创造工程开工和顺利施工条件

工程项目施工中不仅涉及广泛的社会关系，而且还要处理各种复杂的技术问题，协调各种配合关系，因而只有统筹安排和周密准备，才能使工程顺利开工，也才能提供各种条件，保证开工后的顺利施工。

4. 提高企业的综合效益

做好施工准备工作，也是降低工程成本、提高企业综合效益的重要保证。认真做好工程项目施工准备工作，能充分调动各方面的积极因素，合理组织资源，加快施工进度，提高工程质量，降低工程成本，增加企业经济效益，赢得企业社会信誉，实现企业管理现代化，从而提高企业的经济效益和社会效益。

5. 推行技术经济责任制

施工准备工作是建筑施工企业生产经营管理的重要组成部分。现代企业管理的重点是生产经营，而生产经营的核心是决策。因此，施工准备作为生产经营管理的重要组成部分，主要对拟建工程目标、资源供应和施工方案及其空间布置和时间排列等方面进行选择和施工决策，有利于施工企业搞好目标管理，推行技术经济责任制。

实践证明，施工准备工作的好与坏，将直接影响建筑产品生产的全过程。凡是重视并做好施工准备工作，积极为工程项目创造有利施工条件的，就能顺利开工，取得施工的主动权。同时，还可以避免工作的无序性和资源的浪费，有利于保证工程质量和施工安全，提高效益；反之，如果违背施工程序，忽视施工准备工作，使工程仓促开工，必然在工程施工中受到各种矛盾掣肘，处处被动，以致造成重大的经济损失。

二、施工准备工作的分类

（一）按工程所处施工阶段分类

按工程所处施工阶段分类，施工准备工作可分为开工前的施工准备和开工后的施工准备。

1. 开工前的施工准备

指在拟建工程正式开工前所进行的一切施工准备，其目的是为工程正式开工创造必要的施工条件，具有全局性和总体性。若没有这个阶段，则工程不能顺利开工，更不能连续施工。

2. 开工后的施工准备

指开工之后，为某一单位工程、某个施工阶段或某个分部（分项）工程所做的施工准备工作，具有局部性和经常性。一般来说，冬、雨期施工准备都属于这种施工准备。

（二）按准备工作范围分类

按准备工作范围分类，施工准备工作可分为全场性施工准备、单位工程施工条件准备、分部（分项）工程作业条件准备。

1. 全场性施工准备

全场性施工准备是指以整个建设项目或建筑群为对象所进行的统一部署的施工准备工作。它不仅要为全场性的施工活动创造有利条件，而且要兼顾单位工程施工条件的准备。

2. 单位工程施工条件准备

单位工程施工条件准备是指以一个建筑物或构筑物为施工对象而进行的施工条件准备，不仅要为该单位工程做好开工前的一切准备，而且要为分部（分项）工程的作业条件做好施工准备工作。

单位工程的施工准备工作完成，具备开工条件后，项目经理部应申请开工，递交开工报告，报审批后方可开工。实行建设监理的工程，企业应将开工报告送监理工程师审批，由监理工程师签发开工通知书，在限定时间内开工，不可拖延。

单位工程应具备的开工条件如下：

（1）施工图纸已经会审并有记录

（2）施工组织设计已经审核批准并已进行交底

（3）施工图预算和施工预算已经编制并审定

（4）施工合同已签订，施工证件已经审批齐全

（5）现场障碍物已清除

（6）场地已平整，施工道路、水源、电源已接通，排水沟渠畅通，能够满足施工的需要

（7）材料、构件、半成品和生产设备等已经落实并能陆续进场，保证连续施工的需要

（8）各种临时设施已经搭设，能够满足施工和生活的需要

（9）施工机械、设备的安排已落实，先期使用的已运入现场，已试运转并能正常使用

（10）劳动力安排已经落实，可以按时进场。现场安全守则、安全宣传牌已建立，安全、防火的必要设施已具备

3. 分部（分项）工程作业条件准备

分部（分项）工程作业条件准备是指以一个分部（分项）工程为施工对象而进行的作业条件准备。由于对某些施工难度大、技术复杂的分部（分项）工程，需要单独编制施工作业设计，应对其所采用的施工工艺、材料、机具、设备以及安全防护设施等分别进行准备。

三、施工准备工作的要求

1. 施工准备应该有组织、有计划、有步骤地进行

（1）建立施工准备工作的组织机构，明确相应的管理人员

（2）编制施工准备工作计划表，保证施工准备工作按计划落实

将施工准备工作按工程的具体情况划分为开工前、地基基础工程、主体工程、屋面与装饰装修工程等时间区段，分期分阶段、有步骤地进行，可为顺利进行下一阶段的施工创造条件。

2. 建立严格的施工准备工作责任制及相应的检查制度

由于施工准备工作项目多、范围广、时间跨度长，因此必须建立严格的责任制，按计划将责任落实到相关部门及个人，明确各级技术负责人在施工准备中应负的责任，使各级技术负责人认真做好施工准备工作。在施工准备工作实施过程中，应定期进行检查，可按周、半月、月度进行检查，主要检查施工准备工作计划的执行情况。

3. 坚持按基本建设程序办事，严格执行开工报告制度

工程项目开工前，当施工准备工作情况达到开工条件要求时，应向监理工程师报送工程开工报审表及开工报告等有关资料，在由总监理工程师签发，并报建设单位后，在规定的时间内开工。

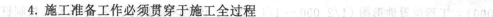

4. 施工准备工作必须贯穿于施工全过程

施工准备工作不仅要在开工前集中进行，而且工程开工后，也要及时全面地做好各施工阶段的准备工作，贯穿于整个施工过程中。

5. 施工准备工作要取得各协作单位的友好支持与配合

由于施工准备工作涉及面广，因此，除施工单位自身努力做好外，还要取得建设单位、监理单位、设计单位、供应单位、银行、行政主管部门、交通运输等的协作及相关单位的大力支持，以缩短施工准备工作的时间，争取早日开工。由此做到步调一致，分工负责，共同做好施工准备工作。

四、施工准备工作的内容

施工准备工作的内容，视该工程本身及其具备的条件而异，有的比较简单，有的却十分复杂。例如，只有一个单项工程的施工项目和包含多个单项工程的群体项目，一般小型项目和规模庞大的大中型项目，新建项目和改扩建项目，在未开发地区兴建的项目和在已开发地区兴建的项目等，都因工程的特殊需要和特殊条件而对施工准备工作提出各不相同的具体要求。

施工准备工作要贯穿整个施工过程的始终，根据施工顺序的先后，有计划、有步骤、分阶段进行。按准备工作的性质，施工准备工作大致归纳为六个方面：建设项目的调查研究、资料收集，劳动组织的准备，施工技术资料的准备，施工物资的准备，施工现场的准备，季节性施工的准备。

五、施工准备工作的重要性

工程项目建设总的程序是按照计划、设计和施工三大阶段进行，而施工阶段又分为施工准备、土建施工、设备安装、竣工验收等阶段。

施工准备工作的基本任务是为拟建工程的施工准备必要的技术和物质条件，统筹安排施工力量和合理布置施工现场。施工准备工作是施工企业搞好目标管理，推行技术经济承包的重要前提，同时，施工准备工作还是土建施工和设备安装顺利进行的根本保证。因此，认真做好施工准备工作，对于发挥企业优势、合理供应资源、加快施工速度、提高工程质量、降低工程成本、增加企业经济效益等具有重要的意义。

第二节 原始资料的调查与收集

一、建设场址勘察

建设场址勘察主要是了解建设地点的地形、地貌、地质、水文、气象以及场址周围环境和障碍物情况等。勘察结果一般可作为确定施工方法和技术措施的依据。

1. 地形、地貌勘察

地形、地貌勘察要求提供工程建设规划图、区域地形图（1/25 000 ～ 1/10

000）、工程位置地形图（1/2 000～1/1 000），该地区城市规划图、水准点及控制桩的位置、现场地形和地貌特征、勘察高程及高差等。对地形简单的施工现场，一般采用目测和步测；对场地地形复杂的，可用测量仪器进行观测，可向规划部门、建设单位、勘察单位等进行调查。这些资料可作为选择施工用地、布置施工总平面图、场地平整及土方量计算、了解障碍物及其数量的依据。

2. 工程地质勘查

工程地质勘查的目的是查明建设地区的工程地质条件和特征，包括地层构造、土层的类别及厚度、承载力及地震级别等。应提供的资料有：钻孔布置图；工程地质剖面图；土层类别、厚度；土壤物理力学指标，包括天然含水量、孔隙比、塑性指数、渗透系数、压缩试验及地基土强度等；地层的稳定性、断层滑块、流沙；最大冻结深度；地基土破坏情况等。工程地质勘查资料可为选择土方工程施工方法、地基土的处理方法以及基础施工方法提供依据。

3. 水文地质勘查

水文地质勘查所提供的资料主要有以下两个方面：

（1）地下水文资料

地下水最高、最低水位及时间，水的流速、流向、流量；地下水的水质分析及化学成分分析；地下水对基础有无冲刷、侵蚀影响等。所提供资料有助于选择基础施工方案、选择降水方法以及拟定防止侵蚀性介质的措施。

（2）地面水文资料

邻近江河湖泊距工地的距离；洪水、平水、枯水期的水位、流量以及航道深度；水质分析；最大、最小冻结深度及结冻时间等。调查的目的是为确定临时给水方案、施工运输方式提供依据。

4. 气象资料调查

气象资料一般可向当地气象部门进行调查，调查资料作为确定冬、雨期施工措施的依据。气象资料包括以下几个方面：

第一，降雨、降水资料：全年降雨量、降雪量；日最大降雨量；雨期起止日期；年雷暴日数等。

第二，气温资料：年平均、最高、最低气温；最冷、最热月及逐月的平均温度。

第三，风向资料：主导风向、风速、风的频率；大于或等于8级风全年天数，并应将风向资料绘成风玫瑰图。

5. 周围环境及障碍物调查

周围环境及障碍物调查包括施工区域现有建筑物、构筑物、沟渠、水井、树木、土堆、电力架空线路、地下沟道、人防工程、上下水管道、埋地电缆、煤气及天然气管道、地下杂填积坑、枯井等。

二、技术经济资料调查

技术经济资料调查的目的是查明建设地区地方工业、资源、交通运输、动力资源、生活福利设施等地区经济因素，获取建设地区技术经济条件资料，方便在施工组织中

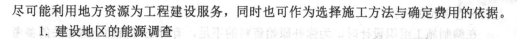

尽可能利用地方资源为工程建设服务，同时也可作为选择施工方法与确定费用的依据。

1. 建设地区的能源调查

能源一般指水源、电源、气源等。能源资料可向当地城建、电力、燃气供应部门及建设单位等进行调查，主要用作选择施工用临时供水、供电和供气的方式，提供经济分析比较的依据。

能源调查内容主要有：施工现场用水与当地水源连接的可能性、供水距离、接管距离、地点、水压、水质及水费等资料；利用当地排水设施排水的可能性、排水距离、去向等；可供施工使用的电源位置、引入工地的路径和条件，可以满足的容量、电压及电费；建设单位、施工单位自有的发变电设备、供电能力；冬期施工时附近蒸汽的供应量、接管条件和价格；建设单位自有的供热能力；当地或建设单位提供煤气、压缩空气、氧气的能力和它们至工地的距离等。

2. 建设地区的交通调查

交通运输方式一般有铁路、公路、水路、航空等。交通资料可向当地铁路、交通运输和民航等管理局的业务部门进行调查。收集交通运输资料是调查主要材料及构件运输通道的情况，包括道路、街巷、途经的桥涵宽度、高度，允许载重量和转弯半径限制等资料。

有超长、超高、超宽或超重的大型构件、大型起重机械和生产工艺设备需整体运输时还要调查沿途架空电线、天桥的高度，并与有关部门商议避免大件运输对正常交通产生干扰的路线、时间及解决措施。所收集资料主要用作组织施工运输业务、选择运输方式、提供经济分析比较的依据。

3. 主要材料及地方资源调查

主要材料及地方资源调查的内容包括：三大材料（钢材、木材和水泥）的供应能力、质量、价格、运费情况；地方资源如石灰石、石膏石、碎石、卵石、河砂、矿渣、粉煤灰等能否满足建筑施工的要求；开采、运输和利用的可能性及经济合理性。这些资料可向当地计划、经济等部门进行调查，作为确定材料的供应计划、加工方式、储存和堆放场地及建造临时设施的依据。

4. 建筑基地情况调查

建筑基地情况调查主要调查建设地区附近有无建筑机械化基地、机械租赁站及修配站；有无金属结构及配件加工；有无商品混凝土搅拌站和预制构件等。这些资料可用来确定构配件、半成品及成品等货源的加工供应方式、运输计划和规划临时设施。

5. 社会劳动力和生活设施情况调查

社会劳动力和生活设施情况调查内容包括：当地能提供的劳动力人数、技术水平、来源和生活安排；建设地区已有的可供施工期间使用的房屋情况；当地主副食、日用品供应、文化教育、消防治安、医疗单位的基本情况以及能为施工提供的支援能力。这些资料是制订劳动力安排计划、建立职工生活基地、确定临时设施的依据。

6. 参与施工的各单位能力调查

参与施工的各单位能力调查内容包括：施工企业资质等级、技术装备、管理水平、施工经验、社会信誉等有关情况。这些可作为了解总、分包单位的技术及管理水平与选择分包单位的依据。

在编制施工组织设计时，为弥补原始资料的不足，有时还可借助一些相关的参考资料来作为编制依据，如冬、雨期参考资料，机械台班产量参考指标，施工工期参考指标等。这些参考资料可利用现有的施工定额、施工手册、施工组织设计实例或是通过平时的施工实践活动来获得。

第三节 技术资料准备

一、熟悉与审查图纸

熟悉与审查图纸可以保证能够按设计图纸的要求进行施工；使从事施工和管理的工程技术人员充分了解和掌握设计图纸的设计意图、构造特点和技术要求；通过审查发现图纸中存在的问题和错误，为拟建工程的施工提供一份准确、齐全设计图纸。

（一）熟悉图纸

第一，熟悉图纸工作的组织。施工单位项目经理部收到拟建工程的设计图纸和有关技术文件后，应尽快组织有关的工程技术人员熟悉和自审图纸，写出自审图纸的记录。自审图纸的记录应包括对设计图纸的疑问和对设计图纸的有关建议，以便于图纸会审时提出。

第二，熟悉图纸的要求。

1. 基础部分

核对建筑、结构、设备施工图中关于留口、留洞的位置及标高，地下室排水方向，变形缝及人防出口做法，防水体系的包圈与收头要求，特殊基础形式做法等。

2. 主体部分

弄清建筑物、墙、柱与轴线的关系，主体结构各层所用的砂浆、混凝土强度等级，梁、柱的配筋及节点做法，悬挑结构的锚固要求，楼梯间的构造，卫生间的构造，对标准图有无特别说明和规定等。

3. 屋面及装修部分

熟悉屋面防水节点做法，结构施工时应为装修施工提供的预埋件和预留洞，内外墙和地面等材料及做法，防火、保温、隔热、防尘、高级装修等的类型和技术要求。

4. 设备安装工程部分

弄清设备安装工程各管线型号、规格及布置走向，各安装专业管线之间是否存在交叉和矛盾，建筑设备的型号、规格、尺寸是否正确，设备位置及预埋件做法与土建是否存在矛盾。

第三，审查拟建工程的地点、建筑总平面图与国家、城市或地区规划是否一致，以及建筑物或构筑物的设计功能和使用要求是否符合环境卫生、防火及美化城市等方面的要求。

第四，审查设计图纸与说明书在内容上是否一致，以及设计图纸与其各组成部分之间有无矛盾和错误。

第五，审查设计图纸是否完整、齐全，以及其是否符合国家有关工程建设的设计、施工方面的方针和政策。

第七，审查建筑总平面图与其他结构图在几何尺寸、坐标、标高、说明等方面是否一致，技术要求是否正确。

第八，审查地基处理和基础设计与拟建工程地点的工程水文、地质等条件是否一致，以及建筑物或构筑物与地下建筑物或构筑物、管线之间的关系。

第九，审查工业项目的生产工艺流程和技术要求，掌握配套投产的先后顺序和相互关系，以及审查设备安装图纸与其相配套的土建施工图纸上的坐标、标高是否一致；审查土建施工质量是否满足设备安装的要求。

第十，明确拟建工程的结构形式和特点，复核主要承重结构的强度、刚度和稳定性是否满足设计要求，审查设计图纸中复杂、施工难度大和技术要求高的分部分项工程或新结构、新材料、新工艺。

第十一，明确主要材料、设备的数量、规格、来源和供货日期，及建设期限、分期分批投产或交付使用的顺序和时间。

第十二，明确建设、设计和施工等单位之间的协作、配合关系，以及建设单位可以提供的施工条件。

（二）图纸会审

1. 图纸会审的组织

一般由建设单位组织并主持会议，设计单位交底，施工单位、监理单位参加。对于重点工程或规模较大及结构、装修较复杂的工程，如有必要可邀请各主管部门、消防、防疫与协作单位参加。会审的程序是：

设计单位做设计交底，施工单位对图纸提出问题，有关单位发表意见，与会者研究、协商，逐条解决问题达成共识，组织会审的单位汇总成文，各单位会签，形成图纸会审纪要，会审纪要作为与施工图纸具有同等法律效力的技术文件使用。

2. 图纸会审的要求

第一，设计是否符合国家有关方针、政策和规定。

第二，设计规模、内容是否符合国家有关的技术规范要求，尤其是强制性标准的要求；是否符合环境保护和消防安全的要求。

第三，建筑设计是否符合国家有关的技术规范要求，尤其是强制性标准的要求；是否符合环境保护和消防安全的要求。

第四，建筑平面布置是否符合核准的按建筑红线划定的详图与现场实际情况；是否提供符合要求的永久性水准点或临时水准点位置。

第五，图纸及说明是否齐全、清楚、明确。

第七，结构、建筑、设备等图纸本身及相互之间是否有错误和矛盾，图纸与说明之间有无矛盾。

第八，有无特殊材料（包括新材料）要求，其品种、规格、数量能否满足需要。

第九，设计是否符合施工技术装备条件，例如需采取特殊技术措施时，技术上有无困难，能否保证安全施工。

第十，地基处理及基础设计有无问题，建筑物与地下构筑物、管线之间有无矛盾。

第十一，建（构）筑物及设备的各部分尺寸、轴线位置、标高、预留孔洞及预埋件、大样图及做法说明有无错误和矛盾。

二、编制施工图预算和施工预算

在设计交底和图纸会审的基础上，施工组织设计已被批准，预算部门即可着手编制单位工程施工图预算和施工预算，以确定人工、材料和机械费用的支出，并确定人工数量、材料消耗数量及机械台班使用量等。

施工图预算是由施工单位主持，在拟建工程开工前的施工准备工作期间所编制的确定建筑安装工程造价的经济文件，是施工企业签订工程承包合同，工程结算，银行拨款、贷款，进行企业经济核算的依据。

施工预算是根据施工图预算、施工图样、施工组织设计和施工定额等文件综合企业和工程实际情况所编制的，在工程确定承包关系以后进行，是施工单位内部经济核算和班组承包的依据。

三、编制施工组织设计

施工组织设计是指导施工现场全过程的、规划性的、全局性的技术、经济和组织的综合性文件，是施工准备工作的重要组成部分。通过施工组织设计，能为施工企业编制施工计划及实施施工准备工作计划提供依据，保证拟建工程施工顺利进行。

第四节 施工现场准备

一、建设单位施工现场准备工作

建设单位应按合同条款中约定的内容和时间完成以下工作：

第一，办理土地征用、拆迁补偿、平整施工场地等工作，使施工场地具备施工条件，在开工后继续负责解决以上事项遗留问题。

第二，将施工所需水、电、电信线路从施工场地外部接至专用条款约定地点，保证施工期间的需要。

第三，开通施工场地与城乡公共道路的通道，以及专用条款约定的施工场地内的主要道路，满足施工运输的需要，保证施工期间的畅通。

第十，向承包人提供施工场地的工程地质和地下管线资料，对资料的真实准确性负责。

第五，办理施工许可证及其他施工所需证件、批件和临时用地、停水、停电、中断道路交通、爆破作业等的申请批准手续（证明承包人自身资质的文件除外）。

第六，确定水准点与坐标控制点，以书面形式交给承包人，进行现场交验。

第七，协调处理施工场地周围地下管线和邻近建筑物、构筑物（包括文物保护建筑）、古树名木的保护工作，承担有关费用。

二、施工单位现场准备工作

施工单位现场准备工作即通常所说的室外准备，施工单位要按合同条款中约定的内容和施工组织设计的要求完成以下工作：

第一，根据工程需要，提供和维护非夜间施工使用的照明、围栏设施，并负责安全保卫。

第二，按专用条款约定的数量和要求，向发包人提供施工场地办公和生活的房屋及设施，发包人承担由此发生的费用。

第三，遵守政府有关主管部门对施工场地交通、施工噪声以及环境保护和安全生产等的管理规定，按规定办理有关手续，并以书面形式通知发包人，发包人承担由此发生的费用，因承包人责任造成的罚款除外。

第四，按条款约定做好施工场地地下管线和邻近建筑物、构筑物（包括文物保护建筑）、古树名木的保护工作。

第五，保证施工场地清洁，符合环境卫生管理的有关规定。

第六，建立测量控制网。

第七，工程用地范围内的“七通一平”，其中平整场地工作应由其他单位承担．但建设单位也可要求施工单位完成，费用仍由建设单位承担。

第八，搭建现场生产和生活用地临时设施。

三、施工现场准备的主要内容

（一）清除障碍物

施工场地内的一切障碍物，无论是地上的还是地下的，都应在开工前清除。这一工作通常由建设单位完成，有时也委托施工单位完成。拆除时，一定要摸清情况，尤其是在老城区内，由于原有建筑物和构筑物情况复杂，而且资料不全，在清除前应采取相应的措施，防止事故发生。

对于房屋，一般只要把水源、电源切断后即可进行拆除。若房屋较大、较坚固，则有可能采用爆破的方法，这需要由专业的爆破作业人员来承担，并且需经有关部门批准。

架空电线（电力、通信）、埋地电缆（电力、通信）、自来水管、污水管、煤气管道等的拆除，都要与有关部门取得联系办好手续，一般最好由专业公司拆除。场内的树木需报请园林部门批准方可砍伐。

拆除障碍物后，留下的渣土等杂物都应清除出场外。运输时，应遵守交通、环保部门的有关规定，运土的车辆要按指定的路线和时间行驶，采取封闭运输车辆或在渣

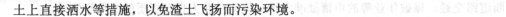

土上直接洒水等措施，以免渣土飞扬而污染环境。

（二）做好“七通一平”

在工程用地范围内，接通施工用水、用电、道路和平整场地的工作，简称“三通一平”。其实，工地上实际需要的往往不只是水通、电通、路通，有的工地还需要供应蒸汽、架设热力管线，称为“热通”；通煤气，称为“气通”；通电话作为联络通信工具，称为“电信通”；还可能因为施工中的特殊要求，还有其他的“通”。通常，把“路通”“给水通”“排水通”“排污通”“电通”“电信通”“蒸汽及煤气通”称为“七通”“一平”指的是场地平整。一般而言，最基本的还是“三通一平”。

（三）测量放线

按照设计单位提供的建筑总平面图及接收施工现场时建设方提交的施工场地范围、规划红线桩、工程控制坐标桩和水准基桩进行施工现场的测量与定位。这一工作是确定拟建工程平面位置的关键，施测中必须保证精度、杜绝错误。

施工时应根据建设单位提供的由规划部门给定的永久性坐标和高程，按建筑总图上的要求，进行现场控制网点的测量，妥善设立现场永久性标准，并为施工全过程的投测创造条件。

在测量放线前，应做好检验校正仪器、校核红线桩（规划部门给定的红线，在法律上起着控制建筑用地的作用）与水准点，制定测量放线方案（如平面控制、标高控制、沉降观测和竣工测量等）等工作。如发现红线桩和水准点有问题，应提请建设单位处理。

建筑物应通过设计图中的平面控制轴线来确定其轮廓位置，测定后提交有关部门和建设单位验线，以保证定位的准确性。沿红线的建筑物，还要由规划部门验线，以防止建筑物压红线或超红线，为正常顺利施工创造条件。

（四）搭建临时设施

现场生活和生产用地临时设施，在布置安装时，要遵照当地有关规定进行规划布置，如房屋的间距、标准是否符合卫生和防火要求，污水和垃圾的排放是否符合环境的要求等。因此，临时建筑平面图及主要房屋结构图都应报请城市规划、市政、消防、交通、环境保护等有关部门审查批准。

为了施工方便和行人的安全，对于指定的施工用地的周界，应用围墙围护起来。围墙的形式和材料应符合市容管理的有关规定和要求，并在主要出入口设置标牌，标明工地名称、施工单位、工地负责人等。各种生产、生活用的临时设施，均应按批准的施工组织设计规定的数量、标准、面积、位置等要求组织搭建，不得乱搭乱建，并尽可能利用原有建筑物，减少临时设施的搭设，以便节约用地，节约投资。

各种生产、生活用的临时设施，包括各种仓库、混凝土搅拌站、预制构件场、机修站、各种生产作业棚、办公用房、宿舍、食堂、文化生活设施等，均应按批准的施工组织设计规定的数量、标准、面积、位置等要求组织修建。大、中型工程的分批分期修建。

（五）组织施工机具进场、安装和调试

按照施工机具需要量计划，分期分批组织施工机具进场，根据施工总平面布置图，将施工机具安置在规定的地点或存储的仓库内。对于固定的机具，要进行就位、搭设防护棚、接电源、保养和调试等工作。对所有施工机具，都必须在开工前进行检查和试运转。

（六）组织材料、构配件制品进场存储

按照材料、构配件、半成品的需要量计划组织物资、周转材料进场，并依据施工总平面图规定的地点和指定的方式进行储存和定位堆放。同时，按进场材料的批量，依据材料试验、检验要求，及时采样并提供建筑材料的试验申请计划，严禁不合格材料存储在现场。

第五节　物资准备

一、基本建筑材料的准备

基本建筑材料的准备包括“三材”、地方材料和装饰材料的准备。准备工作应根据材料的需用量计划，组织货源，确定物资加工、供应地点和供应方式，签订物资供应合同。材料的储备应根据施工现场分期、分批使用材料的特点，按照以下原则进行材料的储备。

首先，应按工程进度分期、分批进行，现场储备的材料多了会造成积压，增加材料保管的负担，同时也占用过多流动资金；储备少了又会影响正常生产。所以，材料的储备应合理、适宜。

其次，做好现场保管工作，以保证材料的数量和原有的使用价值。

再次，现场材料的堆放应合理，现场储备的材料，应严格按照施工平面布置图的位置堆放，以减少二次搬运且应堆放整齐，标明标牌．以免混淆；另外，也应做好防水、防潮及易碎材料的保护工作。

最后，应做好技术试验和检验工作，对于无出厂合格证明和没有按规定测试的原材料，一律不得使用；对于不合格的建筑材料和构件，一律不准出厂和使用；特别是对于没有把握的材料或进口原材料、某些再生材料的储备，更要严格把关。

二、拟建工程所需构（配）件、制品的加工准备

工程项目施工中需要大量的预制构（配）件、门窗、金属构件、水泥制品及卫生洁具等，这些构件、配件必须事先提出订制加工单。对于采用商品混凝土现浇的工程，则先要到生产单位签订供货合同，注明品种、规格、数量、需要时间及送货地点等。

三、施工机具的准备

根据采用的施工方案，安排施工进度，确定施工机械的类型、数量和进场时间。确定施工机具的供应办法和进场后的存放地点和方式，编制建筑安装机具的需要量计划，为组织运输、确定堆场面积等提供依据。其主要内容如下：

第一，根据施工进度计划及施工预算所提供的各种构配件及设备数量，做好加工翻样工作，并编制相应的需用量计划。

第二，根据需用量计划，向有关厂家提出加工订货计划要求并签订订货合同。

第三，对施工企业缺少且需要的施工机具，应与有关部门签订订购和租赁合同，以保证施工需要。

第四，对于大型施工机械（如塔式起重机、挖土机、桩基设备等）的需求量和时间，应与有关方面（如专业分包单位）联系，提出要求，并在落实后签订有关分包合同，并为大型机械按期进场做好现场有关准备工作。

第五，安装、调试施工机具，按照施工机具需要量计划，组织施工机具进场，根据施工总平面图将施工机具安置在规定的地方或仓库。对于施工机具，要进行就位、搭棚、接电源、保养、调试工作。对所有施工机具都必须在使用前进行检查和试运转。

四、模板和脚手架的准备

模板和脚手架是施工现场使用量大、堆放占地最大的周转材料。模板及其配件规格多、数量大，对堆放场地要求比较高，一定要分规格、型号整齐码放，以便于使用及维修；大钢模一般要求立放，并防止倾倒，在现场也应规划出必要的存放场地；钢管脚手架、桥脚手架、吊篮脚手架等都应按指定的平面位置堆放整齐，扣件等零件还应防雨，避免防锈蚀。

五、生产工艺设备的准备

订购生产用的生产工艺设备，要注意交货时间与土建进度密切配合，因为某些庞大设备的安装往往要与土建施工穿插进行，如果土建全部完成或封顶后，安装会有困难，故各种设备的交货时间要与安装时间密切配合，以免影响建设工期。准备时按照拟建工程生产工艺流程及工艺设备的布置图提出工艺设备的名称、型号、生产能力和需要量，确定分期分批进场时间和保管方式，编制工艺设备需要量计划，为组织运输、确定堆场面积提供依据。

第六节 其他施工准备

一、资金准备

施工项目的实施需要耗费大量的资金，在施工过程中可能会遇到资金不到位的情况，包括资金的时间不到位和数量不到位，这就要求施工企业必须认真进行资金准备。资金准备工作的具体内容主要有：编制资金收入计划；编制资金支出计划；筹集资金；掌握资金贷款、利息、利润、税收等多种情况。

二、做好分包工作

大型土石方工程、结构安装工程以及特殊构筑物工程的施工等，若需实行分包，则需在施工准备工作中依据调查中了解的有关情况，选定理想的协作单位。根据欲分包工程的工程量、完工日期、工程质量要求和工程造价等内容，签订分包合同。进行工程分包必须按照有关法规执行。

三、向主管部门提交开工申请报告

在进行相应施工准备工作的同时，若具备开工条件，应该及时填写开工申请报告，并上报主管部门以获得批准。

四、冬期施工各项准备工作

1. 合理安排冬期施工项目

为了更好地保证工程施工质量、合理控制施工费用，从施工组织安排上要综合研究，明确冬期施工的项目，做到冬期不停工，而冬期采取的措施费用增加较少。

2. 落实各种热源供应和管理

热源供应和管理包括各种热源供应渠道，热源设备和冬期用的各种保温材料的存储和供应，司炉工培训等工作。

3. 做好测温工作

冬期施工昼夜温差较大，为保证施工质量，在整个冬期施工过程中项目部要组织专人进行测温工作，每日实测室外最低温度、最高温度、砂浆温度，并负责把每天的测温情况通知工地负责人。出现异常情况立即采取措施，测温记录最后由技术员归入技术档案。

4. 做好保温防冻工作

冬期来临前，为保证室内其他项目能顺利施工，做好室内的保温施工项目，如先完成供热系统，安装好门窗玻璃等项目；室外各种临时设施要做好保温防冻，如防止给水排水管道冻裂，防止道路积水结冰，及时清扫道路上的积雪，以保证运输顺利。

5. 加强安全教育，严防火灾发生

为确保施工质量，避免事故发生，要做好职工培训及冬期施工的技术操作和安全施工的教育，要有防火安全技术措施并经常检查落实，保证各种热源设备完好。

五、雨期施工各项准备工作

1. 防洪排涝，做好现场排水工作

施工现场雨期来临前，应做好防洪排涝准备，做好排水沟渠的开挖，准备好抽水

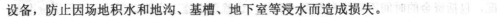

设备，防止因场地积水和地沟、基槽、地下室等浸水而造成损失。

2. 做好雨期施工安排，尽量避免雨期窝工造成的损失

一般情况下，在雨期到来前，应多安排完成基础、地下工程，土方工程，室外及屋面工程等不宜在雨期施工的项目；多留些室内工作在雨期施工。将不宜在雨期施工的工程提前或延后安排，对必须在雨期施工的工程制定有效措施，晴天抓紧室外作业，雨天安排室内工作。注意天气预报，做好防汛准备，遇到大雨、大雾、雷击与6级以上大风等恶劣天气，应当停止进行露天高处、起重吊装和打桩等作业。

3. 做好道路维护，保证运输畅通

雨期前检查道路边坡排水，适当提高路面，防止路面凹陷，保证运输畅通。

4. 做好物资的存储

雨期到来前，材料、物资应多存储，减少雨期运输量，以节约费用。要准备必要的防雨器材，库房四周要有排水沟渠，以防物资淋雨浸水而变质。

5. 做好机具设备等的防护

雨期施工，对现场的各种设施、机具要加强检查，特别是脚手架、垂直运输设施等，要采取防倒塌、防雷击、防漏电等一系列技术措施。

6. 加强施工管理，做好雨期施工的安全教育

要认真编制雨期施工技术措施，并认真组织贯彻实施。加强对职工的安全教育，防止各种事故发生。

7. 加固整修临时设施及其他准备工作

第一，施工现场的大型临时设施在雨期前应整修加固完毕，保证不漏、不塌、不倒和周围不积水，严防水冲入设施内。选址要合理，避开易发生滑坡、泥石流、山洪、坍塌等灾害的地段。大风和大雨后，应当检查临时设施地基和主体结构情况，发现问题及时处理。

第二，雨后应及时对坑槽沟边坡和固壁支撑结构进行检查，深基坑应当派专人进行认真测量，观察边坡情况。如果发现边坡有裂缝、疏松，支撑结构折断、移动等危险征兆，应当立即采取处理措施。

第三，雨期施工中遇到气候突变，如暴雨造成水位暴涨、山洪暴发或因雨发生坡道打滑等情况时，应当停止土石方机械作业施工。

第四，雷雨天气不得进行露天电力爆破土石方作业，如中途遇到雷电，应迅速将雷管的脚线、电线主线两端连成短路。

第五，大风、大雨后作业应当检查起重机械设备的基础、塔身的垂直度、缆风绳和附着结构以及安全保险装置，并先试吊，确认无异常后方可作业。

第六，落地式钢管脚手架底应高于自然地坪50 mm并夯实整平，留出一定的散水坡度在周围设置排水措施，防止雨水浸泡。

第七，遇到大雨、大雾、高温、雷击和6级以上大风等恶劣天气，应停止搭设和拆除作业。

第八，大风、大雨后要组织人员检查脚手架是否牢固，如有倾斜、下沉、松扣、崩扣和安全网脱落、开绳等现象，要及时进行处理。

六、夏季施工各项准备工作

夏季施工最显著的特点就是环境温度高、相对湿度较小、雨水较多，由此，要认真编制夏季施工的安全技术施工预案，认真做好各项准备工作。

1. 编制夏季施工项目的施工方案，并认真组织贯彻实施

根据施工生产的实际情况，积极采取行之有效的防暑降温措施，充分发挥现有降温设备的功能，添置必要的设施并及时做好检查维修工作。

2. 现场防雷装置的准备

第一，防雷装置设计应取得当地气象主管机构核发的《防雷装置设计核准意见书》。

第二，待安装的防雷装置应符合国家有关标准和国务院气象主管机构规定的使用要求，并具备出厂合格证证明文件。

第三，从事防雷装置的施工单位和施工人员应具备相应的资质证或资格证书，并按照国家有关标准和国务院气象主管机构的规定进行施工作业。

七、施工人员防暑降温的准备

第一，关心职工的生产、生活，确保职工劳逸结合，严格控制加班时间。入暑前，抓紧做好高温、高空作业工人的体检，对不适合高温、高空作业者，应适当调换工作。

第二，施工单位在安排施工作业任务时，根据当地的天气特点尽量调整作息时间，避开高温时段，采取各种措施保证职工得到良好的休息，保持良好的精神状态。

第三，施工单位要确保施工现场的饮用水供应，适当提供部分含盐饮料或绿豆汤，必须保证饮品的清洁、卫生，保证施工人员有足量的饮用水供应。及时发放藿香正气水、人丹、十滴水、清凉油等防暑药物，防止中暑和传染疾病的发生。

第四，密闭空间作业，要避开高温时段进行，必须进行时要采取通风等降温措施，采取轮换作业方式，每班作业 15 ～ 20 min 并设立专职监护人。长时间露天作业，应采取搭设防晒棚及其他防晒措施。

第五，患有高温禁忌症的人员要适当调整工作时间或岗位，避开高温环境和高空作业。

八、劳动组织的准备

1. 建立施工项目的组织机构

施工项目组织机构的建立应遵循的原则：根据工程规模、结构特点和复杂程度，确定施工组织的领导机构名额和人选；坚持合理分工与密切协作相结合的原则；把有施工经验、有创新精神、工作效率高的人选人领导机构；认真执行因事设职、因职选人。

对于一般单位工程，可设一名工地负责人，再配施工员、质检员、安全员及材料员等；对大型的单位工程或群体项目，则需配备一套班子，包括技术、材料、计划等管理人员。

2. 建立精干的施工队伍

施工队伍的建立要认真考虑专业、工种的合理配合，技工、普工比例要满足合理

的劳动组织及流水施工组织方式的要求，建立施工队组（专业施工队组或混合施工队组）要坚持合理、精干高效的原则；人员配置要从严控制二三线管理人员，力求一专多能、一人多职，同时制订出该工程的劳动力需要量计划。

3. 集结施工力量，组织劳动力进场

工地领导机构确定之后，按照开工日期和劳动力需要量计划，组织劳动力进场。同时，要进行安全、防火和文明施工等方面的教育，并安排好职工的生活。

4. 建立健全各项管理制度

由于工地的各项管理制度直接影响其各项施工活动的顺利进行，因此，必须建立健全工地的各项管理制度。一般管理制度包括：工程质量检查与验收制度；工程技术档案管理制度；建筑材料（构件、配件、制品）的检查验收制度；技术责任制度；施工图纸学习与会审制度；技术交底制度；职工考勤、考核制度；工地及班组经济核算制度；材料出入库制度；安全操作制度；机具使用保养制度。

5. 基本施工班组的确定

基本施工班组应根据工程的特点、现有的劳动力组织情况及施工组织设计的劳动力需要量计划来确定选择。各有关工种工人的合理组织，一般有以下几种参考形式。

（1）砖混结构的房屋

砖混结构的房屋采用混合班组施工的形式较好。在结构施工阶段，主要是砌筑工程，应以瓦工为主，配备适量的架子工、木工、钢筋工、混凝土工以及小型机械工等。装饰阶段则以抹灰工、油漆工为主，配备适当的木工、管道工和电工等。

这些混合施工队的特点是：人员配备较少，工人以本工种为主兼做其他工作，工序之间的衔接比较紧凑，因此劳动效率较高。

（2）全现浇结构房屋

全现浇结构房屋采用专业施工班组的形式较好。由于主体结构要浇灌大量的钢筋混凝土，故模板工、钢筋工、混凝土工是其主要工种。装饰阶段需配备抹灰工、油漆工、木工等。

（3）预制装配式结构房屋

预制装配式结构房屋采用专业施工班组的形式较好。由于这种结构的施工以构件吊装为主，故应以吊装起重工为主。因焊接量较大，所以电焊工要充足，并配以适当的木工、钢筋工、混凝土工。同时，根据填充墙的砌筑量配备一定数量的瓦工。装修阶段需配备抹灰工、油漆工、木工等专业班组。

6. 做好分包或劳务安排

由于建筑市场的开放，用工制度的改革，施工单位仅靠自身的基本队伍来完成施工任务已非常困难，因此，往往要联合其他建筑队伍（一般称外包施工队）共同完成施工任务。

（1）外包施工队独立承担单位工程的施工

对于有一定的技术管理水平、工种配套并拥有常用的中小型机具的外包施工队伍，可独立承担某一单位工程的施工。在经济上，可采用包工、包材料消耗的方法，企业只需抽调少量的管理人员对工程进行管理，并负责提供大型机械设备、模板、架设工具及供应材料。

（2）外包施工队承担某个分部（分项）工程的施工

外包施工队承担某个分部（分项）工程的施工，实质上就是单纯提供劳务，而管理人员以及所有的机械和材料均由本企业负责提供。

（3）临时施工队伍与本企业队伍混编施工

临时施工队伍与本企业队伍混编施工是指将本身不具备施工管理能力，只拥有简单的手动工具，仅能提供一定数量的个别工种的施工队伍，编排在本企业施工队伍之中，指定一批技术骨干带领他们操作，以保证质量和安全，共同完成施工任务。

使用临时施工队伍时要进行技术考核，达不到技术标准、质量没有保证的不得使用。

7. 做好施工队伍的教育

施工前，企业要对施工队伍进行劳动纪律、施工质量和安全教育，要求本企业职工和外包施工队人员必须做到遵守劳动时间，坚守工作岗位，遵守操作规程，保证产品质量，保证施工工期及安全生产，服从调动，爱护公物。同时，企业还应做好职工、技术人员的培训和技术更新工作，只有不断提高职工、技术人员的业务技术水平，才能从根本上保证建筑工程质量，不断提高企业的竞争力。另外，对于某些采用新工艺、新结构、新材料、新技术的工程，应该先将有关的管理人员和操作工人组织起来培训，使其达到标准后再上岗操作。

第三章 建筑工程施工进度管理与质量管理

第一节 施工项目进度控制

一、施工项目进度控制概述

（一）影响进度的因素

工程项目施工作为一个复杂的运作过程，涉及面广，影响因素多，任何一个方面出现问题都可能对工程项目的施工进度产生影响。为此应分析了解这些影响因素，尽可能加以控制，通过有效的进度管理来弥补和减少这些因素产生的影响。

影响施工项目进度的因素大致可分为三类：

①项目经理部内部因素

②相关单位因素

③不可预见因素

（二）进度控制的措施

施工项目进度控制的措施主要有组织措施、技术措施、合同措施、经济措施和管理信息措施等。

（三）进度控制原理

施工项目进度控制是以现代科学管理原理作为其理论基础的，主要有系统原理、动态控制原理、信息反馈原理、弹性原理和封闭循环原理等。

1. 系统原理

系统原理就是用系统的观点来剖析和管理施工项目进度控制活动。进行施工项目进度控制应建立施工项目进度计划系统、施工项目进度组织系统。

（1）施工项目进度计划系统

施工项目进度计划系统是施工项目进度实施和控制的依据。施工项目进度计划主要包括施工项目总进度计划、单位工程进度计划、分部分项工程进度计划、材料计划、劳动力计划、季度和月（旬）作业计划等。这些计划形成了一个进度控制目标体系。该体系是按工程系统构成、施工阶段和部位逐层分解，编制对象从大到小，范围由总体到局部，层次由高到低，内容由粗到细的完整的计划系统。

（2）施工项目进度组织系统

施工项目进度组织系统是实现施工项目进度计划的组织保证。施工项目的各级负责人组成了施工项目进度组织系统。这个组织系统既要严格执行进度计划要求、落实和完成各自的职责和任务，又应随时检查、分析计划的执行情况，在发现实际进度与计划进度发生偏离时，应及时采取有效措施进行调整、解决。

2. 动态控制原理

进度目标的实现是一个随着项目的进展以及相关因素的变化不断进行调整的动态控制过程。施工项目按计划实施，但面对不断变化的客观实际，施工活动的轨迹往往会产生偏差。当实际进度与计划进度偏离时，控制系统就要做出应有的反应：分析偏差产生的原因，采取相应的措施，调整原来计划，使施工活动在新的起点上按调整后的计划继续运行；当新的干扰因素影响施工进度时，新一轮调整、纠偏又开始了。施工项目进度控制活动就这样循环往复进行，直至预期计划目标实现。

3. 弹性原理

施工项目进度控制中应用弹性原理，首先表现在编制施工项目进度计划时，要考虑影响进度的各类因素出现的可能性及其影响程度，进度计划必须保持充分弹性，要有预见性；其次是在施工项目进度控制中具有应变性，当遇到干扰工期拖延时，能够利用进度计划的弹性、缩短有关工作的时间、改变工作间的逻辑关系、增减施工内容、增减工程量、改进施工工艺或施工方案等有效措施，对进度计划做出相应调整，缩短剩余计划工期，达到预期的计划目标。

4. 封闭循环原理

这个由计划、实施、检查、比较、分析、纠偏等环节组成的过程就形成了一个封闭循环回路，而施工项目进度控制的全过程就是在许多这样的封闭循环中得到有效的调整、修正与纠偏，最终实现总目标。

（四）进度控制目标体系

施工项目进度控制总目标是依据施工项目总进度计划确定的。对总进度目标层层分解，形成实施进度控制的相互制约的目标体系。

二、施工项目进度计划的审核与实施

（一）进度计划的审核

项目经理应对施工项目进度计划进行审核，主要审核内容有：

第一，项目总目标和所分解的子目标的内在联系是否合理；且进度安排能否满足施工合同中工期的要求；是否符合开竣工日期的规定；分期施工是否满足分批交工的需要和配套交工的要求。

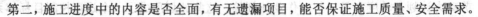

第二，施工进度中的内容是否全面，有无遗漏项目，能否保证施工质量、安全需求。

第三，施工程序和作业顺序安排是否正确合理。

第四，各类资源供应计划是否能保证进度计划的实现，供应是否均衡。

第五，总分包之间和各专业之间在施工时间和位置的安排上是否合理，有无干扰。

第六，总分包之间的进度计划是否相互协调，专业分工与计划的衔接是否明确、合理。

第七，对实施进度计划的风险是否分析清楚，是否有相应的防范对策和应变预案。

第八，各项保证进度计划实现的措施是否周到、可行、有效。

（二）进度计划的实施

进度计划的实施就是按照进度计划开展施工活动，落实并完成计划。施工进度计划逐步实施的过程就是项目施工逐步完成的过程。为保证各项施工活动按进度计划所确定的顺序和时间进行，保证各阶段目标和总目标的实现，项目部要做好以下工作：

①编制月（旬）作业计划

②签发施工任务书

③做好施工进度记录

④做好施工调度工作

施工调度是指掌握计划实施情况，组织施工中各阶段、各环节、各专业和各工种的互相配合，协调各方面关系，采取措施，排除各种干扰、矛盾，加强薄弱环节，发挥生产指挥作用，实现连续、均衡、顺利施工，完成各项作业计划，实现进度目标。施工调度的具体工作有：

第一执行施工合同中对进度、开工及延期开工、暂停施工、工期延误、工程竣工的承诺。

第二，控制进度措施的落实应具体到执行人，明确目标、任务、检查方法和考核办法。

第三，监督检查施工准备工作、作业计划的实施，协调各方面的进度关系。

第四，督促资源供应单位按计划供应劳动力、施工机具、材料构配件、运输车辆等，并对临时出现的问题及时采取措施。

第五，由于工程变更引起资源需求的数量变更和品种变化时，应及时调整供应计划。

第六，按施工平面图管理施工现场，遇到问题做必要的调整，保证文明施工。

第七，及时了解气候和水、电供应情况，采取相应的防范和调整措施。

第八，及时发现和处理施工中各种事故和意外事件。

第九，协助分包人解决项目进度控制中的相关问题。

第十，定期、及时召开现场调度会议，贯彻项目各方负责人的决策，发布调度令。

第十一，当发包人提供的资源供应进度发生变化，不能满足施工进度要求时，应敦促发包人执行原计划，并对造成的工期延误及经济损失展开索赔。

三、施工项目进度计划的检查

在项目实施过程中，进度计划的检查贯穿于始终。只有跟踪检查实际进展情况，掌握实际进展及各工作队组任务完成程度，收集计划实施的信息和有关数据，才能为进度计划的控制提供必要的信息资料和依据。进度计划的检查要从以下几方面着手：

（一）对比分析进度完成情况

常用的比较方法有以下几种：

1. 横道图比较法

横道图比较法是指将在项目实施中检查实际进度收集到的信息，经整理后直接用横道线并列标于原计划的横道线处，进行直观比较的方法。

2. S 曲线比较法

它是一种以横坐标表示时间，纵坐标表示累计完成任务量，先绘出一条计划累计完成任务量曲线，然后随着工程的实际进展，将工程项目实际累计完成任务量曲线也绘在同一坐标图中，进行实际进度与计划进度比较分析的一种方法，如图 3-1 所示。

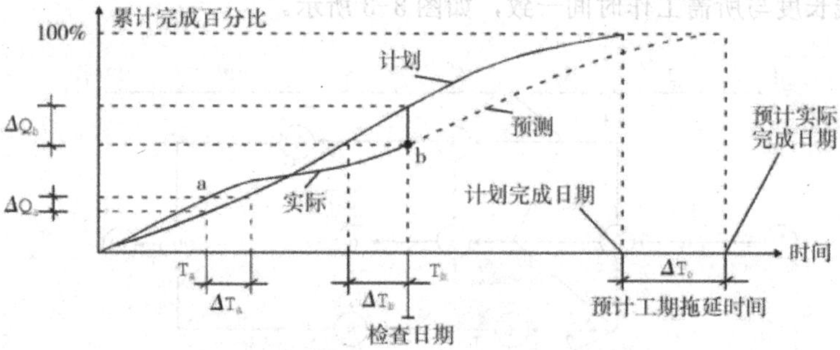

图 3-1　S 曲线比较图

3. 香蕉型曲线比较法

香蕉型曲线是由两条 S 型曲线组合起来的闭合曲线。一般说来，按任何一个计划，都可以绘出两条曲线：一是以各项工作最早开始时间安排进度而绘制的 S 曲线，称为 ES 曲线；二是以各项工作最迟开始时间安排进度而绘制的曲线，称为 LS 曲线。两条 S 曲线都是从计划的开始时刻开始到完成时刻结束，因此两条曲线是闭合的。在一般情况下，ES 曲线上的各点均落在 LS 曲线相应的左侧，形成一个形如香蕉的曲线，如图 3-2 所示。

在项目实施过程中，进度控制的理想状态是任一时刻按实际进度描出的点，均落在该香蕉曲线的区域内，如图 3-2 中的实际进度线。

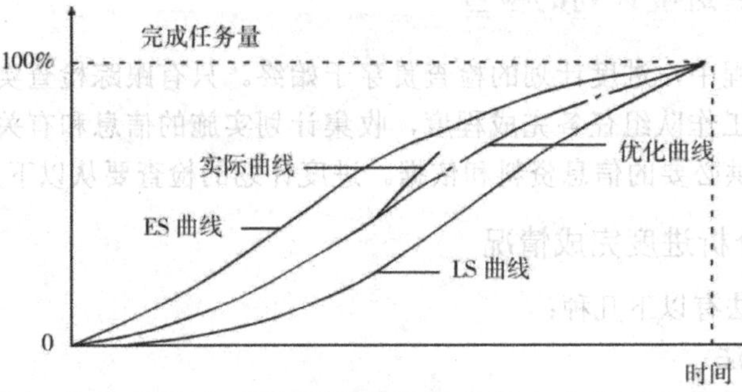

图 3-2 香蕉曲线比较图

4. 前锋线比较法

前锋线比较法是利用时标网络计划图检查和判定工程进度实施情况的方法。其具体做法是：

将一般网络计划图变换为时标网络计划图，并在图的上下方绘制出时间坐标，使各工作箭线长度与所需工作时间一致，如图 3 3 所示。

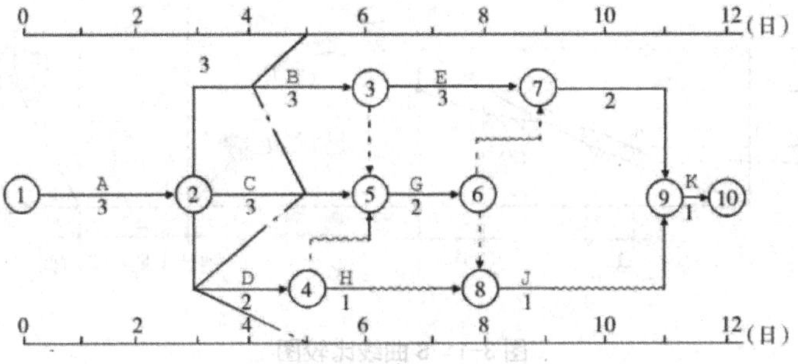

图 3-3　某网络计划图

第二，在时标网络计划图上标注出检查日的各工作箭线实际进度点，并将上下方的检查日点与实际进度点依次连接，即得到一条（一般为折线）实际进度前锋线。

第三，前锋线的左侧为已完施工，右侧为尚需工作时间。

第四，其判别规则是：工作箭线的实际进度点与检查日点重合，说明该工作按时完成计划；若实际进度点在检查日点左侧，表示该工作未完成计划，其长度的差距为拖后时间；若实际进度点在检查日点右侧，表示该工作超额完成计划，其长度的差距为提前时间。

（二）进度检查结果的处理

对施工进度检查的结果，要形成报告，其基本内容有：对施工进度执行情况做综合描述。实际进度与计划目标相比较的偏差状况以及其原因分析；解决问题措施；计划调整意见等。

四、施工项目进度计划的调整与总结

（一）分析进度偏差产生的影响

根据实际进度与计划进度的对比结果，即可判断实际进度是否与计划进度相偏离。当出现进度偏差时，必须分析此偏差对后续工作和总工期的影响程度，然后决定是否进行计划的调整，以及调整的方法和措施。由于偏差的大小及偏差所处的位置不同，对后续工作及总工期的影响程度也是不同的，因此，可利用网络计划中工作的总时差和自由时差进行判断。具体分析步骤如下：

1. 判断进度偏差是否大于总时差

如果工作进度偏差大于其总时差，则无论该工作是否为关键工作，其实际进度偏差必将影响后续工作和项目总工期，应根据项目工期及后续工作的限制条件调整原计划；如果工作进度偏差未超出其总时差，说明此偏差不会影响项目总工期，但是否对后续工作产生影响，还需进一步判断。

2. 判断进度偏差是否大于自由时差

如果工作进度偏差大于其自由时差，说明此偏差必将对后续工作产生影响，应根据后续工作的限制条件调整原计划；如果工作进度偏差未超出其自由时差，说明此偏差对后续工作无影响，可不对原计划进行调整。综上所述，及项目总工期的不同影响而采取相应的进度调整措施，工程项目的施工。

（二）进度计划在实施中的调整方法

为了实现进度目标，当进度控制人员发现问题时，必须对后续工作的进度进行调整，由于可行的调整方案可能有多种，究竟采取什么调整方案和调整方式，就必须对具体的实施进度进行分析才能确定。进度调整的方法有以下几种：

1. 改变工作间的逻辑关系

这种方法是通过改变关键线路和超过计划工期的非关键线路上的有关工作之间的逻辑关系，达到缩短工期的目的。只有在工作之间的逻辑关系允许改变的情况下，才能采用这种方法。这种调整方法可将顺序施工的某些工作改变成平行施工或搭接施工，或划分为若干个施工段组织流水施工。由于增加了各工作间的相互搭接时间，因而进度控制工作显得更加重要，实施中必须做好协调工作。另外，若原始计划是按搭接施工或流水施工方式编制的，而且安排较紧凑的话，其可调范围（即总工期缩短的时间）会受到限制。

2. 缩短某些工作的持续时间

这种方法是不改变工作间的逻辑关系，只缩短某些工作的持续时间，进而加快施工进度以保证实现计划工期。这些被压缩持续时间的工作是由于实际施工进度的拖延而引起总工期延长的关键线路和某些非关键线路上的工作，而且这些工作的持续时间还必须允许压缩。具体压缩方法就是采用网络计划工期优化的方法。一般考虑以下情况：

第一，网络计划中某项工作进度拖延的时间已超过自由时差，但未超过总时差这种拖延不会对总工期产生影响，只对后续工作产生影响，因此，只对有影响的后续工作进行调整如：

其一，通过跟踪检查，确定受影响的后续工作

其二，确定受影响的后续工作允许拖延的时间限制，以此作为进度调整的限制条件

其三，按检查时的实际进度重新计算网络参数，确定受影响的后续工作的允许开始时间

其四，判断各允许开始时间是否满足进度调整的限制条件。如果满足，可不必调整计划；若不满足，则可利用工期优化的方法来确定压缩的工作对象及其压缩的时间来满足限制条件

第二，网络计划中某项工作进度拖延的时间已超过总时差。这将会对后续工作及总工期产生影响，其进度计划的调整方法视限制条件不同可分为以下几种情况：

其一，项目总工期不允许拖延。这时需采用工期－费用优化方法，以原计划总工期为目标，在关键线路上寻找缩短持续时间付出代价最小的工作，压缩其持续时间，以满足原计划总工期要求。

其二，项目总工期允许拖延。这时只需用实际数据取代原始数据，重新计算网络计划时间参数，确定出最后完成的总工期。

其三，项目总工期允许拖延的时间有限。此时可以把总工期的限制时间作为规定工期，用实际数据对还未实施的网络部分进行工期－费用优化，压缩网络计划中某些工作的持续时间，以满足工期要求。

以上三种进度调整方法，均是以总工期为限制条件来进行的。除此之外，还应考虑网络计划中某些后续工作在时间上的限制条件。

第三，改变施工方案

当上述两种方法均无法达到进度目标时，能选择更为先进快速的施工机具、施工方法来加快施工进度。

（三）施工进度控制总结

按照国家建筑工程项目管理规范规定，在施工进度计划完成后，项目经理部应及时进行总结。

1. 总结的依据

施工进度控制总结时应依据下列资料：施工进度计划；施工进度计划执行的实际记录；施工进度计划检查结果；施工进度计划的调整资料。

2. 总结的内容

施工进度控制总结应包括下列内容：合同工期目标及计划工期目标完成情况；施工进度控制经验；施工进度控制中存在的问题及分析；科学的施工进度计划方法的应用情况；施工进度控制的改进意见。

第二节 项目质量控制

一、施工项目质量控制

（一）施工项目质量计划

建筑业企业依据 GB/T19000 标准建立的质量管理体系，覆盖一个企业整个生产经营活动。就一个工程项目而言，由于其产品的单件性，施工条件和方法也各不相同，只有一个总的质量管理体系还远远不够，还需建立一种机制来反映某一具体工程项目的特定要求与 GB/T19000 标准的 _ 般要求关系，这就是项目质量计划。

1. 项目质量计划编制的依据和原则

由于建筑安装企业的产品具有单件性、生产周期长、空间固定性、露天作业及人为影响因素多等特点，使得工程实施过程必然繁杂、涉及面广且协作要求多。因此编制项目质量计划时要针对项目的具体特点有所侧重。一般的项目质量计划的编制依据和原则可归纳为以下几个方面：

①项目质量计划应符合国家及地区现行有关法律法规和标准规范的要求

②项目质量计划应以合同的要求为编制前提

③项目质量计划应体现出企业质量目标在项目上的分解

④项目质量计划对质量手册、程序文件中也已明确规定的内容仅作引用和说明如何使用即可，而不需要整篇搬移

⑤如果已有文件的规定不适合或没有涉及的内容，在质量计划中做出规定或补充

⑥按工程大小、结构特点、技术难易程度、具体质量要求来确定项目质量计划的详略程度

2. 编制项目质量计划的意义及作用

在 GB/T19001-2000 标准中，对编制质量计划没有做出明确的规定，虽然企业根据 GB/T19000 标准建立的质量管理体系已为其生产、经营活动提供了科学严密的质量管理方法和手段，但是对于建筑业企业特别是其具体的项目而言，由于其产品的特殊性，仅有一个总的质量管理体系是远远不够的，还需要制订一个针对性极强的控制和保证质量的文件一项目质量计划。项目质量计划既是项目实施现场质量管理的依据，又是向顾客保证工程质量承诺的输出，因此编制项目质量计划是非常重要的。

项目质量计划的作用可归纳为以下三个方面：

①为操作者提供了活动指导文件，指导具体操作人员如何工作，并完成哪些活动。

②为检查者提供检查项目，是一种活动控制文件。指导跟踪具体施工，检查具体结果

③提供活动过程证据。所有活动的时间、地点、人员、活动项目等均以实记录，得到控制并验证

3. 项目质量计划与施工组织设计的关系

施工组织设计是针对某一特定工程项目，指导工程施工全局、统筹施工过程，在建筑安装施工管理中起关键作用的重要的技术经济文件。其对项目施工中劳动力、机械设备、原材料和技术资源以及工程进度等方面均科学合理地进行统筹，着重解决施工过程中可能遇到的技术难题，其内容包括工程进度、工程质量、工程成本和施工安全等。虽然在施工技术和必要的经济指标方面比较具体，但是在实施施工管理方面描述的较为粗浅，不便于指导施工过程。

项目质量计划侧重于对施工现场的管理控制，对某个过程，某个工序，由什么人，如何去操作等做出了明确规定；对项目施工过程影响工程质量的环节进行控制，以合理的组织结构、培训合格的在岗人员和必要的控制手段，保证工程质量达到合同要求。在经济技术指标方面很少涉及。

二者又有一定的相同点：项目的施工组织设计和项目质量计划都是以具体的工程项目为对象并以文件的形式提出的；编制的依据都是政府的法律法规文件、项目的设计文件、现行的规范和操作规程、工程的施工合同以及有关的技术经济资料、企业的资源配置情况和施工现场的环境条件；编制的目的都是为了强化项目施工管理和对工程施工的控制。然而二者的作用、编制原则、内容等方面有较大区别。

在编写项目质量计划时还要处理好项目质量计划与质量管理体系、质量体系文件、质量策划、产品实现的策划之间的关系，保持项目质量计划与现行文件之间在要求上的一致性。当项目质量计划中的某些要求，由于顾客要求等因素必须高于质量体系要求时，要注意项目质量计划与其他现行质量文件的协调。项目质量计划的要求可以高于但不能低于通用质量体系文件的要求。

项目质量计划的编写应体现全员参与的质量管理原则，编写时应由本项目部的总工程师主持，质量、技术、资料和设备等有关人员参加编制。合同无规定时，由项目经理批准生效。合同有规定时，可按规定的审批程序办理。

项目质量计划的繁简程度与工程项目的复杂性相适应，应尽量简练，便于操作，无关的过程可以删减，但应在项目质量计划的前言中对删减进行说明。

总之，项目质量计划是项目实施过程中的法规性文件，是进行施工管理，保证工程质量的管理性文件。认真编制、严格执行对确保建筑业企业的质量方针、质量目标的实现有着重要的意义。

（四）项目质量计划的内容和基本要求

项目质量计划的内容及要求概括起来主要有以下几个方面：

第一，以施工组织设计为主，项目质量计划是对施工组织设计在质量管理方面的补充和完善。

第二，项目质量计划应明确本项目所使用的标准、规范、记录表格等，并以文件目录形式列出。

第三，项目质量计划应侧重检验、试验、计划的内容，对质量检验试验的时间、地点、人员、依据、手段、放行资格做详细规定。

第四，项目质量计划应详细规定工程施工中所需质量记录的要求，如在什么时间，对于哪些活动，进行什么记录，由什么人认可等。

第五，项目质量计划应对项目管理及操作层的质量职责进行详细描述。

第六，项目质量计划的要求，应高于质量管理体系文件的要求，即以一个个项目质量目标的完成来确保公司总的质量目标的实现。

第七，项目质量计划应满足现行有效法律法规的要求。

第八，项目质量计划应与企业的质量管理体系文件相协调。

第九，当工程项目或相应法律法规发生变化时，项目质量计划也应相应修改，以保证其适宜性。

第十，项目质量计划是建筑业企业质量体系文件的组成部分，其管理要求也应按企业质量体系文件管理要求执行。

总之，项目质量计划强调的是针对性强、便于操作，因此要求其内容尽可能简单直观，一目了然。一旦决定编制项目质量计划，首先应分析本项目特点，针对工程特点、新技术、新工艺、新材料等应用情况，施工过程中可能出现的技术难点、薄弱环节确定管理重点，明确相应的措施要求、监控方法。

（二）施工生产要素质量控制

1. 人的控制

人是生产过程的活动主体，其总体素质和个体能力决定着一切质量活动的成果，因此，既要把人作为质量控制的对象，又要作为其他质量活动的控制能力。

人的控制内容包括：组织机构的整体素质和每一个体的知识、能力、生理条件、心理状态、质量意识、行为表现、组织纪律、职业道德等。目的是做到合理用人，发挥团队精神，调动人的积极性。

施工现场对人的控制，主要措施和途径有：

第一，以项目经理的管理目标和职责为中心，合理组建项目管理机构，贯彻因事设岗，配备合适的管理人员。

第二，严格实行分包单位的资质审查，控制分包单位的整体素质，包括技术素质、管理素质、服务态度和社会信誉等。

第三，坚持作业人员持证上岗，特别是重要技术工种、特殊工种、高空作业等岗位。

第四，加强现场管理、作业人员的质量意识教育及技术培训。适时开展作业过程质量保证的研讨交流活动。

第五，严格现场管理制度和生产纪律，规范人的管理、作业行为。

第六，加强激励、沟通活动，调动人积极性。

2. 材料、设备的控制

（1）材料的控制

材料（包括原材料、成品、半成品、构配件）是工程施工的物质条件，材料质量是保证工程施工质量的必要条件之一，实施材料的质量控制应抓好以下环节：

①材料采购

②材料检验

③材料的仓储和使用

（2）建筑设备的控制

建筑设备应从设备选择、采购、运输、检查、安装、调试等多个方面考虑。

①设备选择、采购

②设备运输

③设备检查验收

④设备安装

⑤设备调试

3. 施工机械设备的控制

施工机械设备是现代建筑施工必不可少的设施，是反映一个施工企业力量强弱的重要方面，对工程项目的施工进度和质量有直接影响。对设备的质量控制就是使机械设备的类型、性能参数与施工现场条件、施工工艺等因素相匹配。

第一，承包商应按照技术先进、经济合理、生产适用、性能可靠、使用安全的原则选择施工机械设备，使其具有特定工程的适用性和可靠性。

第二，应从施工需要和保证质量的要求出发，正确确定相应类型的性能参数。

第三，在施工过程中，应定期对施工机械设备进行保养、校核，以免误导操作。

4. 施工方法的控制

施工方法集中反映在承包商为工程施工所采取的技术方案、工艺流程、检测手段、施工程序安排等，对施工方法的控制，着重抓好以下几个关键：

第一，施工方案应随工程进展而不断细化、深化。

第二，选择施工方案时，对主要项目要拟定几个可行的方案，突出主要矛盾，摆出其主要优劣点，以便反复讨论与比较，选出最佳方案。

第三，对主要项目、关键部位和难度较大的项目，如新结构、新材料、新工艺、大跨度、大悬臂、高大的结构部位等，制订方案时要充分估计到可能发生的质量问题和处理方法。

5. 环境的控制

创造良好的施工环境，对于保证工程质量和施工安全，实现文明施工，树立施工企业的社会形象，都有很重要的作用。施工环境控制，既包括对自然环境、自然规律的了解、限制、改造及利用问题，也包括对管理环境及劳动作业环境的建设活动。其包括：

①自然环境的控制

②管理环境控制

③劳动作业环境控制

（三）施工工序质量控制

1. 工序质量控制的概念和内容

工序质量又称过程质量，它体现为产品质量。工程质量是通过一道道工序逐渐形成的，因此要确保项目质量，就必须对每道工序的质量进行控制，这是施工过程中质量控制的重点。

工序质量控制就是对工序活动条件和工序活动效果实施控制。在进行工序质量控制时着重于以下几方面的工作：

（1）确定工序质量控制的工作计划

一方面，要求对不同的工序活动制订专门的保证质量的技术措施，做出物料投入及活动顺序的专门规定。另一方面，须规定质量控制工作流程、质量检验制度。

（2）主动控制工序活动条件的质量

工序活动条件主要指影响质量的五大因素，即人、材料、机械设备、施工方法和作业环境。

（3）及时检验工序活动效果的质量

主要是实行班组自检、互检、上下道工序交接检，特别是对隐蔽工程与分项（部）工程的质量检验。

（4）设置工序质量控制点，实行重点控制

工序质量控制点是针对影响质量的关键部位或薄弱环节而确定的重点控制对象。正确设置控制点并严格实施是进行工序质量控制的重点。

2. 工序质量控制点的设置和管理

1. 工序质量控制点的设置原则

①重要的、关键性的施工环节和部位

②质量不稳定、施工质量没有把握的施工工序和环节

③施工难度大、条件困难的部位或环节

④质量标准或质量精度要求高的施工内容和项目

⑤对后续施工或后续工序质量及安全有重要影响的施工工序或部位

⑥采用新技术、新工艺、新材料施工的部位或环节

（2）工序质量控制点的管理

①质量控制措施的设计：选择了控制点，就要针对每个控制点展开控制措施设计

②质量控制点的实施

3. 工程质量预控

（1）工程质量预控的概念

工程质量预控就是针对所设置的质量控制点或分项、分部工程，事先分析在施工中可能发生的质量问题和隐患，分析可能的原因，提出相应的预防措施和对策，实现对工程质量的主动控制。

4. 成品保护

成品保护是指在施工过程中，某些分项工程已经完成，而其他一些分项工程尚在施工，或者是在其分项工程施工过程中，某些部位已完成，而其他部位正在施工。在这种情况下，施工单位必须负责对已完成部分采取妥善措施予以保护，以免因成品缺乏保护或保护不善而造成损伤或污染，进而影响工程整体质量。

（四）质量控制方法

1. PDCA 循环工作方法

PDCA 循环是指由计划（Plan）、实施（Do）、检查（Check）和处理（Action）四个阶段组成的工作循环，它是一种科学管理程序和方法，工作步骤如下：

（1）计划阶段（这个阶段包含四个步骤）

第一步，分析质量现状，找出存在的质量问题。

第二步，分析产生质量问题的原因和影响因素。

第三步，找出影响质量的主要因素。

第四步，制订改善质量的措施，提出行动计划。

（2）实施阶段（这个阶段只有一个步骤）

第五步，组织对质量计划的实施。为此首先做好计划的交底、落实。落实包括组织落实、技术落实、资源落实。计划的落实要依靠质量管理体系。

（3）检查阶段（这个阶段只有一个步骤）

第六步，检查计划实施后的效果，即检查计划是否实施、有无按照计划执行、是否达到预期目的。

（4）处理阶段（处理阶段包含两个步骤）

第七步，总结经验，巩固成绩。通过上步检查，把确有效果的措施和在实施中取得的好经验，通过修订相应的工艺文件、作业标准与质量管理规章加以总结，作为后续工作的指导。

第八步，提出本次循环尚未解决的问题转入下一循环。

PDCA 循环是不断进行的，每循环一次，就实现一定的质量目标，解决一些质量问题，使得质量水平有所提高。这样周而复始，不断循环，使质量水平不断提高。

2. 质量控制的统计分析方法

统计分析方法有统计调查表法、分层法、排列图法、因果图法、直方图法、控制图法与相关图法。

（1）统计调查表法

统计调查表法又称统计调查分析法，其是利用专门设计的统计表对质量数据进行收集、整理和粗略分析质量状态的一种方法。

（2）分层法

分层法又称为分类法，是将调查收集的原始数据，根据不同的目的和要求，按某一性质进行分组、整理。分层的结果使数据各层间的差异突出地显示出来，层内的数据差异减少了，在此基础上再进行层间、层内的比较分析，可以更深入地发现和认识质量问题的原因。由于产品质量是多方面因素共同作用的结果，因而对同一批数据，可以按不同性质划分层次，使我们能从不同角度来考虑、分析产品存在的质量问题和影响因素。分层法是质量控制统计分析方法中最基本的一种方法，其他统计方法一般都要与分层法配合使用。

（3）排列图法

排列图法是利用排列图寻找影响质量主次因素的一种有效方法。排列图又称为帕累托图或主次因素分析图，它是由两个纵坐标、一个横坐标、几个连起来的直方形和一条曲线所组成。如图 3-3 所示。左侧的纵坐标表示频数，右侧纵坐标表示累计频率，横坐标表示影响质量的各个因素或项目，按影响程度大小从左至右排列，直方形的高度示意某个因素的影响大小。实际应用中，通常按累计频率划分为（0%～80%）、（80%～90%）和（90%～100%）三部分，与其对应的影响因素分别为 A、B、C 三类。A 类为主要因素，B 类为次要因素，C 类为一般因素。

排列图的做法：结合实例说明排列图的绘制过程。

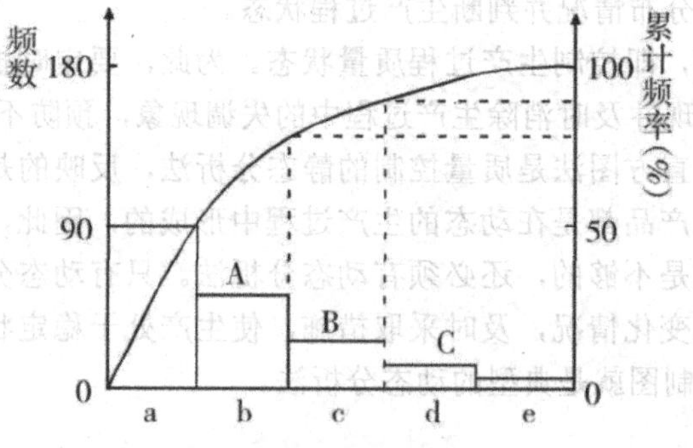

图 3-3　排列图法

（4）因果分析图法

因果分析图法是利用因果分析图，系统地整理分析某个质量问题与其产生原因之间关系的有效工具。因果分析图又可以称为特性要因图，又因其形状常被称为树枝图或鱼刺图。

因果分析图的基本形式如图 3-4 所示。从图中可见，因果分析图由质量特性（质量结果指某个质量问题）、要因（产生质量问题的主要原因）、枝干（指一系列箭线表示不同层次的原因）、主干（指较粗的主干线直接指向质量结果）。

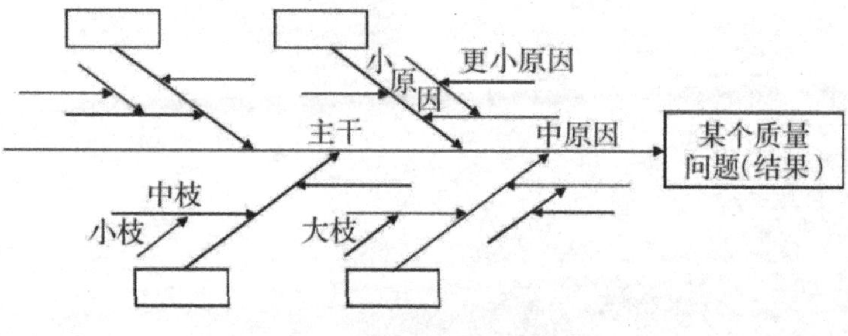

图 3-4　因果分析图的基本形式

（5）直方图法

直方图法即频数分布直方图法，它是将收集到的质量数据进行分组整理，绘制成频数直方图，用以描述质量分布状态的一种分析方法，所以又称质量分布图法。

（6）控制图法

控制图又称管理图，它是在直角坐标系内画有控制界限，描述生产过程中产品质量波动状态的图形。利用控制图区分质量波动原因，判明生产过程是否处于稳定状态的方法称为控制图法。

控制图是用样本数据来分析判断生产过程是否处于稳定状态的有效工具。其用途主要有两个：

第一，过程分析，即分析生产过程是否稳定。为此，应随机连续收集数据，绘制控制图，观察数据点分布情况并判断生产过程状态。

第二，过程控制，即控制生产过程质量状态。为此，要定时抽样取得数据，将其变为点描在图上，发现并及时消除生产过程中的失调现象，预防不合格品的产生。

前述排列图法、直方图法是质量控制的静态分析法，反映的是质量在某一段时间里的静止状态。然而产品都是在动态的生产过程中形成的，因此，在质量控制中单用静态控制分析法显然是不够的，还必须有动态分析法。只有动态分析法，才能随时了解生产过程中质量的变化情况，及时采取措施，使生产处于稳定状态，由此起到预防出现废品的作用。控制图就是典型的动态分析法。

（7）相关图法

相关图又称散布图，在质量控制中它是用来显示两种质量数据之间关系的一种图形。质量数据之间的关系多属相关关系。一般有三种类型：一是质量特性和影响因素之间的关系；二是质量特性和质量特性之间的关系；三是影响因素和影响因素之间的关系。

我们可以用Y和X分别表示质量特性值和影响因素，通过绘制散布图，计算相关系数，分析研究两个变量之间是否存在相关关系，以及这种关系密切程度如何，进而对相关程度密切的两个变量，通过对其中一个变量的观察控制，去估计控制另一个变量的数值，以达到保证产品质量的目的。这种统计分析方法，称为相关图法。

第四章 地基与基础工程施工技术

第一节 基坑开挖与边坡支护

一、建筑坑基概述

建筑基坑指为进行建（构）筑物基础、地下建（构）筑物施工而开挖形成的地面以下的空间。随着经济的发展和城市化进程的加快，城市人口密度不断增大，城市建设向纵深方向飞速发展，地下空间的开发和利用成为一种必然，基坑工程的数量日益增多，规模不断扩大，基坑复杂性和技术难度也随之增大。大规模的高层建筑地下室、地下商场的建设和大规模的市政工程如地下停车场、大型地铁车站、地下变电站、地下通道、地下仓库、大型排水及污水处理系统和地下民防工事等的施工都面临深基坑工程，并且不断刷新着基坑工程的规模、深度和难度纪录。

我国基坑工程的发展是从 20 世纪 90 年代开始的。改革开放以前，我国的基础埋深较浅，基坑开挖深度一般在 5m 以内，一般建筑基坑均可采用放坡开挖或用少量钢板桩支护；80 年代末期，由于高层建筑不多，地铁建设也很少，故涉及的基坑深度大多在 10m 以内；自 90 年代初期，高层建筑逐渐增多；90 年代中后期，以北京、上海、深圳、广州等为代表的城市，高层建筑如雨后春笋般开始大量建设，以地铁为代表的地下工程也开始大规模建设，基坑开挖最大深度逐渐接近 20m，少量超过 20m；90 年代末期以后，基坑开挖最大深度迅速增大至 30 ～ 40m。上海地铁 4 号线董家渡基坑的开挖深度为 38.0 ～ 40.9m，上海交通大学海洋深水试验池的开挖深度达 39m，上海世博 500kV 地下变电站的开挖深度为 33.6m，天津站交通枢纽工程的开挖深度为 25.0 ～ 33.5m，开挖面积达 5 万平方米，上海中心的基坑开挖深度为 31.3m。这些大型基坑工程的建成，标志着我国基坑工程技术达到了一个很高的水平。

基坑支护是指为保证基坑开挖和地下结构的施工安全以及保护基坑周边环境而对基坑侧壁和周边环境采取的支挡、加固和保护措施，其主要包括基坑的勘察、设计、施工及监测技术，同时还包括地下水的控制和土方开挖等，是相互关联、综合性很强的系统工程。

基坑支护是指为保证基坑开挖和地下结构的施工安全以及保护基坑周边环境而对基坑侧壁和周边环境采取的支挡、加固和保护措施，它主要包括基坑的勘察、设计、施工及监测技术，同时还包括地下水的控制和土方开挖等，是相互关联、综合性很强的系统工程。基坑支护技术是基础和地下工程施工中的一个传统课题，同时又是一个综合性的岩土工程难题，是一项从实践中发展起来的技术，这也是一门实践性非常强的学科。它涉及工程地质学、土力学、基础工程、结构力学、施工技术、测试技术和环境岩土工程等学科，主要包括土力学中典型的强度、稳定及变形问题，土与支护结构共同作用问题，基坑中的时空效应问题以及结构计算问题等。

基坑工程是世界各地建设工程中数量多、投资大、难度大、风险大的关键性工程项目，基坑支护的设计与施工，既要保证整个支护结构在施工过程中的安全，又要控制结构及其周围土体的变形，以保证周围环境（相邻建筑和地下公共设施等）的安全。在安全前提下，设计既要合理，又要节约造价，方便施工，缩短工期。要提高基坑支护的设计与施工水平，必须正确选择计算方法、计算模型和岩土力学参数，选择合理的支护结构体系，同时还要有丰富的设计和施工经验，其设计与施工是相互信赖、密不可分的。在基坑施工的每一个阶段，随着施工工艺、开挖位置和次序、支撑和开挖时间等的变化，结构体系和外部荷载都在变化，都对支护结构的内力产生直接的影响，每一个施工工况的数据都可能影响支护结构的稳定和安全。只有设计与施工人员密切配合，加强监测分析，及早发现和解决问题，总结经验，才能使基坑工程难题得到有效解决，也只有这样，设计理论和施工技术才能得到较快发展。

二、基坑支护工程的特点

基坑支护工程具有以下特点：

（一）风险大

当支护结构仅作为地下主体工程施工所需要的临时支护措施时，其使用时间不长，一般不超过两年，属于临时工程，与永久性结构相比，设计考虑的安全储备系数相对较小，加之岩土力学性质、荷载以及环境的变化和不确定性，使支护结构存在着较大的风险。

（二）区域性强

岩土工程区域性强，基坑支护工程则表现出更强的区域性。不同地区岩土力学性质千差万别，即使在同一地区的岩土性质也有所区别，因此，基坑支护设计与施工应因地制宜，结合本地情况和成功经验进行，不可以简单照搬。

（三）独特性显著

基坑工程与周围环境条件密切相关，在城区和在空旷区的基坑对支护体系的要求差别很大，几乎每个基坑都有其相应的独特性。

（四）综合性强

基坑支护是岩土工程、结构工程以及施工技术相互交叉的学科，同时基坑支护工程涉及土力学中的稳定、变形和渗流问题，影响基坑支护的因素也很多，所以要求基坑支护工程的设计者应具备多方面的综合专业知识。

（五）时空效应明显

基坑工程空间形状对支护体系的受力具有较强的影响，同时土又具有较明显的蠕变性，从而导致基坑工程具有显著的时空效应。

（六）信息化施工要求高

基坑挖土顺序和挖土速度对基坑支护体系的受力具有很大影响，基坑支护设计应考虑施工条件，并应对施工组织提出要求，基坑工程需加强监测，实行信息化施工。

（七）环境效应显著

基坑支护体系的变形和地下水位下降都可能对基坑周围的道路、地下管线和建筑物产生不良影响，严重的可能导致破坏，因此，基坑工程设计和施工一定要重视环境效应。

（八）理论不成熟

尽管基坑支护技术得到了较大的发展，但其在理论上仍属尚待发展的综合技术学科。目前只能采用理论计算和地区经验相结合的半经验、半理论的方法进行设计。

三、基坑工程的设计原则与安全等级

（一）基坑工程的设计原则

基坑工程设计的主要内容包括基坑支护方案选择，支护参数确定、支护结构的强度和变形验算、基坑内外土体的稳定性验算、围护墙的抗渗验算、降水方案设计、基坑开挖方案设计和监测方案设计等。在进行基坑工程设计时，应遵循以下原则：

1. 安全可靠

保证基坑四周边坡的稳定，满足支护结构本身强度、稳定和变形的要求，确保基坑四周相邻建筑物、构筑物和地下管线的安全。

2. 经济合理

在支护结构安全可靠的前提下，要从工期、材料、设备、人工及环境保护等方面综合确定具有明显技术经济效益的设计方案。

3. 技术可行

基坑支护结构设计不仅要符合基本的力学原理，而且要能够经济、便利地实施，如设计方案应与施工机械相匹配、施工机械要具有足够的施工能力等。

4. 施工便利

在安全可靠、经济合理的原则下，最大限度地满足方便施工条件，以便缩短工期。

5. 可持续发展

基坑工程设计要考虑可持续发展，考虑节能减耗，减少对环境的影响，减少对环境的污染。如在技术经济可行的条件下，尽可能地采用支护结构与主体结构相结合的方式；在设计中尽可能地少采用钢筋混凝土支撑，减少支撑拆除所造成的噪声和扬尘污染以及废弃材料的处置难题等。

6. 采用以分项系数表示的极限状态设计方法进行设计

基坑支护结构应采用以分项系数表示的极限状态设计方法进行设计，基坑支护结构极限状态可分为以下两类：

（1）承载能力极限状态

对应于支护结构达到最大承载能力或土体失稳、过大变形导致支护结构或是基坑周边环境破坏。

（2）正常使用极限状态

对应于支护结构的变形已经妨碍地下结构施工或影响基坑周边环境的正常使用功能。

基坑开挖与支护设计应具备下列资料：①岩土工程勘察报告；②用地退界线及红线范围图、建筑总平面图、地下管线图、地下结构的平面图和剖面图；③邻近建筑物和地下设施的类型、分布情况和结构质量的检测评价。

在进行基坑工程设计时，应考虑的荷载主要包括：①土压力和水压力：②地面超载；③影响范围内建（构）筑物产生的侧向荷载；④施工荷载及邻近基础工程施工（如打桩、基坑开挖、降水等）的影响；⑤有时还应考虑温度影响和混凝土收缩、徐变引起作用以及挖土和支撑施工时的时空效应。

（二）基坑工程的安全等级

基坑侧壁安全等级划分难度较大，很难定量说明。《建筑基坑支护技术规程》中采用了结构安全等级划分的基本方法，按支护结构的破坏程度分为很严重、严重和不严重三种情况，分别对应于三种安全等级，具体见表 4-1。

表 4-1　基坑侧壁安全等级和重要性系数

安全等级	破坏后果	重要性系数 γ_0
一级	支护结构破坏、土体失稳或过大变形对基坑周边环境及地下结构施工影响很严重	1.10
二级	支护结构破坏、土体失稳或过大变形对基坑周边环境及地下结构施工影响严重	1.00
三级	支护结构破坏、土体失稳或过大变形对基坑周边环境及地下结构施工影响不严重	0.90

根据承载能力极限状态和正常使用极限状态的设计要求，基坑支护应按下列规定进行计算和验算。

基坑支护结构均应进行承载能力极限状态的计算，且计算内容包括：①根据基坑支护形式及其受力特点进行土体稳定性计算；②基坑支护结构的受压、受弯、受剪承

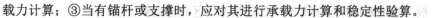

载力计算；③当有锚杆或支撑时，应对其进行承载力计算和稳定性验算。

对于安全等级为一级及对支护结构变形有限定的二级建筑基坑侧壁，尚应对基坑周边环境及支护结构变形进行验算。

应进行地下水控制计算和验算，具体包括：①抗渗透稳定性验算；②基坑底突涌稳定性验算；③根据支护结构设计要求进行地下水位控制计算。

四、基坑支护总体方案与支护方法分类

（一）基坑支护总体方案

基坑支护总体方案的选择直接关系到工程造价、施工进度与周围环境的安全。总体方案主要有顺作法和逆作法两种基本形式，然它们各有特点。在同一个基坑工程中，顺作法和逆作法也可以在不同的基坑区域组合使用，从而在特定条件下满足工程的技术经济要求。

（二）基坑支护方法分类

基坑支护方法种类繁多，每一种支护方法都有一定的适用范围，也都有其相应的优点和缺点，一定要因地制宜，选用合理的支护方式，具体工程中采用何种支护方法主要根据基坑开挖深度、岩土性质、基坑周围场地情况以及施工条件等因素综合考虑决定。目前在基坑工程中常用的支护方法有：悬臂式支护结构、拉锚式支护结构、内支撑式支护结构、水泥土重力式支护结构、土钉支护和复合土钉支护等。同时，基坑支护方法的分类也多种多样，在基坑支护方法分类中要包括各种支护形式是十分困难的。龚晓南教授将其分为四大类，即放坡开挖及简易支护、加固边坡土体形成自立式支护结构、挡墙式支护结构和其他支护结构。

五、基坑工程勘察

目前，基坑工程的勘察很少单独进行，大多数是和地基勘察一并完成的，但由于有些勘察人员对基坑工程的特点和要求不甚了解，所提供的勘察成果往往不能满足基坑支护设计的要求。

基坑工程勘察与地基勘察一样，一般可分为初步勘察、详细勘察和施工勘察三个阶段。在初步勘察阶段，应根据岩土工程条件，搜集工程地质和水文地质资料，并进行工程地质调查，初步判定基坑开挖可能发生的问题和需要采取的支护措施。在详细勘察阶段，应针对基坑工程设计的要求进行勘察。施工勘察是在施工阶段进行的补充勘察。

在详细勘察阶段，应按下列要求进行勘察工作：

一是勘察范围应根据基坑开挖深度及场地的岩土工程条件确定，并宜在开挖边界外（2～3）h（h为开挖深度）范围内布置勘探点，当开挖边界外无法布置勘探点时，应通过调查取得相应资料。对于软土地区，勘察范围应适当扩大。

二是基坑周边勘探点的深度应根据基坑支护结构设计要求确定，不可小于1倍开

挖深度，一般为基坑开挖深度的 2 ～ 3 倍，软土地区应穿越软土层。

三是勘探点间距应视地层条件而定，可在 15 ～ 30m 范围内选择，地层变化较大时，应增加勘探点，查明分布规律。

工程地质勘察应为设计、施工提供符合实际情况的土性指标，因此，试验项目及方法选择应有明确的目的性和针对性，强调与工程实际的一致性。

当场地水文地质条件复杂，在基坑开挖过程中需要对地下水进行治理时，应进行专门的水文地质勘察。场地水文地质勘察应达到以下要求：查明开挖范围及邻近场地地下水含水层和隔水层的层位、埋深和分布情况，查明各含水层（包括上层滞水、潜水和承压水）的补给条件和水力联系；测量场地各含水层的渗透系数和渗透影响半径；分析施工过程中水位变化对支护结构和基坑周边环境的影响，提出应采取的措施。

基坑周边环境勘察应包括以下内容：查明影响范围内建（构）筑物的结构类型、层数、基础类型、埋深、基础荷载大小及上部结构现状；查明基坑周边的各类地下设施，包括水管、电缆、煤气、污水、雨水、热力等管线或管道的分布和性状；查明场地周围和邻近地区地表水汇流、排泄情况、地下水管渗漏情况及对基坑开挖的影响程度；查明基坑四周道路的距离及车辆载重情况。

岩土工程勘察应在岩土工程评价方面有一定的深度，只有通过比较全面的分析评价，才能使支护方案选择的建议更为确切，更有依据。因此，基坑工程勘察应针对以下内容进行分析，提供有关计算参数和建议：分析场地的地层结构和岩土的物理力学性质；地下水的控制方法、计算参数以及降水效果和降水对邻近建筑物和地下设施等周边环境的影响；施工中应进行的现场监测项目；基坑开挖过程中应注意的问题及其防治措施。

岩土工程勘察报告中，与基坑工程有关的部分应包括以下内容：与基坑开挖有关的场地条件、土质条件和工程条件；提出处理方式、计算参数和支护结构选型的建议；提出地下水控制方法、计算参数和施工控制的建议；提出施工方法和施工中可能遇到的问题，并提出防治措施；对施工阶段的环境保护与监测工作提出建议。

六、基坑工程的发展趋势

未来的基坑支护工程必将越来越多，基坑深度将会越来越深，地质条件也会越来越复杂，由此必然会对基坑支护工程各方面提出新的更高的要求。总结基坑支护工程未来的发展趋势，大致可归纳为以下几点：

（一）系统化

基坑支护工程是一个系统工程，从勘察、设计到施工，牵涉到方方面面，故需要用系统的处理方法来解决基坑支护工程中的很多问题。

从国内的实际情况来看，设计方、施工方、监测方和科研方现在已能够在基坑支护工程的实践中形成一个联合体。只要各方各谋其职，协调得当，是可以通过愉快的合作来保证工作的顺利进行的，但仍存在很多问题。如设计单位与施工单位的配合尚不够规范和默契，设计意图往往不能准确地得到理解和实施；监测单位只是负责提供数据，不可避免地会出现监测与科研各自为战的局面等，加上基坑支护工程比较容易出现意外情况，如渗水、地下连续墙变形过大、地面沉降等，谁来解释问题、解决问题和承担责任都需要通过系统地明确分工和综合调度来实现。在这一点上，我国与国外相比还有不小的差距，这就要求我们建立并完善基坑支护工程的组织管理系统。

（二）规范化

实践证明，随着基坑深度的大幅增加，基坑支护结构、土体、地下水性态等都将发生很大的变化，有些甚至发生了质变，相应的设计规范、方法、软件等都存在着这样那样的不足。当然，原因是多方面的，如参数的试验取定、结构的建模计算、有关内力、变形和稳定的限定等都受到理论、技术、设备和经验的限制，因此，出现了很多设计与施工脱节的现象。可喜的是随着超深、超大基坑的不断出现，相关的理论也在逐步完善，经验也在逐渐丰富，软硬件设备也有了很大的改善，深基坑支护工程也在不断规范化。

（三）智能化

智能化是基坑工程发展的必然趋势。计算机的介入使有限元计算、神经网络模型、遗传算法等先进方法得以发挥巨大的作用。众多设计、监测、科研甚至施工中的问题得到了突破性的进展。但从长远的眼光来看，这仅仅是个开始，未来的基坑支护工程的智能化速度必将越来越快，这从近两年相关软件、硬件的发展速度就可看出。

（四）机械化

施工机械化是基坑支护工程规模、难度不断加大必然要求。地下连续墙的成槽、支撑立柱的钻孔、地下连续墙钢筋笼的起吊下放以及土方开挖、降水等都对施工机械的性能提出了越来越高的要求。虽然许多施工单位大胆投资引进了一些先进的施工机械设备，但还是不能满足基坑支护工程的要求，这必然影响施工的进度和精度。

（五）信息化

信息化已经成为未来基坑工程施工的显著特征，作为一个与复杂地质环境紧密相关的系统工程，及时的信息采集、分析和处理既可以真实地反映基坑实际的运作状态，指导下一步的施工工作，又可为科研设计提供宝贵的第一手资料。在现有的技术设备条件下，很多基坑工程中的问题还不能通过单纯的理论分析和理论计算来解释确定，信息采集和积累的工作仍有其不可替代的作用。

第二节 基础工程施工技术

一、基础与地基的概念

房屋建筑均由上部结构与基础两大部分组成。一般是以室外地面整平标高为基准，地面标高以上部分称为上部结构，地面标高以下部分称为基础。基础埋置于地面以下承受上部结构荷载，并将荷载传递给下卧层的人工构筑物。

上部结构的荷载通过基础传至地层，使其产生应力和变形。随構深度增加，地层中应力向四周深部扩散，并迅速减弱。到某一深度后，上部荷载引起的应力与变形已很小，对工程已无实际意义而可忽略。故一般将基础底部标高至该深度范围内的地层统称为建筑物的地基。对地基承载力和变形起主要作用的地层，称为地基主要受力层，简称为地基受力层。在受力层范围内，埋置基础底面处的地层称为持力层，持力层下的地层称为下卧层，强度低于持力层的下卧层称为软弱下卧层。

基础的主要功能如下：

（一）扩散压力

由于基础的底面积较上部结构的底面积大，基础可将所受较大荷载转变为较低压力传递到地基。

（二）传递压力

当上部地层较差时，采用深基础（如桩基、墩基、地下连续墙以及沉井）把荷载传递到深部较好的地层（如岩层或砂卵石层）。

（三）调整地基变形

利用筏形和箱形基础、摩擦群桩等基础所具有的刚度和上部结构共同作用，调整地基的不均匀变形沉降。

此外，采取相应措施，基础还可起到抗滑或抗倾覆及减振的作用。

地基是指直接承受构造物荷载影响的地层。基础下面承受建筑物全部荷载的土体或岩体称为地基。地基不属于建筑的组成部分，但它对保证建筑物的坚固耐久具有非常重要的作用，是地球地壳的一部分。

地基是支撑由基础传递的上部结构荷载的土体（或岩体）。为使建筑物安全、正常地使用而不遭到破坏，要求地基在荷载作用下不能产生破坏；组成地基的土层因膨胀收缩、压缩、冻胀、湿陷等原因产生的变形不能过大。在进行地基设计时，要考虑：①基础底面的单位面积压力小于地基的容许承载力。②建筑物的沉降值小于容许变形值。③地基无滑动的危险。由于建筑物的大小不同，对地基的强弱程度的要求也不同，地基设计必须从实际情况出发考虑三个方面的要求。有时只需考虑其中的一个方面，有时则需考虑其中的两个或三个方面。若上述要求达不到时，就要对基础设计方案作相应的修改或进行地基处理（对地基内的土层采取物理或化学的技术处理，如表面夯实、土桩挤密、振冲、预压、化学加固和就地拌和桩等方法），以改善其工程性质，达到建筑物对地基设计的要求。

从现场施工的角度来讲，地基可分为天然地基、人工地基。天然地基是不需要人工加固的天然土层，可节约工程造价。人工地基是需要经过人工处理或改良的地基。

基础工程是基础的设计与施工工作，以及有关的工程地质勘察、基础施工所需基坑的开挖、支护、降水和地基处理工作总称。

二、基础的分类

在工程实践中，通常将基础分为浅基础和深基础两大类，但其尚无准确的区分界限，目前主要按基础埋置深度和施工方法不同来划分。一般埋置深度在 5 m 以内，且能用一般方法和设备施工的基础属于浅基础，如条形基础、独立基础等；当需要埋置在较深的土层上，采用特殊方法和设备施工的基础则属于深基础，如桩基础等。浅基础技术简单，施工方便，不需要复杂的施工设备，可以缩短工期、降低工程造价。因此，在保证建筑物安全和正常使用的前提下，应优先采用天然地基上的浅基础设计方案。

浅基础可以按使用的材料和结构形式分类。按使用的材料可分为：砖基础、毛石基础、混凝土和毛石混凝土基础、灰土和三合土基础、钢筋混凝土基础等；按基础的刚度不同可分为：无筋扩展基础（刚性基础）、扩展基础。按结构形式可分为条形基础、单独基础、箱形基础等。

深基础的主要类型有桩基础，地下连续墙基础、墩基础和沉井基础。深基础由于埋置深度大，一般需要专业的施工队伍使用特殊方法与设备施工，例如大口径钻挖孔技术等。

基础对整个建筑物的安全、使用、工程量、造价及工期的影响很大，并且属于地下隐蔽工程，一旦失事，难以补救，因此，在设计和施工时应引起高度重视。

三、地基基础在建筑工程中的重要性

基础是建筑物十分重要的组成部分，应具有足够的强度、刚度和耐久性以保证建筑物的安全和使用年限。地基虽不是建筑物的组成部分，但它的好坏将直接影响整个建筑物的安危。实践证明，建筑物的事故很多是与地基基础有关的，轻则上部结构开裂、倾斜，重则建筑物倒塌，危及生命与财产安全。

地基基础施工要充分掌握地基土的工程性质，严格遵循地基基础设计和施工规范的质量要求，以免发生工程事故。地基基础位于地面以下，系隐蔽工程，一旦发生施工质量事故，补救和处理往往比上部结构困难得多，有时甚至是不可能的。地基基础工程的造价和工期占建筑总造价和总工期的比例与多种因素有关，一般占 20% ～ 25%，对高层建筑或需地基处理时，则所需费用更高，工期更长，因此，认真负责地搞好地基基础在建筑施工中具有很重要的意义。

四、基础工程施工的主要技术

（一）钻孔技术

在现代地基基础施工中，钻孔技术大量使用。就目前来说，对地下深部土层和岩层揭露和破碎的主要技术手段就是岩土钻孔技术，地基与基础施工正是利用了这一特性。在地基与基础施工中使用的钻孔技术和“钻探工程”课程中讲解的钻探技术本质上是一样的，但也有其特点，在地基与基础施工中钻孔的主要目的就是揭露和破碎岩土层并形成钻孔，另外，工作的岩土层类型和埋藏深度不同，其主要是浅层松软的土层。

（二）基础施工技术

基础施工技术主要包括桩基础施工（钻孔灌注桩、沉管灌注桩和静压桩）和地下连续墙等基础工程施工。这两种基础都是深基础，而且在施工中应用了大口径钻孔技术。

（三）地基处理施工技术

地基处理的基本方法主要是置换、夯实、挤密、排水、胶结、加筋和热学等方法，专门用来改善地基条件，以期达到满足地基强度、变形及其稳定性等要求。具体方法包括强夯法、振冲碎石桩、挤密碎石桩、深层搅拌桩、高压旋喷桩、塑料排水板、堆载预压、真空预压、砂桩、静压注浆等。

（四）锚固技术

锚固技术作为维持建筑物或岩土层稳定一种技术，大量用于基坑护壁、地下厂房、隧洞、船坞、水坝加固和边坡加固等工程。

（五）降排水工程

在现代岩土工程施工中，由于基础的埋置深度不断加大，为保证基础的顺利施工，降低地下水位就是一项必不可少的工作。

第三节 地下室防水工程施工

当地下结构底标高低于地下正常水位时，必须要考虑结构的防水、抗渗能力。地下防水工程是指对地下建筑物进行防水设计、防水施工和维护管理等各项技术工作的工程实体。地下防水工程采用的防水方案有结构自防水、加防水层防水和防排结合防水。

一、防水层防水

防水层防水又称构造防水，是通过结构内外表面加设防水层来达到防水效果，常用的有多层抹面水泥砂浆防水、掺防水剂水泥砂浆防水、卷材防水层防水等。下面以卷材防水层防水为例进行介绍。

（一）材料要求

卷材防水层应选用高聚物改性沥青类或合成高分子类防水卷材。卷材外观质量品种和主要物理力学性能应符合现行国家标准或行业标准；卷材及其胶黏剂应具有度好的耐水性、耐久性、耐穿性、耐腐蚀性和耐菌性，胶黏剂应与粘贴的卷材材性相容。

（二）施工方法

地下室卷材防水层施工一般多采用整体全外包防水做法，按工艺不同可分为外防外贴法（简称外贴法）与外防内贴法（简称内贴法）两种。

1. 外贴法施工

外贴法是待地下建筑物墙体施工完成后，把卷材防水层直接铺贴在边墙上，然后砌筑保护墙（或做软保护层）的方法。

外防外贴法防水构造如图 4-1 所示。

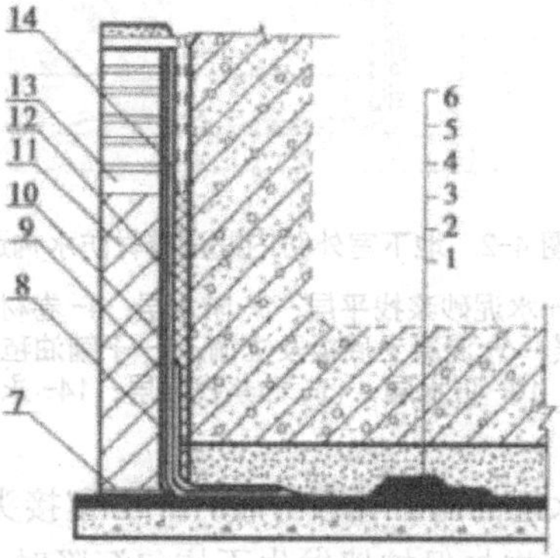

图 4-1　地下室外防外贴法卷材防水构造

1- 混凝土垫层；4- 水泥砂浆找平层；3- 防水层；4- 卷材压条及密封膏；5- 细石混凝土保护层：6- 混凝土底板及立墙；7- 干铺油毡；8- 卷材附加层；9- 密封膏；10- 防水层；11- 永久保护砖墙；14- 砂浆找平层；13- 临时保护砖墙；14-5 mm 厚聚乙烯泡沫塑料软保护层外贴法的施工工序：混凝土垫层施工→砌永久性保护墙→砌临时性保护墙→内墙面抹灰→刷基层处理剂→转角处附加层施工→铺贴平面和立面卷材→浇筑钢筋混凝土底板和墙体→拆除临时保护墙→外墙面找平层施工→涂刷基层处理剂→铺贴外墙面卷材→卷材保护层施工→基坑回填土。

外贴法的优点：①建筑物与保护墙有不均匀沉陷时，对防水层影响较小；②防水层做好后即进行漏水试验，修补也方便。

外贴法的缺点：①工期长，占地面积大；②底板与墙身接头处卷材容易受损。

2. 内贴法施工

内贴法是指在结构边墙施工前，先砌保护墙，然后将防水层贴在保护墙上，最后浇筑边墙混凝土的方法。外防内贴法防水构造如图 4-2 所示。

内贴法施工工序：垫层施工、养护→砌永久性保护墙→水泥砂浆找平、抹圆角→养护→涂布基层处理剂或冷底子油→铺贴卷材防水层、复杂部位增加处理→涂布胶黏剂、附加油毡保护层→保护层施工→地下结构施工→回填土。

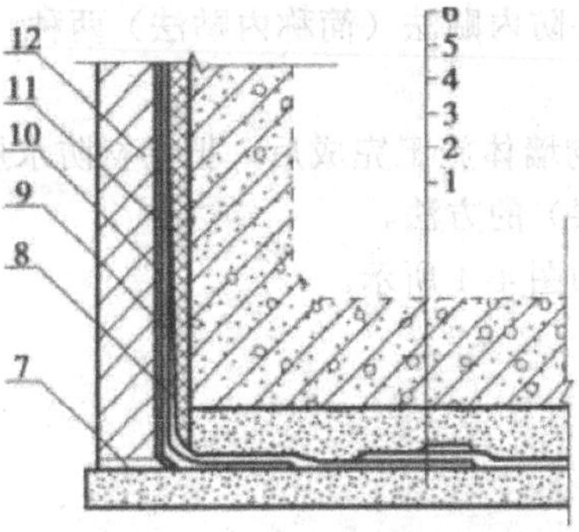

图 4-2 地下室外防内贴法卷材防水构造

1- 混凝土垫层；4- 水泥砂浆找平层；3- 防水层；4- 卷材压条及密封音；5- 细石混凝土保护层；6- 混凝土底板及立墙；7- 干铺油毡；8- 卷材附加层；9- 密封膏；10- 防水层；11- 砂浆找平层；14- 永久保护砖墙

内贴法的优点：①防水层的施工比较方便，不必留接头；②施工占地面积小。

内贴法的缺点：①建筑物与保护墙发生不均匀沉降时，对防水层影响较大；②保护墙稳定性差；③竣工后发现漏水较难修补。

二、防水混凝土的施工

防水混凝土是采用调整混凝土配合比、掺外加剂或使用新品种水泥等方法，来提高混凝土密实性、憎水性和抗渗性而配制的不透水性混凝土。它分为普通防水混凝土和外加剂防水混凝土。

（一）材料要求

防水混凝土不受侵蚀性介质和冻融作用时，可采用不低于 32.5 级的普通硅酸盐水泥、火山灰质硅酸盐水泥、粉煤灰硅酸盐水泥。掺外加剂可采用矿渣硅酸盐水泥每立方米混凝土水泥用量不少于 320 kg。防水混凝土石子的最大粒径不应大于 40mm，含水率不大于 1.5%，含砂率控制在 35% ～ 40%，灰砂比为 1 ： 2 ～ 1 ： 2.5。

（二）防水混凝土的施工

防水混凝土工程的施工防水混凝土施工时，必须严格控制水灰比，水灰比值不大于 0.6，坍落度不大于 50mm。混凝土必须采用机械搅拌、机械振捣，搅拌时间不应小于 2 min，振捣时间 10 ～ 20 s。

底板混凝土应连续浇筑，不留施工缝，墙体一般只允许留设水平施工缝，其位置不应留在剪力与弯矩最大处或底板与侧墙的交接处，应留在高出底板表面不小于 200mm 的墙体上。墙体有预留孔洞时，施工缝距孔洞边缘不应小于 300mm。如必须留垂直施工缝时，应避开地下水和裂缝水较多的地段，并尽技与变形缝相结合。

在施工缝上继续浇筑混凝土时，应将施工缝处的混凝土表面凿毛、浮粒和杂物清除，用水洗干净，保持潮湿，再铺上一层 20 ～ 30mm 厚的水泥砂浆。水泥砂浆所用水泥和灰浆比应与混凝土的水泥和灰砂比相同。防水混凝土应加强养护，充分保持湿润，养护时间不得少于 14 d。

对于大体积的防水混凝土工程，可采取分区浇筑、使用发热量低的水泥或加掺和料（如粉煤灰）等相应措施，以防止温度裂缝的发生。水平施工缝浇筑混凝土前，应将其表面浮浆和杂物清除，先铺净浆，再铺 30 ～ 50mm 厚的 1 ∶ 1 水泥砂浆或涂刷混凝土界面处理剂，并及时浇筑混凝土。

防水混凝土必须采用高频机械振捣密实，振捣时间宜为 10 ～ 30s，以混凝土泛浆和不冒气泡为准，应避免漏振、欠振和超振。防水混凝土的养护对其抗渗性能影响极大，因此，应加强养护，一般混凝土进入终凝（浇筑后 4 ～ 6 h）即应覆盖，浇水湿润养护不少于 14 d。

三、防水工程质量要求

（一）质量要求

建筑防水工程各部位应达到不渗漏和不积水；防水工程所用各类材料均应符合质量标准和设计要求。

细部构造要求：各细部构造处理均应达到设计要求，不得出现渗漏现象。地室防水层铺贴卷材的搭接缝应覆盖压条，条边应封固严密。

卷材防水层要求：铺贴工艺应符合标准、规范规定和设计要求，卷材搭接宽度准确，接缝严密。平立面卷材及搭接部位卷材铺贴后表面应平整，无皱褶、鼓泡、翘边，接缝牢固严密。

密封处理要求：密封部位的材料应紧密黏结基层。密封处理应达到设计要求，嵌填密实，表面光滑、平直。不出现开裂、翘边，无鼓泡、龟裂等现象。

（二）防水施工检验

找平层和刚性防水层的平整度，用 2 m 直尺检查，面层与直尺间的最大空隙不超过 5 mm，空隙应平缓变化，每米长度内不多于一处。屋面工程、地下室工程等在施工中应做分项交接检查。未经检查验收，不得进行后续施工。

防水层施工中，每一道防水层完成后，应由专人进行检查，合格后方可进行下一道防水的施工。检验屋面有无渗漏水、积水，排水系统是否畅通，可在雨后或持续淋水 2 h 以后进行。有可能做蓄水检验时，蓄水时间为 24 h。厕浴间蓄水检验亦为 24 h。

各类防水工程的细部构造处理，各种接缝、保护层等均应做外观检验。膜防水的涂膜厚度检查，可用针刺法或仪器检测。每 100 m^3 防水层面积不应少于一处，每项工程至少检测 3 处。各种密封防水处理部位和地下防水工程，经检查合格后方可隐蔽。

第五章 主体结构施工技术

混凝土结构工程是指按设计要求将钢筋和混凝土两种材料，利用模板浇制而成的各种形状和大小的构件或结构。混凝土系水泥、粗骨料、水和外加剂按一定比例拌合而成的混合物，经硬化后而形成的一种人造石。钢筋混凝土结构是我国应用最广的一种结构形式，因此，在建筑施工领域里钢筋混凝土工程无论在人力、物资消耗和对工期的影响方面都占有极其重要的地位。

第一节 钢筋工程

土木工程结构中常用的钢材有钢筋、钢丝和钢绞线三类。

钢筋按其强度分为HPB235，HRB335，HRB400，RRB400四种等级。钢筋的强度和硬度逐级提高，但塑性则逐级降低。HPB235为热轧光圆钢筋，HRB335和HRB400为热轧带肋钢筋，RRB400为余热处理钢筋。

常用的钢丝有光面钢丝、三面刻痕钢丝和螺旋肋钢丝三类。

钢绞线一般由3根或7根圆钢丝捻成，钢丝多为高强钢丝。

目前我国重点发展屈服强度标准值为400 MPa的新型钢筋和屈服强度为1570～1860 MPa的低松弛、高强度钢丝的钢绞线，同时辅以小直径（4～12mm）的冷轧带肋螺纹钢筋。同时，我国还大力推广焊接钢筋网和以普通低碳钢热轧盘条经冷轧扭工艺制成的冷轧扭钢筋。

钢筋出厂应有出厂质量证明书或试验报告单。每捆（盘）钢筋均应有标牌。运至工地后应分别堆存，并按规定抽取试样对钢筋进行力学性能检验。对热轧钢筋的级别有怀疑时，除作力学性能试验外，尚需进行钢筋的化学成分分析。使用中如发生脆断、焊接性能不良和机械性能异常时，应进行化学成分检验或其他专项检验。对国外进口钢筋，应按国家的有关规定进行力学性能和化学成分检验。

钢筋一般在钢筋车间或工地的钢筋加工棚内进行加工，然后运至现场安装或绑扎。钢筋加工过程取决于成品种类，一般的加工过程有冷拔、调直、剪切、镦头、弯曲、焊接、绑扎等。本节着重介绍钢筋冷拔及钢筋的连接。

一、钢筋冷拔

冷拔是用热轧钢筋（直径为8mm以下）通过钨合金的拔丝模（图5-1）进行强力拉拔。钢筋通过拔丝模时，受到轴向拉伸与径向压缩的作用，使钢筋内部晶格变形而产生塑性变形，因而抗拉强度提高（可提高50%～90%），塑性降低，呈硬钢性质。光圆钢筋经冷拔后称“冷拔低碳钢丝”。

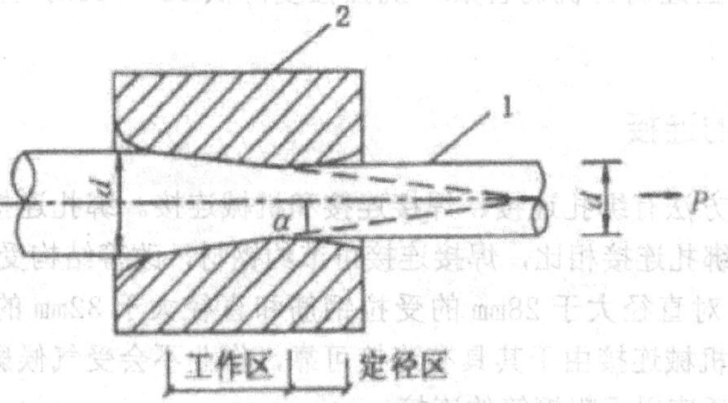

图5-1　钢筋冷拔示意图

1-钢筋；4-拔丝模

钢筋冷拔的工艺过程：轧头→剥壳→通过润滑剂进入拔丝模冷拔。

钢筋表面常有一硬渣层，易损坏拔丝模，并使钢筋表面产生沟纹，因而冷拔前要进行剥壳，方法是使钢筋通过3～6个上下排列的混子以剥除渣壳。润滑剂常用石灰、动植物油，肥皂、白蜡等与水按一定配比制成。

冷拔用的拔丝机有立式（图5-2）和卧式两种。其鼓筒直径一般为500mm，冷拔速度约为0.2～0.3 m/s，速度过大易断丝。

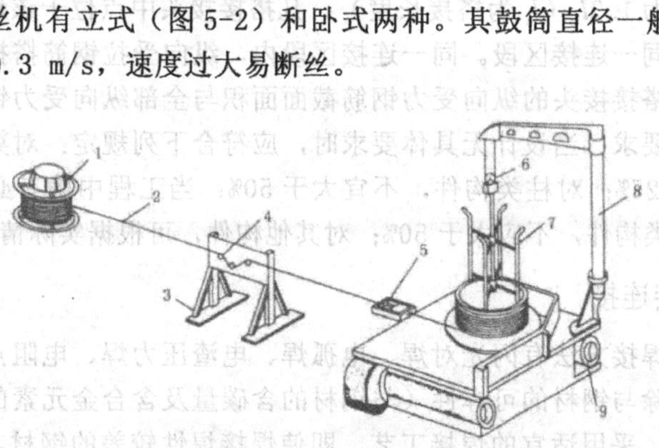

图5-2　立式单鼓筒冷拔机

1-盘圆架；4-钢筋；5-剥壳装置；4-槽轮；5-拔丝模；6-滑轮；7-绕丝筒；
8-支架；9-电动机

影响冷拔低碳钢丝质量的主要因素是原材料的质量和冷拔总压缩率。

冷拔总压缩率β是光圆钢筋拔成钢丝时的横截面缩减率。若原材料光圆钢筋直径为d_0，冷拔后成品钢丝直径为d，则总压缩率$\beta=\frac{d_0^2-d^2}{d_0^2}$。总压缩率越大，则抗拉强度提高越多，而塑性下降越多，故β不宜过大。直径为5mm的冷拔低碳钢丝，宜用直径为8mm的圆盘条拔制；直径为4mm和小于4mm者，宜用直径为6.5mm的圆盘条拔制。

冷拔低碳钢丝有时是经过多次冷拔而成，一般不是一次冷拔就达到总压缩率。每次冷拔的压缩率也不宜太大，否则拔丝机的功率较大，拔丝模易损耗，且易断丝。一般前道钢丝和后道钢丝的直径之比以1∶0.87为宜。冷拔次数亦不宜过多，否则易使钢丝变脆。

冷拔低碳钢丝经调直机调直后，抗拉强度降低8%～10%，塑性有所改善，使用时应注意。

二、钢筋的连接

钢筋的连接方法有绑扎连接、焊接连接和机械连接。绑扎连接和焊接连接是传统的连接方法，与绑扎连接相比，焊接连接可节约钢材，改善结构受力性能，提高工效，降低成本，目前对直径大于28mm的受拉钢筋和直径大于32mm的受压钢筋已不推荐采用绑扎连接。机械连接由于其具有连接可靠，作业不会受气候影响，连接速度快等优点，目前已广泛应用于粗钢筋的连接。

（一）绑扎连接

钢筋可在现场进行绑扎，或预制成钢筋骨架（网）后在现场进行安装。钢筋绑扎一般采用20～22号铁丝或镀锌铁丝。

纵向受力钢筋绑扎搭接接头的最小搭接长度按《混凝土结构工程施工质量验收规范》的规定执行。同一构件中相邻纵向受力钢筋的绑扎搭接接头易相互错开。绑扎搭接接头中钢筋的横向净距不应小于钢筋直径，且不应小于25mm。钢筋绑扎搭接接头连接区段的长度为$1.3l_1$（l_1为搭接长度），凡搭接接头中点位于该连接区段长度内的搭接接头均属于同一连接区段。同一连接区段内，纵向受拉钢筋搭接接头面积百分率（为该区段内有搭接接头的纵向受力钢筋截面面积与全部纵向受力钢筋截面面积的比值）应符合设计要求；当设计无具体要求时，应符合下列规定：对梁类、板类及墙类构件，不宜大于25%；对柱类构件，不宜大于50%；当工程中确有必要增大接头面积百分率时，对梁类构件，不应大于50%；对其他构件，可根据实际情况放宽。

（二）焊接连接

钢筋常用的焊接方法有闪光对焊、电孤焊、电渣压力焊、电阻点焊、气压焊等。钢筋的焊接效果除与钢材的可焊性（与钢材的含碳量及含合金元素的量）有关外，还与焊接工艺有关。采用适宜的焊接工艺，即使焊接焊性较差的钢材，也可获得良好的焊接质量。因此，改善焊接工艺是提高焊接质量有效措施。

1. 闪光对焊

闪光对焊用于钢筋的接长及预应力筋与螺丝端杆的焊接。如下图5-3所示，利用对焊机使需焊的两段钢筋接触，通以低电压的强电流，把电能转化为热能，使钢筋加热至白热状态，随即施加轴向压力顶锻，使钢筋焊合，接头冷却后便形成对焊接头。焊接时，由于钢筋端部不平，轻微接触，开始只有一点或数点接触，接触面小，电流密度和接触电阻大，接触点很快熔化，产生金属蒸汽飞溅，形成闪光形象，故名闪光对焊。

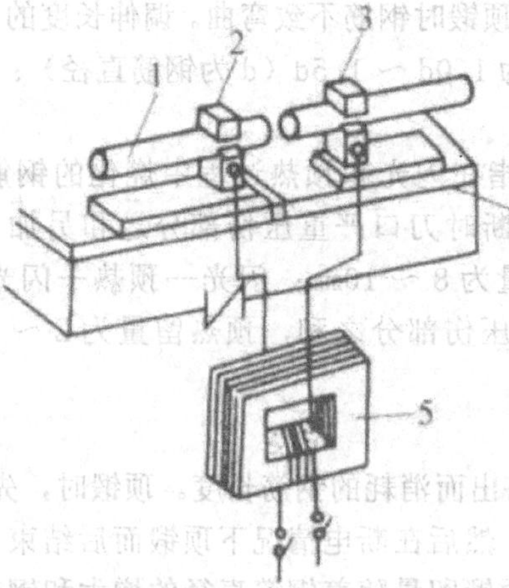

图5-3 钢舟车对焊原理图

1-钢筋；4-固定电极；5-可动电极；4-机座；5-焊接变压器

（1）闪光对焊工艺

闪光对焊根据工艺的不同可以分为连续闪光焊、预热闪光焊和闪光—预热—闪光焊3种。

①连续闪光焊

采用连续闪光焊时，先闭合电源，然后使两钢筋端面轻微接触，形成闪光。闪光一旦开始，就慢慢移动钢筋，使钢筋继续接触，形成连续闪光现象，待钢筋达到一定的烧化留量后，迅速加压顶锻并立即断开电源，使两根钢筋焊合。连续闪光焊最适宜焊接直径较小的钢筋，宜用于直径为25mm以下的Ⅰ～Ⅲ级钢筋的焊接。

②预热闪光焊

当钢筋直径较大，端面比较平整时宜采用预热闪光焊。它是在连续闪光焊前增加一个预热的过程，以扩大焊接热影响区，使钢筋端部受热均匀以保证焊接接头质量。当接通电源后闪光一开始，便将接头做周期性的接触和断开，使得钢筋接触处出现间断的闪光现象，形成预热过程。在钢筋烧化到规定的预热留量后，再进行连续闪光和加压顶锻，形成焊接接头。

③闪光—预热—闪光焊，适用于端部不平整的粗钢筋

在预热闪光焊前加一次闪光过程，目的是使不平整的钢筋端面烧化平整。接通电源后，两根钢筋端部连续接触，出现连续闪光现象，使端部不平部分熔化掉，然后再进行断续闪光，预热钢筋，接着进行连续闪光，最后加压顶锻。

（2）闪光对焊参数

钢筋的焊接质量与对焊参数有关，对焊参数主要有调伸长度、预热留量、烧化留量、顶锻留量、烧化速度（闪光速度）、顶锻速度及变压器级数等。

①调伸长度

调伸长度是指焊接前钢筋从电极钳口伸出的长度。其数值取决于钢筋的品种和直径，应能使接头加热均匀，且顶锻时钢筋不致弯曲。调伸长度的取值：I 级钢筋为 0.75 d ～ 1.25 d；Ⅱ～Ⅲ级钢筋为 1.0d ～ 1.5d（d 为钢筋直径）；直径小钢筋取大值。

②烧化留量与预热留量

烧化留量与预热留量是指在闪光和预热过程中烧化的钢筋长度。连续闪光焊烧化留量长度等于两段钢筋切断时刀口严重压伤部分之和另加 8mm；预热闪光焊的预热留量为 4 ～ 7mm，烧化留量为 8 ～ 10mm；闪光—预热—闪光焊的一次烧化留量等于两段钢筋切断时刀口严重压伤部分之和，预热留量为 2 ～ 7mm，二次烧化留量为 8 ～ 10mm。

③顶锻留量

顶锻留量是指接头顶压挤出而消耗的钢筋长度。顶锻时，先在有电流作用下顶锻，使接头加热均匀、紧密结合，然后在断电情况下顶锻而后结束，因此分为有电顶锻留量与无电顶锻留量两部分。顶锻留量随着钢筋直径的增大和钢筋级别的提高而增大，一般为 4 ～ 6.5mm。其中，有电顶锻留量约占 1/3，无电顶锻留量约占 2/3。顶锻时速度越快越好，有电顶锻时间约为 0.1 s，断电后继续顶锻至要求的顶锻留量，这样可使接头处熔化的金属迅速闭合而避免氧化，以保证接头连接良好并有适当的镦粗变形。

④变压器级数

变压器级数用来调节焊接电流的大小，根据钢筋直径来选择，直径大级别高的钢筋需采用级数大的变压器。

（3）对焊接头质量检查

①外观检查

外观检查时，每批抽查 10% 的闪光对焊接头，且不少于 10 个。每次以不大于 200 个同类型、同工艺、同焊工的焊接接头为一批，且时间不超过 1 周。外观检查时有如下内容：第一，钢筋表面不得有横向裂纹；第二，Ⅰ级，Ⅱ级，Ⅲ级钢筋表面不得有明显的烧伤，Ⅳ级钢筋不得有烧伤；第三，接头处弯折应不大于 4°；第四，接头处两根钢筋轴线偏差不得超过 10% 钢筋直径，且不大于 2mm。

②机械性能试验

钢筋闪光对焊接头的机械性能试验包括拉力试验和弯曲试验，应从每批接头中抽取 6 个试件进行试验，其中 3 个作拉力试验，3 个作弯曲试验。

作拉力试验时，应满足：3 个试件的抗拉强度均不低于该强度等级钢筋的抗拉强度标准值；3 个试件中至少有两个试件的断口位于焊接影响区外，并表现为塑性断裂。

做弯曲试验时，要求对焊接头外侧不得出现宽度超过 0.15mm 的横向裂缝。

2. 电弧焊

电弧焊（图 5-4），是利用弧焊机在焊条与焊件之间产生高温电弧，使得焊条和电弧燃烧范围内的金属焊件很快熔化，金属冷却后，形成焊接接头，其中电弧是指焊条与焊件金属之间空气介质出常用于钢筋的接头、钢筋与钢板的焊接、装配式钢筋混凝土结构接头的焊接、钢筋骨架的焊接及各种钢结构的焊接等。电弧焊使用的弧焊机有交流弧焊机、直流弧焊机两种，常用的为交流弧焊机。钢筋电弧焊常用的接头形式有帮条焊、搭接焊、坡口焊等。

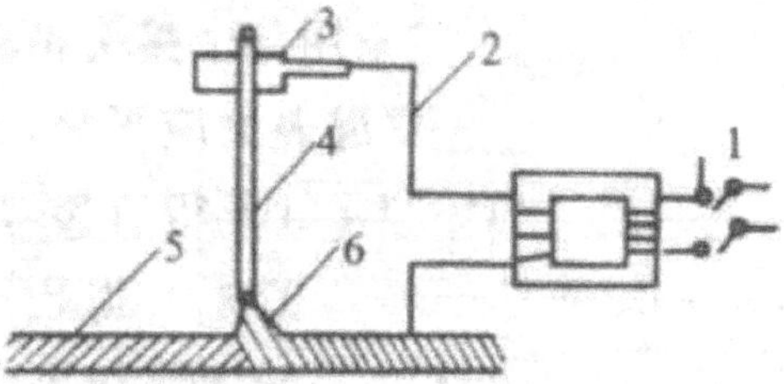

图 5-4　电弧焊示意图

1- 变压器；4- 导线；5- 焊钳；4- 焊条；5- 焊件；6- 电弧

（1）搭接焊

搭接焊适用于Ⅰ～Ⅱ级钢筋的焊接，其接头形式如图 5-5 所示，可分为双面焊缝和单面焊缝两种。双面焊缝受力性能较好，应尽可能双面施焊，不能双面施焊时，才采用单面焊接。图中括号内数值适用于Ⅱ级钢筋。

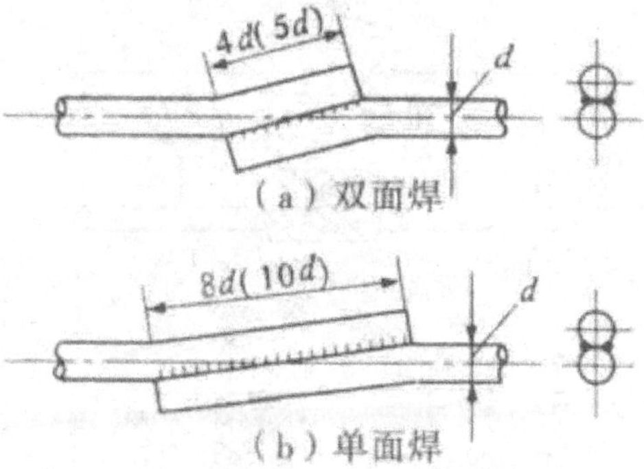

图 5-5　搭接焊

（2）帮条焊

帮条焊适用于Ⅰ～Ⅲ级钢筋的焊接。其接头形式如图 5-6 所示，亦可分为单面焊接和双面焊接两种，一般宜优先采用双面焊缝。帮条焊宜用与主筋同级别、同直径的钢筋。如帮条级别与主筋相同时，帮条直径可比主筋直径小一个规格；如帮条直径与主筋相同时，帮条级别可比主筋低一个级别。

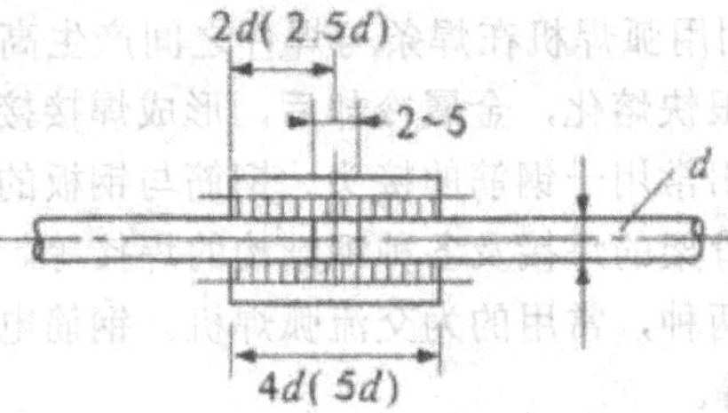

（a）双面焊

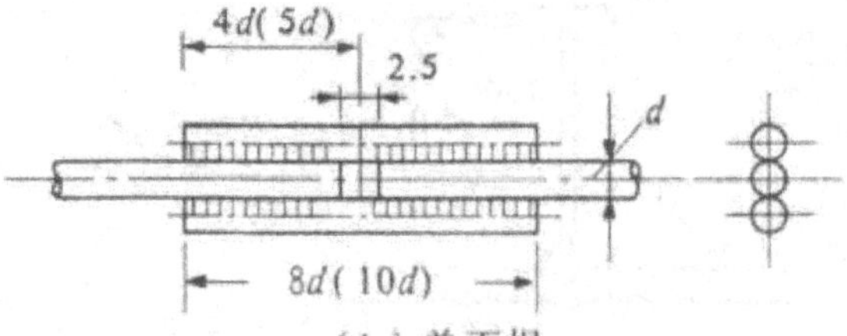

（b）单面焊

图 5-6　帮条焊

（3）坡口焊

坡口焊耗钢材少、热影响区小，适应于现场焊接装配式结构中直径 18 ～ 40mm 的Ⅰ～Ⅲ级钢筋。坡口焊接头如图 5-7 所示，分平焊和立焊两种形式。钢筋端部必须先剖成如图 5-7 所示的坡口，然后加钢垫板施焊。

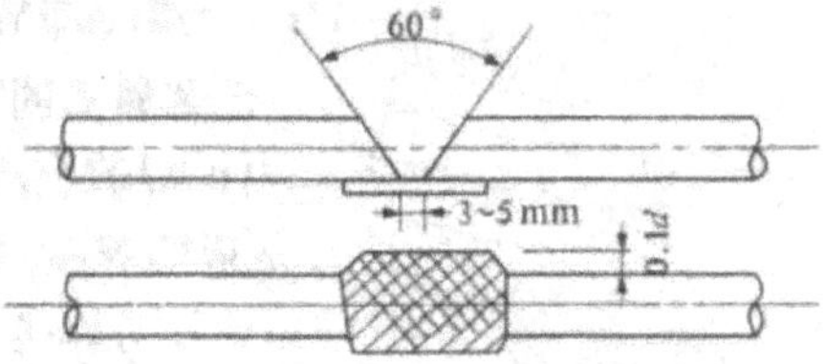

（a）平焊

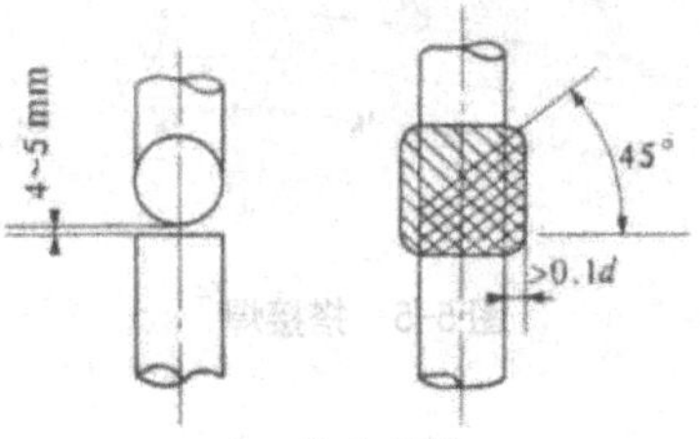

（b）立焊

图 5-7　坡口焊

筋焊接时，为了防止烧伤主筋，焊接地线应与主筋接触良好，并不应在主筋上引弧，焊接过程中应及时清渣。帮条焊或搭接焊，其焊缝厚度 h 不应小于钢筋直径的 1/3，焊缝宽度不小于钢筋直径的 0.7 倍。装配式结构接头焊接，为了防止钢筋过热引起较大的热应力和不对称变形，应采用几个接头轮流施焊。

电弧焊接头焊缝表面应平整，不应有较大的凹陷、焊窝，接头处不得有裂纹，咬边深度、气孔、夹渣及接头偏差不得超过规范规定。接头抗拉强度不低于该级别钢筋的规定抗拉强度值，且 3 个试件中至少有两个呈塑性断裂。

3. 电渣压力焊

电渣压力焊（图 5-8），是利用电流通过渣池产生的电阻热将钢筋端部熔化，然后施加压力使钢筋焊接在一起。电渣压力焊的操作简单、易掌握、工作效率高、成本较低、施工条件比较好，主要用于现浇钢筋混凝土结构中竖向或是斜向钢筋的接长，适用于直径为 14 ～ 40mm 的 I ～ II 级钢筋。

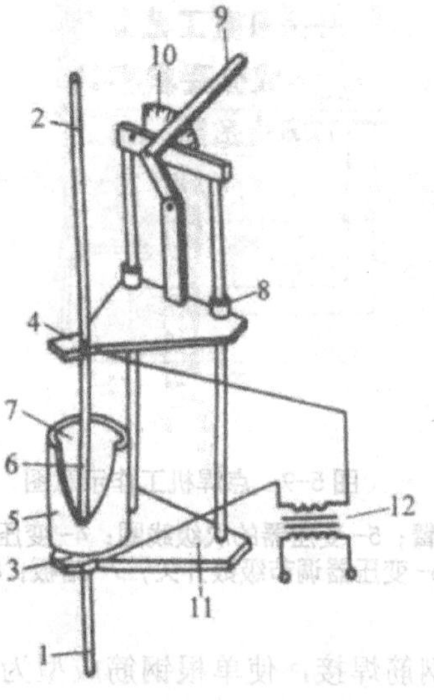

图 5-8　手动电渣压力焊示意图

1，4- 钢筋；5- 固定电极；4- 活动电极；5- 焊剂盒；6- 导电剂；7- 焊剂；8- 滑动架；9- 操动杆；10- 标尺；11- 固定架；14- 变压器

焊接前先将钢筋端部 120mm 范围内的铁锈、污物等杂质清除干净，将夹具的下夹头夹牢下钢筋，再将上钢筋扶直并夹牢于活动电极中，使上下钢筋在同一轴线上；然后在上下钢筋间安装引弧导电铁丝圈（可采用 12 ～ 14 号无锈火烧丝，圈高 10 ～ 12mm）；最后安放焊剂盒，用石棉布塞封焊剂盒下口，同时装满焊剂。通电后，将上钢筋上提 2 ～ 4mm 引弧，用人工直接引弧继续上提钢筋 5 ～ 7mm，使电弧稳定燃烧。随着钢筋的熔化，上钢筋逐渐插入渣池中，此时电弧熄灭，转为电渣过程，焊接电流通过渣池而产生大量的电阻热，使钢筋端部继续熔化。待钢筋端部熔化到一定程度后，在切断电流的同时，迅速进行顶压形成接头并持续几秒钟，以免接头偏斜或结合不良，冷却 1 ～ 3 min 后，即可打开焊剂盒，回收焊剂卸下夹具。

电渣压力焊的工艺参数为焊接电流、渣池电压和通电时间，根据钢筋直径选择，钢筋直径不同时，根据较小直径的钢筋选择参数。电渣压力焊的接头，亦应按规定检查外观质量：和进行试件拉伸试验。

4. 电阻点焊

电阻点焊用于交叉钢筋的焊接。如图 5-9 所示，就是将钢筋的交叉点放在电焊机的两电极间，通电时，由于交叉钢筋的接触点只有一点，且接触电阻较大，在接触的瞬间，电流产生的全部热量都集中在一点上，因而使金属受热而熔化，同时可在电极加压下使焊点金属得到焊合。

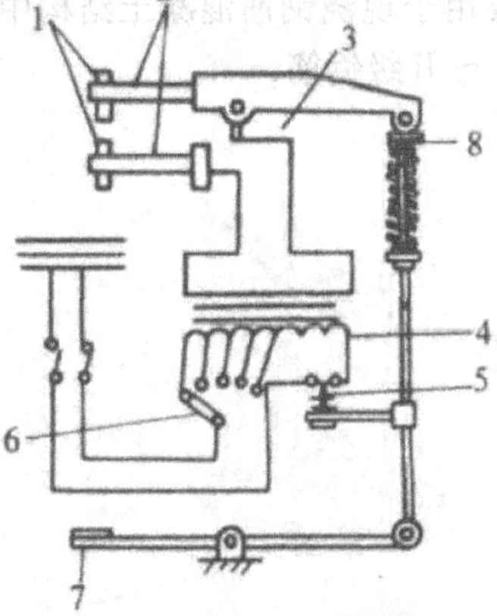

图 5-9 点焊机工作示意图

1- 电极；4- 电极臂；5- 变压器的次级线圈；4- 变压器的初级线圈；5- 断路器；6- 变压器调节级数开关；7- 踏板；8- 压紧机构

利用点焊机进行交叉钢筋焊接，使单根钢筋成型为各种网片、骨架，以代替人工绑扎，是实现生产机械化、提高工效、节约劳动力和材料（钢筋端部不需弯钩）、保证质量、降低成本的一种有效措施。而且采用焊接骨架或焊接网，可使钢筋在混凝土中能更好地锚固，可提高构件的抗裂性，因此钢筋骨架成型应优先采用点焊。

常用的点焊机有单点点焊机、多头点焊机（一次可焊数点，用于焊接宽大的钢筋网）、悬挂式点焊机（可焊钢筋骨架或钢筋网）、手提式点焊机（用于施工现场）。

为了保证点焊的质量，应正确选择点焊参数。电阻点焊的主要工艺参数为变压器缓数、通电时间和电极压力。在焊接过程中，应保持一定的预压和锻压时间。通电时间根据钢筋直径和变压器级数而定，电极压力则根据钢筋级别和直径选择。

电阻点焊不同直径钢筋时，如果较小钢筋的直径小于 10mm 时，大、小钢筋直径之比不宜大于 3；如果较小钢筋的直径为 12mm 或 14mm 时，大、小钢筋直径之比则不宜大于 2。应根据较小直径的钢筋选择焊接工艺参数。

焊点应进行外观检查和强度试验。点焊焊点应无脱落、漏焊、裂纹、多孔性缺陷及明显烧伤现象，焊点处熔化金属均匀并有适量的压入深度。热轧钢筋的焊点应进行抗剪试验。冷轧工钢筋的焊点除进行抗剪试验外，还应进行拉伸试验。

（三）钢筋机械连接

钢筋机械连接是通过机械手段将两根钢筋进行对接，它具有工艺简单、技术易掌握、节约钢材、施工速度快、质量稳定等优点。近年来，钢筋机械在我国得到推广，尤其是在大直径钢筋现场连接中被广泛采用。其常用方法有套筒挤压连接和螺纹套筒连接。

1. 套筒挤压连接

套筒挤压接连是我国最早出现的一种钢筋机械连接方法。按挤压方向不同，分为套筒径向挤压连接和套筒轴向挤压连接两种，多用套筒径向挤压连接。

（1）套筒径向挤压连接

套筒径向挤压连接是将两根待接钢筋插入优质钢套筒，用挤压设备沿径向挤压钢套筒，使之产生塑性变形，依靠变形后的钢套筒与被连接钢筋纵、横肋产生的机械咬合作用使套筒与钢筋成为整体的连接方法，如图 5-10 所示。这种方法适用于直径 18 ～ 40mm 的带肋钢筋的连接，所连接的两根钢筋的直径之差不宜大于 5mm。该方法具有工艺简单、可靠程度高、不受气候的影响、连接速度快、安全、无明火、节能、对钢筋化学成分要求不如焊接时严格等优点。但设备笨重，工人劳动强度大，不适合在高密度布筋的场合适用。

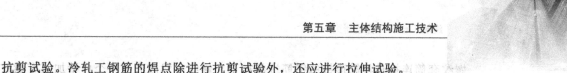

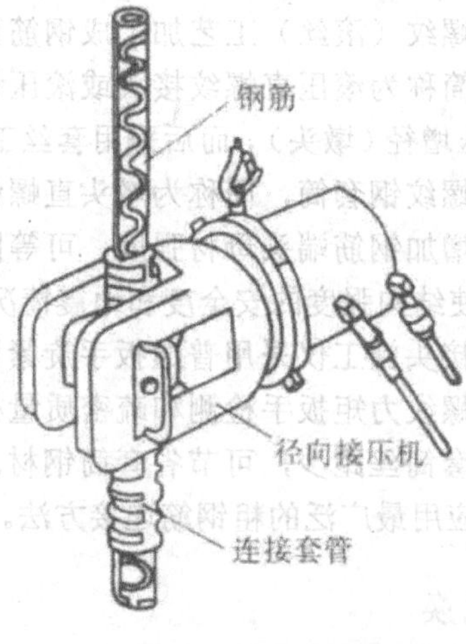

图 5-10 冷压连接工艺原理图

（2）套筒轴向挤压连接

套筒轴向挤压连接是将两根待接钢筋插入优质钢套筒，用挤压设备沿轴向挤压钢套筒，使之产生塑性变形，依靠变形后的钢套筒与被连接钢筋纵、横肋产生的机械咬合作用使套筒与钢筋成为整体的连接方法。这种方法一般用于直径为 25 ～ 32mm 的同直径或相差一个型号直径的带肋钢筋连接。

2. 螺纹套筒连接

螺纹套筒连接是将需连接的钢筋端部加工出螺纹，然后通过一个内壁加工有螺纹的套管将钢筋连接在一起。它分锥螺纹套筒连接与直螺纹套筒连接两种。

（1）锥螺纹套筒连接

锥螺纹套筒连接是将两根待接钢筋端头用套丝机做出锥形丝扣，然后用带锥形内丝的钢套筒将钢筋两端拧紧的连接方法。这种方法适用于直径为 16 ～ 40mm 的各种钢筋的竖向、水平或任何倾角的连接，所连接钢筋的直径之差不宜大于 9mm。该方法具有接头可靠、工艺简单、不用电源、全天候施工、对中性好、施工速度快等优点。

钢筋锥螺纹的加工是在钢筋套丝机上进行，可在施工现场或预制加工厂进行预制。为保证丝扣精度，对已加工的丝扣端要用牙形规与卡规逐个进行自检，要求钢筋丝扣的牙形必须与牙形规吻合，小端直径不超过卡规的允许误差，丝扣完整牙数不得小于规定值，不合格者切掉重新加工。锥螺纹套筒的加工宜在专业工厂进行，以保证产品质量。

钢筋锥螺纹连接预先将套筒拧入钢筋的一端，在施工现场再拧入待接钢筋。连接钢筋前，将钢筋未拧套筒的一端的塑料保护帽拧下来露出丝扣，并将丝扣上的污物清理干净。连接钢筋时，将已拧套筒的钢筋拧到被连接的钢筋上，并用扭力扳手按规定的力矩值拧紧钢筋接头，便完成钢筋的连接。

（2）直螺纹套筒连接

直螺纹套筒连接有两种形式：一种是在钢筋端头先采用对辊滚压，将钢筋端头的纵横肋滚掉，而后采用冷压螺纹（滚丝）工艺加工成钢筋直螺纹端头，套筒采用快速成孔切削成内螺纹钢套筒，简称为滚压直螺纹接头或滚压切削直螺纹接头；另一种是在钢筋端头先采用设备顶、压增径（墩头），而后采用套丝工艺加工成等直径螺纹端头，套筒采用快速成孔切削成内螺纹钢套筒，简称为墩头直螺纹接头或墩粗切削直螺纹接头。这两种方法都能有效地增加钢筋端头母材强度，可等同于钢筋母材强度而设计的直螺纹接头。这种接头形式使结构强度的安全度和地震情况下的延性具有更大的保证，大大地方便了设计与施工，接头施工仅采用普通扳手旋紧即可，对丝扣少旋 1 ～ 2 扣不影响接头强度，省去了锥螺纹力矩扳手检测和疏密质量检测的繁杂程序，可提高施工工效。套筒丝距比锥螺纹套筒丝距少，可节省套筒钢材。此外，尚有设备简单、经济合理等优点，是目前工程应用最广泛的粗钢筋连接方法。

三、钢筋的配料与代换

（一）钢筋配料

钢筋配料是钢筋工程施工的重要一环，应由识图能力强、熟悉钢筋加工工艺的人员完成。钢筋加工前应根据设计图纸和会审记录按不同构件编制配料单，然后进行备料加工。

1. 钢筋弯曲调整

钢筋下料长度计算是钢筋配料的关键。设计图中注明的钢筋尺寸是钢筋的外轮廓尺寸（从钢筋外皮到外皮量得的尺寸），称为钢筋的外包尺寸。当钢筋加工时，也按外包尺寸进行验收。钢筋弯曲后的特点：在钢筋弯曲处，内皮缩短，外皮延伸，而中心线尺寸不变，故钢筋的下料长度即中心线尺寸。钢筋成型后量度尺寸都是沿直线量外皮尺寸；同时弯曲处又成弧，因此弯曲钢筋的尺寸大于下料尺寸，两者之间的差值称为“弯曲调整值”，即当下料时，下料长度应用量度尺寸减去弯曲调整值。

钢筋弯曲常用形式及调整值计算简图如图 5-11 所示。

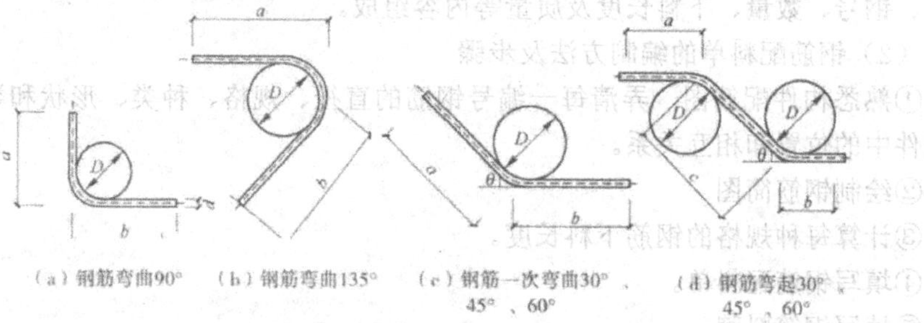

图 5-11　钢筋弯曲常见形式及调整值计算简图

a,b——量度尺寸；l_x——钢筋下料长度

受力钢筋的弯钩和弯弧规定：HPB235 级钢筋末端应做 180° 弯钩，弯弧内直径 D ≥ 2.5d（钢筋直径），弯钩的弯后平直部分长度≥ 3d（钢筋直径）；当设计要求钢筋末端作 135° 弯折时，HRB335 级、HRB400 级钢筋的弯弧内直径 D ≥ 4d（钢筋直径），弯钩弯后的平直部分长度应符合设计要求；钢筋作不大于 90° 的弯折时，弯折处的弯弧内直径 D ≥ 5d（钢筋直径）。

箍筋的弯钩和弯弧规定：除焊接封闭环式箍筋外，箍筋末端应做弯钩，弯钩形式应符合设计要求。当设计无要求时，应符合下面规定：箍筋弯钩的弯弧内直径除应满足上述中的规定外，尚应不小于受力钢筋直径；箍筋弯钩的弯折角度，对一般结构不应小于 90°，对有抗震要求的结构应为 135°；箍筋弯后平直部分的长度，对一般结构不宜小于箍筋直径的 5 倍，对有抗震要求的结构不应小于箍筋直径的 10 倍。

2. 钢筋下料长度计算

直钢筋下料长度 = 构件长度 - 混凝土保护层厚度 + 弯钩增加长度（混凝土保护层厚度按教材规定查用）

弯起钢筋下料长度 = 直段长度 + 斜段长度 - 弯曲调整值 + 弯钩增加长度

箍筋下料长度 = 直段长度 + 弯钩增加长度 - 弯曲调整值（或箍筋下料长度 = 箍筋周长 + 箍筋长度调整值）

曲线钢筋（环形钢筋、螺旋箍筋、抛物线钢筋等）

下料长度计算公式：下料长度 = 钢筋长度计算值 + 弯钩增加长度

3. 钢筋配料单及编制方法

（1）钢筋配料单的作用及形式

钢筋配料单是根据施工设计图纸标定钢筋的品种、规格及外形尺寸、数量进行编号，并计算下料长度，用表格形式表达的技术文件。

①钢筋配料单的作用

钢筋配料单是确定钢筋下料加工的依据，提出材料计划，签发施工任务单和限额领料单的依据，它是钢筋施工的重要工序，合理的配料单，能节约材料、简化施工操作。

②配料单的形式

钢筋配料单一般用表格的形式反映，其内容由构件名称、钢筋编号、钢筋简图、尺寸、钢号、数量、下料长度及质量等内容组成。

（2）钢筋配料单的编制方法及步骤

①熟悉构件配筋图，弄清每一编号钢筋的直径、规格、种类、形状和数量，以及在构件中的位置和相互关系。

②绘制钢筋简图

③计算每种规格的钢筋下料长度。

④填写钢筋配料单。

⑤填写钢筋料牌。

（二）钢筋代换

1. 钢筋代换原则

在施工中，已确认工地不可能供应设计图要求的钢筋品种和规格时，在征得设计单位的同意并办理设计变更文件后，才允许根据库存条件进行钢筋代换。代换前，必须充分了解设计意图、构件特征和代换钢筋性能，严格遵守国家现行设计规范和施工验收规范及有关技术规定。代换后，仍能满足各类极限状态的有关计算要求以及配筋构造规定，例如受力钢筋和箍筋的最小直筋、间距、锚固长度、配筋百分率以及混凝土保护层厚度等。一般情况下，代换钢筋还必须满足截面对称要求。

梁内纵向受力钢筋与弯起钢筋应分别进行代换，以保证正截面与斜截面强度。偏心受压构件或偏心受拉构件（如框架柱、承受吊车荷载的柱、屋架上弦等）钢筋代换时，应按受力方向（受压或受拉）分别代换，不得取整个截面配筋量计算。吊车梁等承受反复荷载作用的构件，必要时，应在钢筋代换后进行疲劳验算。同一截面内配置不同种类和直径的钢筋代换时，每根钢筋拉力差不宜过大（同类型钢筋直径差一般不大于5mm），以免构件受力不匀。钢筋代换应避免出现大材小用，优材劣用，或不符合专料专用等现象。钢筋代换后，其用量不宜大于原设计用量的5%，也不应低于原设计用量的2%。

对抗裂性要求高的构件（如吊车梁、薄腹梁、屋架下弦等），不宜用HPB235级钢筋代换HRB335、HRB400级带肋钢筋，以免裂缝开展过宽。当构件受裂缝宽度控制时，代换后应进行裂缝宽度验算。例如，在代换后裂缝宽度有一定增大（但不超过允许的最大裂缝宽度），还应对构件作挠度验算。

进行钢筋代换的效果，除应考虑代换后仍能满足结构各项技术性能要求之外，同时还要保证用料的经济性和加工操作的方便。

2. 钢筋代换方法

（1）等强度代换

当结构构件按强度控制时，可按强度相等的原则代换，称“等强度代换”。即代换前后钢筋的“钢筋抗力”不小于施工图纸上原设计配筋的钢筋抗力。

$$A_{s2}f_{y2}..A_{sL}f_{y1} \quad (5\text{-}1)$$

将圆面积公式 $A_s=\frac{\pi d^2}{4}$ 代入式（5-1），有

$$n_2 d_2^2 f_{y1}..n_1 d_v^2 f_{y1} \quad (5\text{-}2)$$

当原设计钢筋与拟代换的钢筋直径相同时（即 $d_1=d_2$），有

$$n_2 f_{y1}..n_1 f_{y1} \quad (5\text{-}3)$$

当原设计钢筋与拟代换的钢筋级别相同时（即 $f_{y1}=f_{y2}$），有

$$n_2 d_2^2..n_1 d_1^2 \quad (5\text{-}4)$$

公式中：f_{y1},f_{y2}——原设计钢筋和拟代换用钢筋的抗拉强度设计值，N/mm²；

A_{s1},A_{s2}——原设计钢筋和拟代换钢筋的计算截面面积，mm²；

n_1,n_2——原设计钢筋和拟代换钢筋的根数，根；

d_1,d_2——原设计钢筋和拟代换钢筋的直径，mm；

$A_{sL}f_{y1},A_{s2}f_{y2}$——原设计钢筋和拟代换钢筋的钢筋抗力，N。

（2）等面积代换

当构件按最小配筋率配筋时，可按钢筋面积相等的原则进行代换，称为“等面积代换”。

$$\left.\begin{array}{l} A_{s1}=A_2 \\ n_2 d_2^2..n_1 d_1^2 \end{array}\right\} \quad (5\text{-}5)$$

公式中：A_{s1},n_1,d_1——原设计钢筋的计算截面面积，mm²；根数，根；直径，mm；

A_{s2},n_2,d_2——拟代换钢筋的计算截面面积，mm²；根数，根；直径 mm。

（3）当构件受裂缝宽度或抗裂性要求控制时，代换后应进行裂缝或抗裂性验算代换后，还应满足构造方面的要求（例如钢筋间距、最少直径、最少根数、锚固长度、对称性等）及设计中提出的其他要求。

四、钢筋的绑扎安装与验收

加工完毕的钢筋即可运到施工现场进行安装、绑扎。钢筋绑扎一般采用 20 ～ 22 号钢丝或镀锌钢丝，钢丝过硬时，可经过退火处理。钢筋绑扎时其交叉点主要采用钢丝扎牢。板和墙的钢筋网，除靠近外围两排钢筋的交叉点全部扎牢外，中间部分交叉点可间隔交错扎牢，但必须保证受力钢筋不发生位置偏移。双向受力的钢筋，其交叉点应全部扎牢。梁柱箍筋，除设计有特殊要求外，应与受力钢筋垂直设置，箍筋弯钩

叠合处，应沿受力主筋方向错开设置。柱中竖向钢筋搭接时，角部钢筋的弯钩平面与模板面的夹角，对矩形柱应为45°角，对多边形柱应为模板内角的平分角，对圆形柱钢筋的弯钩平面应与模板的切平面垂直。中间钢筋的弯钩面应与模板面垂直。当采用插入式振捣器浇筑小型截面柱时，弯钩平面与模板面的夹角不得小于15°。

钢筋的安装绑扎应该与模板安装相配合，柱筋的安装一般在柱模板安装前进行。而梁的施工顺序正好相反，一般是先安装好梁模，再安装梁筋，当梁高较大时，可先留下一面侧模不安，待钢筋绑扎完毕，再支余下一面侧模，以方便施工。楼板模板安装好后，即可安装板筋。

为了保证钢筋的保护层厚度，工地上常采用预制的水泥砂浆块垫在模板与钢筋间，垫块的厚度即为保护层厚度。垫块一般布置成梅花形，间距不超过1 m。构件中有双层钢筋时，上层钢筋一般是通过绑扎短筋或设置垫块来固定。对于基础或楼板的双层筋，固定时一般采用钢筋撑脚来保证钢筋位置，间距1 m。特别是雨篷、阳台等部位的悬臂板，更需严格控制负筋位置，以防悬臂板断裂。

绑扎钢筋时，配置的钢筋级别、直径、根数和间距均应符合设计要求；绑扎或焊接的钢筋网和钢筋骨架，不得有变形、松脱和开焊现象。

第二节 模板工程

现浇混凝土结构施工用的模板是使混凝土构件按设计的几何尺寸浇筑成型的模型板，是混凝土构件成型的一个十分重要的组成部分。模板系统包括模板和支架两部分。模板的选材和构造的合理性，以及模板制作和安装的质量，都直接影响混凝土结构和构件的质量、成本和进度。

一、模板的基本要求与分类

（一）模板的基本要求

现浇混凝土结构施工用的模板要承受混凝土结构施工过程中的水平荷载（混凝土的侧压力）和竖向荷载（模板自重、结构材料的质量和施工荷载等）。为了保证钢筋混凝土结构施工的质量，对模板及其支架有如下要求：①保证工程结构和构件各部分形状、尺寸和相互位置的正确。②具有足够的强度、刚度和稳定性，能可靠地承受新浇混凝土的重力和侧压力，以及在施工过程中所产生的荷载。③构造简单，装拆方便，并便于钢筋的绑扎与安装，符合混凝土的浇筑及养护等工艺要求。④模板接缝应严密，不得漏浆。

（二）模板的分类

现浇混凝土结构用模板工程的造价约占钢筋混凝土工程总造价的30%，总用工量的50%。因此，采用先进的模板技术，对于提高工程质量、加快施工速度、提高劳动生产率、降低工程成本和实现文明施工，都具有十分重要的意义。混凝土新工艺的出现，大都伴随模板的革新，随着建设事业的飞速发展，现浇混凝土结构所用模板技术也已迅速向工具化、定型化、多样化、体系化方向发展，除木模外，多已形成组合式、工具式、永久式三大系列工业化模板体系。

模板有以下几种分类方法：

1. 按其所用的材料

分为木模板、钢模板和其他材料模板（胶合板模板、塑料模板、玻璃钢模板、压型钢模、钢木（竹）组合模板、装饰混凝土模板、预应力混凝土薄板等）。

2. 按施工方法

模板分为拆移式模板和活动式模板。拆移式模板由预制配件组成，现场组装，拆模后稍加清理和修理可再周转使用，常用的木模板和组合钢模板以及大型的工具式定型模板，如大模板、台模、隧道模等皆属拆移式模板。活动式模板是指按结构的形状制作成工具式模板，组装后随工程的进展而进行垂直或水平移动，直至工程结束才拆除，如滑升模板、提升模板、移动式模板等。

现浇混凝土结构中采用高强、耐用、定型化、工具化的新型模板，有利于多次周转使用，安拆方便，是提高工程质量、降低成本、加快进度、取得较好的经济效益的重要的施工措施。

二、模板的构造

（一）组合式模板

组合式模板，是指适用性和通用性较强的模板，可用它进行混凝土结构成型，既可按照设计要求先进行预拼装整体安装、整体拆除，也可采取散支散拆的方法，工艺灵活简便。常用的组合式模板有以下几种。

1. 木模板

木模板通常事先由工厂或木工棚加工成拼板或定型板形式的基本构件，再把它们进行拼装形成所需要的模板系统。拼板一般用宽度小于200mm的木板，再用25mm×35mm的拼条钉成，由于使用位置不同，荷载差异较大，拼板的厚度也不一致。作梁侧模使用时，荷载较小，一般采用25mm厚的木板制作；做承受较大荷载的梁底模使用时，拼板厚度加大到40～50mm。拼板的尺寸应与混凝土构件的尺寸相适应，同时考虑拼接时相互搭接的情况，应对一部分拼板增加长度或宽度。对于木模板，设法增加其周转次数是十分重要的。

2. 组合钢模板

组合钢模板系统由两部分组成：一是模板部分，包括平面模板、转角模板及将它们连接成整体模板的连接件；二是支承件，包括梁卡具、柱箍、桁架、支柱、斜撑等。

钢模板由边框、面板和纵横肋组成。边框和面板常采用2.5～3.0mm厚的钢板轧制而成，纵横肋则采用3mm厚扁钢与面板及边框焊接而成。钢模的厚度均为55mm。为便于钢模之间的连接，边框上都有连接孔，且无论长短孔距均保持一致，以便拼接顺利。组合钢模板的规格见表5-1。

表 5-1 组合钢模板规格 mm

规格	平面模板	阴角模板	阳角模板	连角模板
宽度	600，550，500，450，350，300，250，200，150，100	150×150 50×50	150×150 50×50	50×50
长度	1800，1500，1200，900，750，600，450			
肋高	55			

组合钢模板有尺寸适中、组装灵活、加工精度高、接缝严密、尺寸准确、表面平整、强度和刚度好、不易变形等优点，使用寿命长。如果保养良好可周转使用 100 次以上，可以拼出各种形状和尺寸，以适应多种类型建筑物的柱、梁、板、墙、基础和设备基础等模板的需要，它还可拼成大模板、台模等大型工具式模板。但组合钢模板也有一些不足之处：一次投资大，模板需周转使用 50 次才能收回成本。

3. 钢框木（竹）胶合板模板

钢框木（竹）胶合板模板，是以热轧异型钢为钢框架，以木、竹胶合板等作面板，而组合成的一种组合式模板。制作时，面板表面应作一定的防水处理，模板面板与边框的连接构造有明框型和暗框型两种。明框型的框边与面板平齐，暗框型的边框位于面板之下。

钢框木（竹）胶合板模板的规格最长为 2400mm，最宽为 1200mm。因此，它与组合钢模板相比具有以下特点：自重轻（比组合钢模板约轻 1/3）；用钢量少（比组合钢模板约少 1/2）；单块模板面积大（比相同质量的单块组合钢模板可增大 40%），故拼装工作量小，可以减少模板的拼缝，有利于提高混凝土结构浇筑后的表面质量；周转率高，板面为双面覆膜，可以两面使用，使周转次数可达 50 次以上；保温性能好，板面材料的热传导率仅为组合钢模板的 1/400 左右，故有利于冬期施工；模板维修方便，面板损伤后可用修补剂修补；施工效果好，模板刚度大，表面平整光滑附着力小，支拆方便。

4. 无框模板

无框模板主要由面板、纵肋、边肋 3 个主要构件组成。这 3 种构件均为定型构件，可以灵活组合，适用于各种不同平面和高度的建筑物、构筑物模板工程，具有广泛的通用性能。横向围檩，一般可采用 ϕ 48×3.5 钢管和通用扣件在现场进行组装，可组装成精度较高的整装、整拆的片模。施工中模板损坏时，也可在现场更换。

面板有覆膜胶合板、覆膜高强竹胶合板和覆膜复合板 3 种面板。基本面板共有 4 种规格：1200mm×2400mm，900mm×2400mm，600mm×2400mm，150mm×2400mm。基本面板按受力性能带有固定拉杆孔位置，并镶嵌强力 PVC 塑胶加强套。纵肋采用 Q235 热轧钢板在专用设备上一次压制成型，为了提高纵肋的耐用性能和便于清理，表面采用耐腐蚀的酸洗除锈后喷塑工艺，它是无框模板主要受力构件。纵肋的高度有 45mm（承受侧压力为 60 kN/m^2）和 70mm（承受侧压力为 100 kN/m^2）两种，纵肋按建筑物、构筑物不同层高需要，有 2700mm，3000mm，330mm，3600mm，3900mm 五种不同长度。边肋是无框模板组合时的联结构件，用热轧钢板折弯成形，表面采用酸洗除锈喷塑处理。

（二）大模板

大模板一般是一面墙面用一块模板的大型工具式模板，其装拆均需机械化施工，是目前我国高层建筑施工中用得最多的一种模板。大模板建筑具有整体性好、抗震性强、机械化施工程度高等优点，并可在模板上设置不同衬模形成不同的花纹、线形与图案。但也存在着通用性差、钢材用量：较大等缺点。

1. 常用大模板的结构类型

（1）全现浇的大模板建筑

内外墙全用大模板现浇钢筋混凝土墙体。结构整体性好，但外墙模板支设复杂，工期长。

（2）内浇外挂大模板建筑

内墙采用大模板现浇钢筋混凝土墙体，外墙采用预制装配式大型墙板。

（3）内浇外砌大模板建筑

内墙采用大模板现浇钢筋混凝土墙体，外墙为砖或砌块砌体。以上 3 种结构类型的楼板可采用现浇楼板、预制楼板或叠合板。

2. 大模板的构造

大模板是由面板、加劲肋、竖楞、支撑桁架、稳定机构和附件组成（图 5-12）。

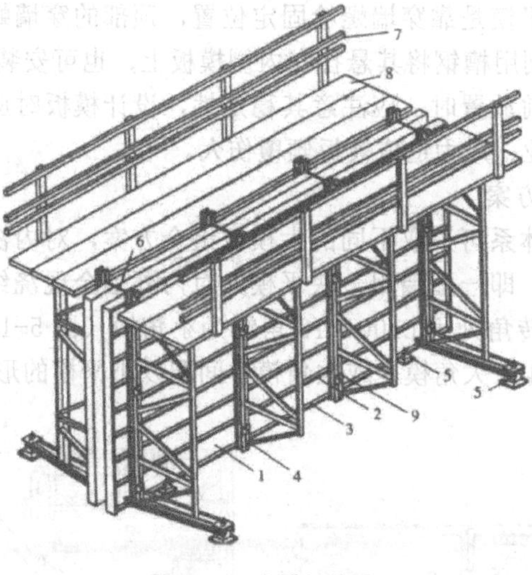

图 5-12　大模板构造

1- 面板；4- 水平加劲肋；5- 支撑桁架；4- 竖肋；5- 调整用的千斤顶螺旋；
6- 卡具；7- 栏杆；8- 脚手板；9- 穿墙螺栓

（1）面板

面板常用钢板或胶合板制成，表面平整光滑，并应有足够的刚度，拆模后墙表面可不再抹灰。胶合板可刻制装饰图案，可以减少后期的装饰工作量。

（2）加劲肋

加劲肋的作用是固定模板，保证模板的刚度并将力传递到竖棱上去，面板若按单向板设计则只有水平（或垂直）加劲肋，若按双向板设计则水平和垂直方向均有加劲肋。加劲肋一般用 L65 角钢或 65 槽钢制作，加劲肋与钢面板焊接固定。加劲肋间距一般为 300 ～ 500mm，计算简图为以竖棱为支点的连续梁。

（3）竖棱

竖棱的作用是保证模板刚度，并作为穿墙螺栓的固定点，承受模板传来的水平力和垂直力，一般用背靠背的 2 根 ϕ 65 或 ϕ 80 的槽钢制作，间距为 1 ～ 1.2 m，其计算简图是以穿墙螺栓为支点的连续梁。

（4）支撑桁架

支撑桁架的作用是承受水平荷载，防止模板倾覆。桁架用螺栓或焊接方法与竖棱连接起来。

（5）稳定机构

稳定机构的作用是调整模板的垂直度，并保证模板的稳定性。一般通过调整桁架底部的螺钉以达到调整模板垂直度的目的。

（6）穿墙螺栓

穿墙螺栓的主要作用是承受竖棱传来的混凝土侧压力并控制模板的间距。为了保证抽拆方便，穿墙螺栓外部套一根硬塑料管，其长度为墙体厚度。

内墙相对的两块平模是靠穿墙螺栓固定位置，顶部的穿墙螺栓可用卡具代替。外墙的外侧模板位置可利用槽钢将其悬挂在内侧模板上，也可安装在附墙脚手架上。

大模板在安装之前放置时，应注意其稳定性，设计模板时应考虑其自稳角度的计算，应避免因高空作业、风力造成模板倾覆伤人。

3. 大模板的组合方案

根据不同的结构体系可采取不同的大模板组合方案，对内浇外挂或内浇外砌结构体系多采用平模方案，即一面墙用一块平模。对内外墙全现浇结构体系可采用小角模方案，即平模为主，转角处用 L100×10 角钢为小角模（图 5-13），亦可采用大角模方案，即内模板采用 4 个大角模，或大角模中间配以小平模的形式（图 5-14）。

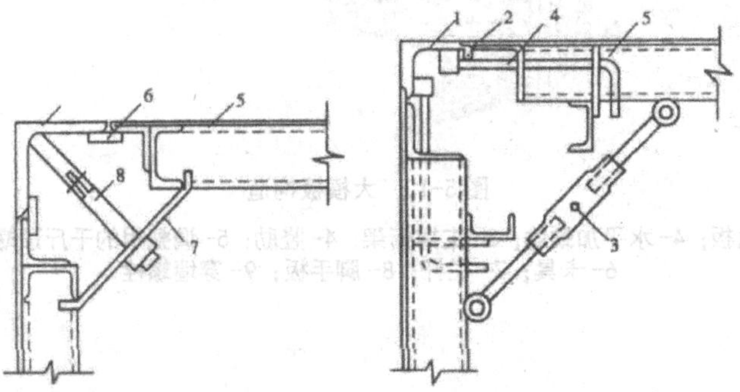

（a）不带合页的小角模　　（b）带合页的小角模

图 5-13　小角模构造示意图

1- 小角模；4- 合页；5- 花篮螺钉；4- 转动铁拐；5- 平模；6- 偏铁；7- 压板；
8- 转动拉杆

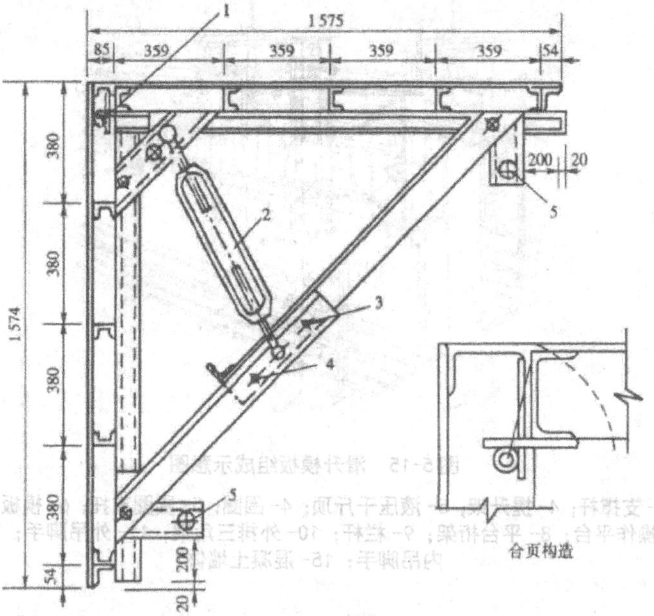

图 5-14　大角模构造示意图（单位：mm）

1- 合页；4- 花篮螺钉；5- 固定销子；4- 活动销子；5- 调整用螺旋千斤顶

（三）滑升模板

滑升模板是一种工具式模板，最适于现场浇筑高耸的圆形、矩形、筒壁结构。如筒仓、储煤塔、竖井等。近年来，滑升模板施工技术有了进一步的发展，不但适用浇筑高耸的变截载面结构，如烟囱、双曲线冷却塔，而且应用于剪力墙、筒体结构等高层建筑的施工。

滑升模板施工的特点，是在建筑物或构筑物底部，沿其墙、柱、梁等构件的周边组装高 1.2m 左右的模板。随着在模板内不断浇筑混凝土和不断向上绑扎钢筋的同时，利用一套提升设备，将模板装置不断向上提升，使混凝土连续成型，直到需要浇筑的高度为止。

用滑升模板可以节约大量的模板和脚手架，节省劳动力，施工速度快，工程费用低，结构整体性好，但模板一次投资多，耗钢量大，对建筑的立面和造型有一定的限制。

滑升模板是由模板系统、操作平台系统和提升机具系统三部分组成。模板系统包括模板、围圈和提升架等，它的作用主要是成型混凝土。操作平台系统包括操作平台、辅助平台和外吊脚手架等，是施工操作的场所。提升机具系统包括支撑杆、千斤顶和提升操纵装置等，是滑升的动力。这三部分通过提升架连成整体，构成整套滑升模板装置，如图 5-15 所示。

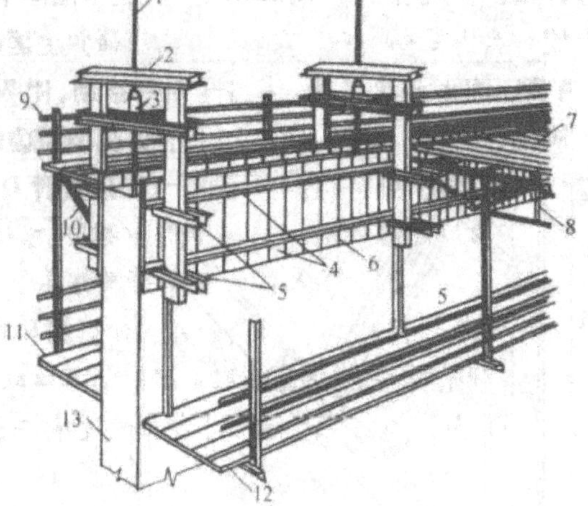

图 5-15 滑升模板组成示意图

1- 支撑杆；4- 提升架；5- 液压千斤顶；4- 围圈；5- 围圈支托；6- 模板；7-操作平台；8- 平台桁架；9- 栏杆；10- 外排三角架；11- 外吊脚手；14-内吊脚手；15- 混凝土墙体

滑升模板装置的全部荷载是通过提升架传递给千斤顶，再由千斤顶传递给支撑杆承受。

千斤顶是使滑升模板装置沿支撑杆向上 HQ-30 型液压千斤顶，其主要由活塞、缸筒、底座、上卡头、下卡头和排油弹簧等部件组成，如图 5-16 所示。它是一种穿心式单作用液压千斤顶，支撑杆从千斤顶的中心通过，千斤顶只能沿支撑杆向上爬升，不能下降。起重质量为 30 kN，工作行程为 30mm。

施工时，用螺栓将千斤顶固定在提升架的横梁上，支撑杆插入千斤顶的中心孔内。由于千斤顶的上、下卡头中分别有 7 个小钢球，在卡内呈环状排列，支撑在 7 个斜孔内的卡头小弹簧上，当支撑杆插入时，即被上、下卡头的钢珠夹紧。当需要提升时，开动油泵，将油液从千斤顶的进油口压入油缸，在活塞与缸盖间加压，这时油液下压活塞，上压缸盖。由于活塞与上卡头是连成一体的，所以当活塞受油压作用被下压时，即上卡头受到下压力的作用，产生下滑趋势，此时卡头内钢球在支撑杆的摩擦力作用下便沿斜孔向上滚动，使 7 个钢球所组成的圆周缩小，从而夹紧支撑杆，使上卡头与支撑杆锁紧，不能向下运动，因此活塞也不能向下运动。与此同时缸盖受到油液上压力的作用，使下卡头受到一向上的力的作用，须向上运动，因而使下卡头内的钢球在支撑杆摩擦力作用下压缩卡头小弹簧，沿斜孔向下滚动，使 7 个钢球所组成的圆周扩大，下卡头与支撑杆松脱，从而缸盖、缸筒、底座和下卡头在油压力作用下向上运动，相应地带动提升架等整个滑升模板装置上升，一直上升到下卡头顶紧时为止，这样千斤顶便上升了一个工作行程。这时排油弹簧呈压缩状态，上卡头锁住支撑杆，承受滑升模板装置的全部荷载。回油时，油液压力被解除，在排油弹簧和模板装置荷载作用下，下卡头又由于小钢球的作用与支撑杆锁紧，并接替并支撑上卡头所承受的荷载，因而缸筒和底座不能下降。上长头则由于排油弹簧的作用使支撑杆松脱，并与活塞一起被推举向上运动，直到活塞与缸盖顶紧为止，与此同时，油缸内的油液便被排回油箱。这时千斤顶便完成一次上升循环。一个工作循环中千斤顶只上升一次，行程约30mm。回油时，千斤顶不上升，也不下降。通过不断地进油重复工作循环，千斤顶也就沿着支撑杆向上爬升，模板被带着不断向上滑升。

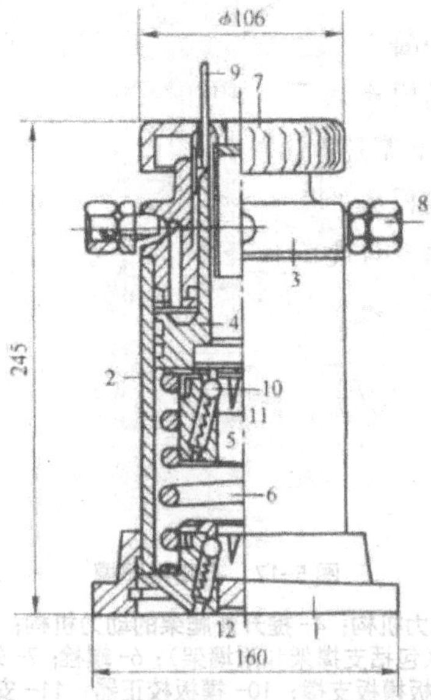

图 5-16　HQ-30 液压千斤顶（单位：mm）

1-底座; 4-缸筒; 5-缸盖; 4-活塞; 5-上卡头; 6-排油弹簧; 7-行程调整帽;
8-油嘴；9-行程指示杆；10-钢球；11-卡头小弹簧；14-下卡头

液压千斤顶的进油、回油是由油泵、油箱、电动机、换向阀、溢流阀等集中安装在一起的液压控制台操纵进行的。液压控制台放在操作平台上，随滑升模板装置一起同时上升。

（四）爬升模板

爬升模板简称爬模，是施工剪力墙和筒体结构的混凝土结构高层建筑和桥墩、桥塔等的一种有效的模板体系，我国已推广应用。由于模板能自爬，不需起重运输机械吊运，减少了施工中的起重运输机械的工作量，能避免大模板受大风的影响。由于自爬的模板上还可悬挂脚手架，所以可省去结构施工阶段的外脚手架，因此其经济效益较好。

爬模分为有爬架爬模和无爬架爬模两类。有爬架爬模由爬升模板、爬架和爬升设备 3 部分组成（图 5-17）。

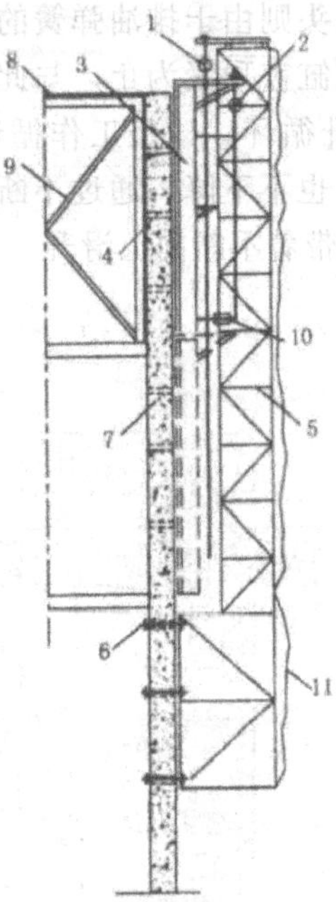

图 5-17　有爬架爬模

1- 提升外模板的动力机构；4- 提升外爬架的动力机构；5- 外爬升模板；4- 预留孔；5- 外爬架（包括支撑架和附墙架）；6- 螺栓；7- 外墙；8- 楼板模板；9- 楼板模板支撑；10- 模板校正器；11- 安全网

爬架是格构式钢架，用来提升外爬模，由下部附墙架和上部支撑架两部分组成，总高度应大于每次爬升高度的 3 倍。附墙架用螺栓固定在下层墙壁上；上部支撑架高度大于两层模板的高度，坐落在附墙架上，与之成为整体。支撑架上端有挑横梁，用以悬吊提升爬升模板用的提升动力机构（如手拉葫芦、千斤顶等），通过提升动力机构提升模板。

模板顶端装有提升外爬架用的提升动力，在模板固定后，通过它提升爬架。由此，爬架与模板相互提升，向上施工。爬升模板的背面还可悬挂外脚手架。

提升动力可为手拉葫芦、电动葫芦或液压千斤顶和电动千斤顶。手拉葫芦简单易行，由人力操纵。例如，用液压千斤顶，则爬架、爬升模板各用一台油泵供油。爬杆用由 25 圆钢，用螺帽和垫板固定在模板或爬架的挑横梁上。

桥墩和桥塔混凝土浇筑用的模板，也可用有爬架的爬模，如桥墩和桥塔为斜向的，则爬架与爬升模板也应斜向布置，进行斜向爬升以适应桥墩与桥塔的倾斜及截面变化的需要。

无爬架爬模取消了爬架，模板由甲、乙两类模板组成。爬升时，两类模板间隔布置、互为依托，通过提升设备使两类相邻模板交替爬升。

甲、乙两类模板中，甲型模板为窄板，高度大于两个提升高度；乙型模板按混凝土浇筑高度配置，与下层墙体应有搭接，以免漏浆。两类模板交替布置，甲型模板布置在转角处，或较长的墙中部。内、外模板用对销螺栓拉结固定。

爬升装置由三角爬架、爬杆和液压千斤顶组成。三角爬架插在模板上口两端的套筒内，套筒与背棱连接，三角爬架可自由回转，用以支撑爬杆。爬杆为4）25 在三角爬架上。每块模板上装有两台液压千斤顶，乙型模板装在模板上口两端，甲型模板安装在模板中间偏上处。

爬升时，先放松穿墙螺栓，并使墙外侧的甲型模板与混凝土脱离。调整乙型模板上三角爬架的角度，装上爬杆，爬杆下端穿入甲型模板中间的液压千斤顶中，然后拆除甲型模板的穿墙螺栓，起动千斤顶将甲型模板爬升至预定高度，待甲型模板爬升结束并固定后，再用甲型模板爬升乙型模板。

三、模板设计

定型模板和常用的模板拼板，在其适用范围内一般不需要进行设计或验算。但对于一些特殊结构、新型体系的模板，或超出适用范围的一般模板则应进行设计和验算。

根据我国规范规定，模板及其支架应根据工程结构形式、荷载大小、地基土类别、施工设备和材料供应等条件进行设计。

模板和支架的设计，包括选型、选材、荷载计算、结构计算、拟定制作、安装和拆除方案、绘制模板图等。

（一）荷载及荷载组合

在设计和验算模板、支架时应考虑下列荷载。

1. 模板及支架自重力

模板及其支架的自重力，可根据模板设计图纸确定。肋形楼板模板及无梁楼板模板的自重力可参考表 5-2 确定。

表 5-2　楼板模板自重力标准值

模板构件	组合钢模板	木模板
平板模板及小棱自重力 / （kN · m-2）	0.5	0.3
楼板模板（包括梁模板）自重力 / （kN · m-2）	0.75	0.5
楼板模板及其支架（楼层高度 4m 以下）自重力 / （kN · m-2）	1.1	0.75

2. 新浇混凝土的自重标准值

普通混凝土可采用 24 kN/m^3，其他混凝土可根据实际重力密度确定。

3. 钢筋自重标准值

根据设计图纸确定。对一般梁板结构每立方米钢筋混凝土结构的钢筋自重标准值可采用下列数值：楼板 1.1 kN；梁 1.5 kN。

4. 施工人员及设备荷载标准值

（1）计算模板及直接支撑模板的小棱时，均布活荷载为 2.5 N/m^2，另应以集中荷载 2.5 kN 进行验算，取两者中较大的弯矩值。

（2）计算支撑小棱的构件时，均布活荷载为 1.5 N/m^2。

（3）计算支架立柱及其他支撑结构构件时，均布活荷载为1.0 N/m^2。对大型浇筑设备如上料平台，混凝土输送泵等按实际情况计算；木模板板条宽度小于150mm时，集中荷载可以考虑由相邻两块板共同承受；如果混凝土堆集料的高度超过100mm时，则按实际高度计算。

5. 振捣混凝土时产生的荷载标准值

水平面模板为2.0 kN/m^2；垂直面模板为4.0 kN/m^2（作用范围在新浇混凝土侧压力的有效压头高度之内）。

6. 新浇筑混凝土对模板侧面的压力标准值

新浇筑混凝土对模板侧压力的影响因素很多，如水泥品种与用量、骨料种类、水灰比、外加剂等混凝土原材料和混凝土的浇筑速度、混凝土的温度、振捣方式等外界施工条件及模板情况、构件厚度、钢筋用量及排放位置等，都是影响混凝土对模板侧压力的因素。其中，混凝土的容重、混凝土的浇筑速度、混凝土的温度以及振捣方式等影响较大，它们是计算新浇筑混凝土对模板侧面的压力控制因素。

（三）计算规定

计算钢模板、木模板及支架时都要遵守相应结构的设计规范。

验算模板及其支架的刚度时，其最大变形值不得超过下列允许值：对结构表面外露的模板，为模板构件计算跨度的1/400；对结构表面隐蔽的模板，为模板构件计算跨度的1/250，对支架的压缩变形值或弹性挠度，为相应的结构计算跨度的1/1000。

支架的立柱或桁架应保持稳定，并用撑拉杆件固定。验算模板及其支架在自重和风荷载作用下的抗倾倒稳定性时，应符合有关规定。

四、模板拆除

在进行模板设计时，就应考虑模板的拆除顺序和拆除时间，以便提高模板的周转率，减少模板用量，降低工程成本。

（一）拆模要求

现浇结构的模板及其支架拆除时的混凝土强度应符合设计要求，当设计无具体要求时应符合下列规定：一是侧模应在混凝土强度所保证其表面及棱角不因拆除模版而受损坏时，方可拆除。二是底模应在与结构同条件养护的试块达到规定强度时，方可拆除。

（二）拆模顺序

拆模应按一定的顺序进行，一般应遵循先支后拆、后支先拆、先非承重部位后承重部位以及自上而下的原则。重大复杂模板的拆除，事前应制订拆除方案。

（三）拆模时注意事项

拆模时，操作人员应站在安全处，以免发生安全事故。拆模时应尽量不要用力过猛过急，严禁用大锤和撬棍硬砸硬撬，以避免混凝土表面或模板受到损坏。

拆下的模板及配件，严禁抛扔，要有人接应传递、按指定地点堆放，并做到及时维修和涂好隔离剂，以备待用。

在拆除模板过程中，当发现混凝土有影响结构安全的质量问题时，应暂停拆除，经过处理后，方可继续拆除。对已拆除模板及其支撑的结构，应在混凝土强度达到设计混凝土强度等级的要求后，才允许承受全部使用荷载。

拆模后如发现有缺陷，应及时修补，对数量不多的小蜂窝或露石的结构，可先用钢丝刷或压力水清洗，然后用1 ：2～1 ：2.5的水泥砂浆抹平。对蜂窝和露筋，应凿去全部深度内的薄弱混凝土层和个别突出的骨料，用钢丝刷和压力水冲洗后，用比原强度等级高一级的细骨料混凝土填塞，并仔细捣实。对影响结构承重性能的缺陷，要会同有关单位研究后慎重处理。

第三节　混凝土工程

一、混凝土的制备

（一）混凝土配制强度的确定

为达到95%的保证率，首先应根据设计的混凝土强度标准值按下式确定混凝土配制强度：

$$f_{cu,o}=f_{cu,k}+1.645\sigma \qquad (5\text{-}6)$$

公式中：$f_{cu,o}$——混凝土的施工配制强度，MPa；

$f_{cu,k}$——设计的混凝土强度标准值，MPa；

σ——施工单位的混凝土强度标准差，MPa。

当施工单位具有近期的同一品种混凝土强度资料时，其混凝土强度标准差应按下式计算：

$$\sigma=\sqrt{\frac{\sum_{i=1}^{M}f_{cu,i}^{2}-N\mu_{fcu}^{2}}{N-1}} \qquad (5\text{-}7)$$

公式中：$f_{cu,i}$——统计周期内同一品种混凝土第N组试件的强度值，MPa；

μ_{fcu}——统计周期内同一品种混凝土N组强度的平均值，MPa；

N——统计周期内同一品种混凝土试件的总组数，$N\geqslant 25$。

对预拌混凝土厂和预拌混凝土构件厂，统计周期可取1个月；对现场拌制混凝土的施工单位，统计周期可根据实际情况确定，但不宜超过3个月。

当施工单位不具有近期的同一品种混凝土强度资料时，其混凝土强度标准差σ可按表5-3取用。

表 5-3 σ 值选用表

混凝土强度等级	≤ C15	C20 ～ C35	≥ C40
σ /MPa	4.0	5.0	6.0

（二）混凝土施工配合比

混凝土的施工配合比是指在施工现场的实际投料比例，是根据实验室提供的纯料（不含水）配合比及考虑现场砂石的含水率而确定的。

假设实验室配合比为水泥：砂：石子 =1 ：x ：y ；水灰比为 W/C 。现测得砂含水率为 W_x ，石子含水率为 W_y ，则施工配合比为

水泥：砂：石子 $= 1 : x\left(1+W_x\right) : y\left(1+W_y\right)$

水灰比 W/C 不变，但用水量应扣除砂石中所含水的质量。

（三）混凝土搅拌机选择

1. 搅拌机的选择

混凝土搅拌是将各种组成材料拌制成质地均匀、颜色一致、具备一定流动性的混凝土拌和物。如果混凝土搅拌得不均匀就不能获得密实的混凝土，就会影响混凝土的质量，因此搅拌是混凝土施工工艺中很重要的一道工序。由于人工搅拌混凝土质量差，消耗水泥多，而且劳动强度大，所以只有在工程量很小时才用人工搅拌，一般均采用机械搅拌。

混凝土搅拌机按其搅拌原理分为自落式和强制式两类（图 5-18）。

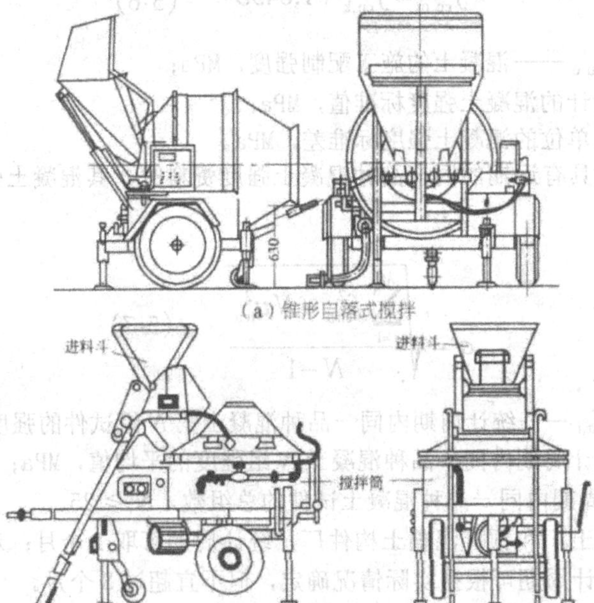

图 5-18 混凝土搅拌机

自落式搅拌机的搅拌筒内壁焊有弧形叶片，在搅拌筒绕水平轴旋转时，叶片不断将物料提升到一定高度，利用重力的作用自由落下。由于各物料颗粒下落的时间、速度、落点和；动距离不同，从而使物料颗粒达到混合的目的。自落式搅拌机宜于搅拌塑性混凝土和低流动性混凝土。

锥形反转出料搅拌机是自落式搅拌机中较好的一种，由于它的主副叶片分别与拌筒轴线成45°和40°夹角，故搅拌时叶片使物料做轴向窜动，因此搅拌运动比较强烈。它正转搅拌，反转出料，功率消耗大。这种搅拌机构造简单，质量轻，搅拌效率高，出料干净，维修保养方便。

强制式搅拌机利用运动着的叶片强迫物料颗粒朝环向、径向和竖向各个方面产生运动，使各物料均匀混合。强制式搅拌机作用比自落式强烈，宜于搅拌干硬性混凝土和轻骨料混凝土。

强制式搅拌机分立轴式和卧轴式，立轴式又分涡桨式和行星式。1965年，我国研制出构造简单的JW涡桨式搅拌机，尽管这种搅拌机生产的混凝土质量、搅拌时间、搅拌效率等明显优于鼓筒型搅拌机，但也存在一些缺点，例如动力消耗大、叶片和衬板磨损大、混凝土骨料尺寸大，易把叶片卡住而损坏机器等。卧轴式又分JD单卧轴搅拌机和JS双卧轴搅拌机，由旋转的搅拌叶片强制搅动，兼有自落和强制搅拌两种机能，搅拌强烈，搅拌的混凝土质量好，搅拌时间短，生产效率高。卧轴式搅拌机在我国是1980年才出现的，但发展很快，已形成了系列产品，并会有一些新结构出现。

选择搅拌机时，要根据工程量大小、混凝土的坍落度、骨料尺寸等而定，既要满足技术上的要求，亦要考虑经济效果和节约能源。

2. 搅拌制度的确定

为了获得质量优良的混凝土拌和物，除正确选择搅拌机外，还必须正确确定搅拌制度，即搅拌时间、投料顺序等。

（1）搅拌时间

搅拌时间是影响混凝土质量及搅拌机生产率的重要因素之一，时间过短，搅拌不均匀，会降低混凝土的强度及和易性；时间过长，不仅会影响搅拌机的生产率，而且会使混凝土和易性降低或产生分层离析现象。搅拌时间与搅拌机的类型、鼓筒尺寸、骨料的品种和粒径以及混凝土的坍落度等有关，混凝土搅拌最短时间（自全部材料装入搅拌筒中起到卸料止）见表5-4。

表5-4　混凝土搅拌的最短时间

混凝土坍落度 /mm	搅拌机机型	搅拌机出料容量		
		＜250L	250～500L	＞500L
≤30	自落式	90s	120s	150s
	强制式	60s	90s	120s
＞30	自落式	90s	90s	120s
	强制式	60s	60s	90s

（2）投料顺序

投料顺序应从提高搅拌质量，减少叶片、衬板的磨损，减少拌和物与搅拌筒的黏结，

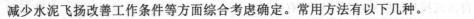

减少水泥飞扬改善工作条件等方面综合考虑确定。常用方法有以下几种。

①一次投料法

在上料斗中先装石子，再加水泥和砂，之后一次投入搅拌机，在鼓筒内先加水或在料斗提升进料的同时加水。这种上料顺序使水泥夹在石子和砂中间，上料时不致飞扬，又不致黏住斗底，且水泥和砂先进入搅拌筒形成水泥砂浆，可缩短包裹石子的时间。

②二次投料法

二次投料法又分为预拌水泥砂浆法和预拌水泥净浆法。预拌水泥砂浆法是先将水泥、砂和水加入搅拌筒内进行充分搅拌，成为均匀的水泥砂浆，再投入石子搅拌成均匀的混凝土。二次投料法搅拌的混凝土与一次投料法相比较，混凝土强度提高约15%，在强度相同的情况下，可节约水泥 15% ～ 20%。

③水泥裹砂法

水泥裹砂法又称为SEC法。采用这种方法拌制的混凝土称为SEC混凝土，也称作造壳混凝土。其搅拌程序是先加一定量的水，将砂表面的含水量调节到某一规定的数值后，再将石子加入与湿砂拌匀，然后将全部水泥投入，与润湿后的砂、石拌和，使水泥在砂、石表面形成一层低水灰比的水泥浆壳（此过程称为“成壳”），最后将剩余的水和外加剂加入，搅拌成混凝土。采用SEC法制备的混凝土与一次投料法相比，强度可提高20% ～ 30%，且混凝土不易产生离析现象，泌水少，工作性能好。

（三）混凝土搅拌站

混凝土拌和物在搅拌站集中拌制，可以做到自动上料、自动称量、自动出料和集中操作控制，机械化、自动化程度大大提高，劳动强度大大降低，使混凝土质量得到改善，可以取得较好的技术经济效果。施工现场可根据工程任务大小、现场的具体条件、机具设备的情况，因地制宜的选用，例如采用移动式混凝土搅拌站等。

为了适应我国基本建设事业飞速发展的需要，一些大城市已开始建立混凝土集中搅拌站，目前的供应半径为 15 ～ 20 km。搅拌站的机械化及自动化水平一般较高，用自卸汽车直接供应搅拌好的混凝土，然后直接浇筑入模。这种供应“商品混凝土”的生产方式，在改进混凝土的供应，提高混凝土的质量以及节约水泥、骨料等方面有很多优点。

（四）搅拌制度确定

为了获得质量优良的混凝土拌和物，除正确选择搅拌机外，还必须正确确定搅拌制度，即搅拌时间、投料顺序和进料容量等。

1. 搅拌时间

搅拌时间是指从原材料全部投入搅拌筒时起，到开始卸料时为止所经历的时间。它与搅拌质量密切相关。它随搅拌机类型和混凝土的和易性的不同而变化。在一定范围内随搅拌时间的延长而强度有所提高，但过长时间的搅拌既不经济也不合理。因为搅拌时间过长，不坚硬的粗骨料在大容量搅拌机中会因脱角、破碎等而影响混凝土的质量。加气混凝土也会因搅拌时间过长而使含气量下降。为了保证混凝土的质量，应控制混凝土搅拌的最短时间。该最短时间是按一般常用搅拌机回转速度确定的，不允许用超过混凝土搅拌机规定的回转速度进行搅拌以缩短搅拌延续时间。

2. 投料顺序

投料顺序应从提高搅拌质量、减少叶片和衬板的磨损、减少拌和物与搅拌筒的黏结、减少水泥飞扬、改善工作环境等方面综合考虑确定。常用的有一次投料法和两次投料法：一次投料法是在上料斗中先装石子，再加水泥和砂，然后一次投入搅拌机。对自落式搅拌机要在搅拌筒内先加部分水，投料时石子盖住水泥，水泥不致飞扬，且水泥和砂先进入搅拌筒形成水泥砂浆，可缩短包裹石子的时间。对立轴强制式搅拌机，因出料口在下部，不能先加水，应在投入原料的同时，缓慢均匀分散地加水。

3. 进料容量

进料容量是将搅拌前各种材料的体积累积起来的容量，又称干料容量。进料容量 V_j 与搅拌机搅拌筒的几何容量 V_g 有一定的比例关系，一般情况下，V_j / V_B=0.22 ～ 0.40。如果任意超载（进料容量超过 10% 以上），就会使材料在搅拌筒内无充分的空间进行掺和，影响混凝土拌和物的均匀性。反之，如装料过少，则又不能充分发挥搅拌机的效能。

对拌制好的混凝土，应经常检查其均匀性与和易性，如有异常情况，应检查其配合比和搅拌情况，及时加以纠正。

预拌（商品）混凝土能保证混凝土的质域，节约材料，减少施工临时用地，实现文明施工，是今后的发展方向。国内一些大中城市已推广应用，不少城市已有相当的规模，有的城市已规定在一定范围内必须采用商品混凝土，不可以现场拌制。

二、混凝土的浇筑

（一）浇筑前的准备工作

混凝土浇筑前应做好必要的准备工作，对模板及其支架、钢筋、预埋件和预埋管线必须进行检查，并做好隐蔽工程的验收，符合设计要求后方能浇筑混凝土。

在地基或基土上浇筑混凝土时，应清除淤泥和杂物，并应有排水和防水措施。对干燥的非黏性土，应用水湿润；对未风化的岩石，应用水清洗，但其表面不得有积水。

在浇筑混凝土之前，将模板内的杂物和钢筋上的油污等应清理干净；对模板的缝隙及孔洞立即堵严；对木模板应浇水湿润，但不得有积水。

（二）浇筑混凝土的一般规定

混凝土自高处自由倾落的高度不应超过 2 m，当浇筑竖向结构混凝土时，倾落高度不应超过 3 m，否则应采用串筒、溜管、斜槽或振动溜管等下料，以防粗集料下落动能大，积聚在结构底部，造成混凝土分层离析。

当降雨雪时，不宜露天浇筑混凝土，当需浇筑时，应采取有效措施，以确保混凝土质量。混凝土必须分层浇筑，浇筑层的厚度应符合表 5-5 的要求。

表 5-5 混凝土浇筑层厚度

<table>
<tr><th colspan="2">捣实混凝土的方法</th><th>浇筑层的厚度</th></tr>
<tr><td colspan="2">插入式振捣</td><td>振捣器作用部分长度的 1.25 倍</td></tr>
<tr><td colspan="2">表面振捣</td><td>200</td></tr>
<tr><td rowspan="3">人工捣固</td><td>在基础、无筋混凝土或配筋稀疏的结构中</td><td>250</td></tr>
<tr><td>在梁、墙板、柱结构中</td><td>200</td></tr>
<tr><td>在配筋密列的结构中</td><td>150</td></tr>
<tr><td rowspan="2">轻集料混凝土</td><td>插入式振捣</td><td>300</td></tr>
<tr><td>表面振动（振动时需加荷）</td><td>200</td></tr>
</table>

浇筑混凝土应连续进行，当必须间歇时，其间歇时间宜短，应在前层混凝土凝结之前将次层混凝土浇筑完毕。

施工缝的位置应在混凝土浇筑之前确定，并宜留置在结构受剪力较小且便于施工的部位。施工缝的留置位置应符合下列规定：①柱宜留置在基础的顶面、梁或吊车梁牛腿的下面、吊车梁的上面、无梁楼板柱帽的下面。②与板连成整体的大截面梁，留置在板底面以下 20 ～ 30mm 处。当板下有梁托时，留置在梁托下部。③单向板，留置在平行于短边的任何位置。④有主次梁的楼板宜顺着次梁方向浇筑，施工缝应留置在次梁跨度中间 1/3 范围内。

（三）多层框架剪力墙结构的浇筑

1. 柱子的浇筑

同一施工段内每排柱子应由外向内对称地顺序浇筑，不要由一端向另一端顺序推进，以防止柱子模板受推向一侧倾斜，造成误差积累过大而难以纠正。为防止柱子根部出现蜂窝麻面，柱子底部应先浇筑一层厚 50 ～ 100mm 与所浇筑混凝土内砂浆成分相同的水泥砂浆或水泥浆，然后再浇入混凝土。并应加强根部振捣，可使新旧混凝土紧密结合，应控制住每次投入模板内的混凝土数量，以保证不超过规定的每层浇筑厚度。如柱子和梁分两次浇筑，在柱子顶端留施工缝。当处理施工缝时，应将柱顶处厚度较大的浮浆层处理掉。如柱子和梁一次浇筑完毕，不留施工缝，那么在柱子浇注完毕后应间隔 1 ～ 1.5 h，待混凝土沉实后，再继续浇筑上面的梁板结构。

2. 剪力墙

框架结构中的剪力墙亦应分层浇筑，其根部浇筑方法与柱子相同。当浇筑到顶部时因浮浆积聚太多，应适当减少混凝土配合比中的用水量。对有窗口的剪力墙应在窗口两侧对称下料，以防压斜窗口模板，对墙口下部的混凝土应加强振捣，以防出现孔洞。墙体浇筑后间歇 1 ～ 1.5 h 后待混凝土沉实，方可浇筑上部梁板结构。

梁和板宜同时浇筑，当梁高度大于 1 m 时方将梁单独浇筑。

当采用预制楼板，硬架支模时，应加强梁部混凝土的振捣和下料，严防出现孔洞。并加强楼板的支撑系统，以确保模板体系的稳定性。在有叠合构件时，对现浇的叠合部位应随时用铁插尺检查混凝土厚度。

当梁柱混凝土标号不同时，应先用与柱同标号的混凝土浇筑柱子与梁相交的结点处，用铁丝网将结点与梁端隔开，在混凝土凝结前，及时浇筑梁的混凝土，不要在梁的根部留施工缝。

（四）大体积混凝土结构浇筑

大体积混凝土工程在水利工程中比较多见，在工业与民用建筑中多为设备基础、桩基承台或基础底板等，其整体性要求高，施工中往往不允许留施工缝。

大体积混凝土基础的整体性要求高，一般要求混凝土连续浇筑，一气呵成。施工工艺上应做到分层浇筑、分层捣实，但又必须保证上下层混凝土在初凝之前结合好，不致形成施工缝。在特殊的情况下可以留有基础后浇带，即在大体积混凝土基础中预留有一条后浇的施工缝，将整块大体积混凝土分成两块或若干块浇筑，待所浇筑的混凝土经一段时间的养护干缩后，再在预留的后浇带中浇筑补偿收缩混凝土，使分块的混凝土连成一个整体。

大体积混凝土结构的浇筑方案可分为全面分层、分段分层与斜面分层 3 种。全面分层法要求混凝土的浇筑速度较快，分段分层法次之，斜面分层法最慢。

浇筑方案应根据整体性要求、结构大小、钢筋疏密、混凝土供应等具体情况进行选用。

1. 全面分层

在整个基础内全面分层浇筑混凝土，要做到第一层全面浇筑完毕回来浇筑第二层时，第一层浇筑的混凝土还未初凝，如此逐层进行，直至浇筑完毕。这种方案适用于结构的平面尺寸不太大，施工时从短边开始，沿长边进行较适宜。必要时亦可分为两段，从中间向两端或从两端向中间同时进行。

2. 分段分层

分段分层适宜于厚度不太大而面积或长度较大的结构，混凝土从底层开始浇筑，进行一定距离后回来浇筑第二层，如此依次向前浇筑以上各分层。

3. 斜面分层

斜面分层适用于结构的长度超过厚度的 3 倍。振捣工作应从浇筑层的下端开始，逐渐上移，以保证混凝土施工质量。

分层的厚度决定于振动器的棒长和振动力的大小，也要考虑混凝土的供应量大小和可能浇筑量的多少，一般为 20 ～ 30 cm。

大体积混凝土浇筑的关键问题是水泥的水化热量大，积聚在内部造成内部温度升高，而结构表面散热较快，由于内外温差大，所以在混凝土表面产生裂纹。还有一种裂纹是当混凝土内部散热后，体积收缩，由于基底或前期浇筑的混凝土与其不能同步收缩，而造成对上部混凝土的约束，接触面处会产生很大的拉应力，当超过混凝土的极限拉应力时，混凝土结构会产生裂缝。该种裂缝严重者会贯穿整个混凝土截面。

要防止大体积混凝土浇筑后产生裂缝，就要尽量避免水泥水化热的积聚，使混凝土内外温差不超过25℃。为此，首先应选用低水化热的矿渣水泥、火山灰水泥或粉煤灰水泥；掺入适量的粉煤灰以降低水泥用量；扩大浇筑面和散热面，降低浇筑速度或减小浇筑厚度。必要时采取人工降温措施，如采用风冷却，或向搅拌用水中投冰块以降低水温，但不得将冰块直接投入搅拌机。实在不行，可在混凝土内部埋设冷却水管，用循环水来降低混凝土温度。在炎热的夏季，混凝土浇筑时的温度不宜超过28℃。最好选择在夜间气温较低时浇筑，必要时，经过计算并征得设计单位同意可留施工缝而分层浇筑。

第四节 砌体工程

砌筑工程是指在建筑工程中使用普通黏土砖、承重黏土空心砖、蒸压灰砂砖、粉煤灰砖、各种中小型砌块和石材等材料进行砌筑的工程。砖砌体的砌筑方法有“三一”砌砖法、挤浆法、刮浆法和满口灰法。其中，“三一”砌砖法与挤浆法最为常用。

一、砌体的一般要求

砌体可分为：①砖砌体，主要有墙和柱；②砌块砌体，多用于定型设计的民用房屋及工业厂房的墙体；③石材砌体，多用于带形基础、挡土墙及某些墙体结构；④配筋砌体，在砌体水平灰缝中配置钢筋网片或在砌体外部的预留槽沟内设置竖向粗钢筋的组合砌体。

砌体除应采用符合质量要求的原材料外，还必须有良好的砌筑质量，以使砌体有良好的整体性、稳定性和良好的受力性能，一般要求灰缝横平竖直，砂浆饱满，厚薄均匀，砌块应上下错缝，内外搭砌，接槎牢固，墙面垂直；要预防不均匀沉降引起开裂；要注意施工中墙、柱的稳定性；冬期施工时还要采取相应措施。

二、毛石基础与砖基础砌筑

（一）毛石基础

1. 毛石基础构造

毛石基础是用毛石与水泥砂浆或水泥混合砂浆砌成。所用毛石应质地坚硬、无裂纹、强度等级一般为MU20以上，砂浆宜用水泥砂浆，强度等级应不低于M5。

毛石基础可作为墙下条形基础或柱下独立基础。按其断面形状有矩形、阶梯形和梯形等。基础顶面宽度比墙基底面宽度要大200mm以上；基础底面宽度依设计计算而定。梯形基础坡角应大于60°。阶梯形基础每阶高不小于300mm，每阶挑出宽度不大于200mm（图5-19）。

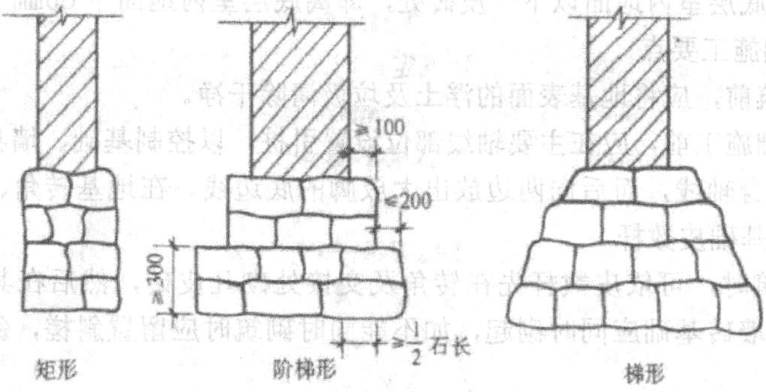

图 5-19　毛石基础（单位：mm）

2. 毛石基础施工要点

（1）基础砌筑前，应先行验槽并将表面的浮土和垃圾清除干净。

（2）放出基础轴线及边线，其允许偏差应符合规范规定。

（3）毛石基础砌筑时，第一毛石块应坐浆，并大面向下；料石基础的第一毛石块应丁砌并坐浆。砌体应分皮卧砌，上下错缝，内外搭砌，不得采用先砌外面石块后中间填心的砌筑方法。

（4）石砌体的灰缝厚度：毛料石和粗料石砌体不宜大于 20mm，细料石砌体不宜大于 5mm。石块间较大的孔隙应先填塞砂浆后用碎石嵌实，不得采用先放碎石块后灌浆或干填碎石块的方法。

（5）为增加整体性和稳定性，应按规定设置拉结石。

（6）毛石基础的最上一皮及转角处、交接处和洞口处，应选用较大的平毛石砌筑。有高低台的毛石基础，应从低处砌起，并由高台向低台搭接，搭接长度不小于基础高度。

（7）阶梯形毛石基础，上阶的石块应至少压砌下阶石块的 1/2，相邻阶梯毛石应相互错缝搭接。

（8）毛石基础的转角处和交接处应同时砌筑。若不能同时砌筑又必须留槎时，应砌成斜槎。基础每天可砌高度应不超过 1.2m。

（二）砖基础

1. 砖基础构造

砖基础下部通常扩大，称为大放脚。大放脚有等高式和不等高式两种。等高式大放脚是两皮一收，即每砌两皮砖，两边各收进 1/4 砖长；不等高式大放脚是两皮一收与一皮一收相间隔，即砌两皮砖，收进 1/4 砖长，再砌一皮砖，收进 1/4 砖长，如此往复。在相同底宽的情况下，后者可减小基础高度，但为保证基础的强度，底层需用两皮一收砌筑。大放脚的底宽应根据计算而定，各层大放脚的宽度应为半砖长的整倍数（包括灰缝）。

在大放脚下面为基础地基，地基一般用灰土、碎砖三合土或混凝土等。在墙基顶面应设防潮层，防潮层宜用 1 ∶ 2.5 水泥砂浆加适量的防水剂铺设，其厚度一般为

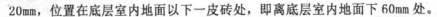

20mm，位置在底层室内地面以下一皮砖处，即离底层室内地面下 60mm 处。

2. 砖基础施工要点

（1）砌筑前，应将地基表面的浮土及垃圾清除干净。

（2）基础施工前，应在主要轴线部位设置引桩，以控制基础、墙身的轴线位置，并从中引出墙身轴线，而后向两边放出大放脚的底边线。在地基转角、交接及高低踏步处预先立好基础皮数杆。

（3）砌筑时，可依皮数杆先在转角及交接处砌几皮砖，然后在其间拉准线砌中间部分。内外墙砖基础应同时砌起，如不能同时砌筑时应留置斜槎，斜槎长度不应小于斜槎高度。

（4）基础底标高不同时，应从低处砌起，由高处向低处搭接。如设计无要求，搭接长度不应小于大放脚的高度。

（5）大放脚部分一般采用一顺一丁砌筑形式。水平灰缝及竖向灰缝的宽度应控制在 10mm 左右，水平灰缝的砂浆饱满度不得小于 80%，竖缝要错开。要注意“丁”字及“十”字接头处砖块的搭接，在这些交接处，纵横墙要隔皮砌通。大放脚的最下一皮及每层的最上一皮应以丁砌为主。

（6）基础砌完验收合格后，应及时回填。回填土要在基础两侧同时进行，并分层夯实。

三、砖墙砌筑

（一）砌筑形式

普通砖墙的砌筑形式主要有5种：一顺一丁、三顺一丁、梅花丁、两平一侧和全顺式。

1. 一顺一丁

一顺一丁是一皮全部顺砖与一皮全部丁砖间隔砌成。上下皮竖缝相互错开 1/4 砖长。这种砌法效率较高，适用于砌一砖、一砖半及二砖墙。

2. 三顺一丁

三顺一丁是三皮全部顺砖与一皮全部丁砖间隔砌成。上下皮顺砖间竖缝错开 1/2 砖长；上下皮顺砖与丁砖间竖缝错开 1/4 砖长。这种砌法因顺砖较多效率较高，适用于砌一砖、一砖半墙。

3. 梅花丁

梅花丁是每皮中丁砖与顺砖相隔，上皮丁砖坐中于下皮顺砖，上下皮间竖缝相互错开 1/4 砖长。这种砌法内外竖缝每皮都能避开，故整体性较好，灰缝整齐，比较美观，但砌筑效率较低。适用于砌一砖及一砖半墙。

4. 两平一侧

两平一侧采用两皮平砌砖与一皮侧砌的顺砖相隔砌成。当墙厚为 3/4 砖时，平砌砖均为顺砖，上下皮平砌顺砖间竖缝相互错开 1/2 砖长；上下皮平砌顺砖与侧砌顺砖间竖缝相互 1/2 砖长。当墙厚为 5/4 砖长时，上下皮平砌顺砖与侧砌顺砖间竖缝相互错开 1/2 砖长；上下皮平砌丁砖与侧砌顺砖间竖缝相互错开 1/4 砖长。该种形式适合于砌筑 3/4 砖墙及 5/4 砖墙。

5. 全顺式

全顺式是各皮砖均为顺砖，上下皮竖缝相互错开 1/2 砖长。这种形式仅适用于砌半砖墙。

为了使砖墙的转角处各皮间竖缝相互错开，必须在外角处砌七分头砖（3/4 砖长）。当采用一顺一丁组砌时，七分头的顺面方向依次砌顺砖，丁面方向依次砌丁砖。

砖墙的“丁”字接头处，应分皮相互砌通，内角相交处竖缝应错开 1/4 砖长，并在横墙端头处加砌七分头砖。砖墙的“十”字接头处，应分皮相互砌通，交角处的竖缝应相互错开 1/4 砖长。

（二）砌筑工艺

砖墙的砌筑一般有抄平、放线、摆砖、立皮数杆、盘角、挂线、砌筑、勾缝、清理等工序。

1. 抄平、放线

砌墙前先在基础防潮层或楼面上定出各层标高，并用水泥砂浆或 C10 细石混凝土找平，然后根据龙门板上标志的轴线弹出墙身轴线、边线以及门窗洞口位置。二楼以上墙的轴线可以用经纬仪或垂球将轴线引测上去。

2. 摆砖

摆砖，又称摆脚，是指在放线的基面上按选定的组砌方式用干砖试摆，目的是为了校对所放出的墨线在门窗洞口、附墙垛等处是否符合砖的模数，以尽可能减少砍砖，并使砌体灰缝均匀，组砌得当。一般在房屋外纵墙方向摆顺砖，在山墙方向摆丁砖，摆砖由一个大角摆到另一个大角，砖与砖留 10mm 缝隙。

3. 立皮数杆

皮数杆是指在其上划有每皮砖和灰缝厚度，以及门窗洞口、过梁、楼板等高度位置的一种木制标杆。砌筑时用来控制墙体竖向尺寸及各部位构件的竖向标高，并保证灰缝厚度的均匀性。

皮数杆一般设置在房屋的四大角以及纵横墙的交接处，若墙面过长时，应每隔 10～15 m 立一根。皮数杆需用水平仪统一竖立，使皮数杆上的 ±0.00 与建筑物的 ±0.00 相吻合，以后就可以向上接皮数杆。

4. 盘角、挂线

墙角是控制墙面横平竖直的主要依据，因此，一般砌筑时应先砌墙角，墙角砖层高度必须与皮数杆相符合，做到“三皮一吊，五皮一靠”。墙角必须双向垂直。墙角砌好后，即可挂小线，作为砌筑中间墙体的依据，以保证墙面平整，一般一砖墙、一砖半墙可用单面挂线，一砖半墙以上则应用双面挂线。

5. 砌筑、勾缝

砌筑操作方法各地不一，但应保证砌筑质虽要求。通常采用“三一”砌砖法，即一块砖、一铲灰、一揉压，并随手将挤出的砂浆刮去的砌筑方法。这种砌法的优点是灰缝容易饱满、黏结力好、墙面整洁。

勾缝是砌清水墙的最后一道工序，可以用砂浆随砌随勾缝，则叫作原浆勾缝；也可砌完墙后再用 1 ∶ 1.5 水泥砂浆或加色砂浆勾缝，称为加浆勾缝。勾缝具有保护墙面和增加墙面美观的作用，为了确保勾缝质量，勾缝前应清除墙面黏结的砂浆和杂物，并洒水润湿，在砌完墙后，应画出 1 cm 的灰槽，灰缝可勾成凹、平、斜或凸形状。勾缝完后尚应清扫墙面。

（三）施工要点

全部砖墙应平行砌筑，砖层必须水平，砖层正确位置用皮数杆控制，基础和每楼层砌完后必须校对一次水平、轴线和标高，在允许偏差范围内，其偏差值应在基础或楼板顶面调整。

砖墙的水平灰缝和竖向灰缝宽度一般为 10mm，但不小于 8mm，也不应大于 12mm。水平灰缝的砂浆饱满度不得低于 80%，竖向灰缝宜采用挤浆或加浆方法，使其砂浆饱满，严禁用水冲浆灌缝。

砖墙的转角处和交接处应同时砌筑。对不能同时砌筑而又必须留槎时，应砌成斜槎，斜槎长度不应小于高度的 2/3。非抗震设防及抗震设防烈度为 6 度、7 度地区的临时间断处，当不能留斜槎时，除转角处外，可留直接，但必须做成凸槎，并加设拉结筋。拉结筋的数量为每 120mm 墙厚放置 1 根 ϕ 6 拉结钢筋（120mm 厚墙放置 2 根 ϕ 6）拉结钢筋，间距沿墙高不应超过 500mm，埋入长度从留槎处算起每边均不应小于 500mm，对抗震设防烈度为 6 度、7 度的地区，不应小于 1 000mm，末端应有 90° 弯钩。抗震设防地区不得留直槎。

隔墙与承重墙如不同时砌起而又不留成斜槎时，可于承重墙中引出阳槎，并在其灰缝中预埋拉结筋，其构造与上述相同，但每道不少于 2 根。抗震设防地区的隔墙，除应留阳槎外，还应设置拉结筋。

砖墙接槎时，必须将接槎处的表面清理干净，浇水润湿，并应填实砂浆，保持灰缝平直。每层承重墙的最上一皮砖、梁或梁垫的下面及挑檐、腰线等处，应是整砖丁砌。砖墙中留置临时施工洞口时，其侧边离交接处的墙面不应小于 500mm，洞口净宽度不应超过 1 m。

砖墙相邻工作段的高度差，不得超过一个楼层的高度，也不宜大于 4 m。工作段的分段位置应设在伸缩缝、沉降缝、防震缝或门窗洞口处。砖墙临时间断处的高度差，不得超过一步脚手架的高度。砖墙每天砌筑高度以不超过 1.8 m 为宜。

在下列墙体或部位中不得留设脚手眼：①120mm 厚墙、料石清水墙和独立柱；②过梁上与过梁呈 60° 角的三角形范围及过梁净跨度 1/2 的高度范围内；③宽度小于 1 m 的窗间墙；④砌体门窗洞口两侧 200mm（石砌体为 300mm）和转角处 450mm（石砌体为 600mm）范围内；⑤梁或梁垫下及其左右 500mm 范围内；⑥设计也不允许设置脚手眼的部位。

四、配筋砌体

配筋砌体是由配置钢筋的砌体作为建筑物主要受力构件的结构。配筋砌体有网状配筋砌体柱、水平配筋砌体墙、砖砌体和钢筋混凝土面层或钢筋砂浆面层组合砌体柱（墙）、砖砌体和钢筋混凝土构造柱组合墙和配筋砌块砌体剪力墙。

（一）配筋砌体的构造要求

配筋砌体的基本构造与砖砌体相同，不再赘述。下面主要介绍构造的不同点。

1. 砖柱（墙）网状配筋的构造

砖柱（墙）网状配筋，是在砖柱（墙）的水平灰缝中配有钢筋网片。钢筋上、下保护层厚度不应小于2mm。所用砖的强度等级不低于MU10，砂浆的强度等级不应低于M7.5，采用钢筋网片时，宜采用焊接网片，钢筋直径宜采用3～4mm；采用连弯网片时，钢筋直径不应大于8mm，且网的钢筋方向应互相垂直，沿砌体高度方向交错设置。钢筋网中的钢筋的间距不应大于120mm，并不应小于30mm；钢筋网片竖向间距，不应大于5皮砖，并不应大于400mm。

2. 组合砖砌体的构造

组合砖砌体是指砖砌体和钢筋混凝土面层或钢筋砂浆面层的组合砌体构件，有组合砖柱、组合砖壁柱和组合砖墙等。

组合砖砌体构件的面层混凝土强度等级宜采用C20，面层水泥砂浆强度等级不宜低于M10，砖强度等级不宜低于MU10，砌筑砂浆的强度等级不宜低于M7.5。砂浆面层厚度宜采用30～45mm，当面层厚度大于45mm时，面层宜采用混凝土。

3. 砖砌体和钢筋混凝土构造柱组合墙

组合墙砌体宜用强度等级不低于MU7.5的普通砌墙砖与强度等级不低于M5的砂浆砌筑。

构造柱截面尺寸不宜小于240mm×240mm，其厚度不应小于墙厚。砖砌体与构造柱的连接处应砌成马牙槎，并应沿墙高每隔500mm设2根φ6拉结钢筋，且每边伸入墙内不宜小于600mm。柱内竖向受力钢筋一般采用HPB235级钢筋，对于中柱，不宜少于4根φ12；对于边柱不宜少于4根φ14，其箍筋一般采用的φ200mm，楼层上下500mm范围内宜采用φ6@100mm。构造柱竖向受力钢筋应在基础梁和楼层圈梁中锚固。组合砖墙的施工程序应先砌墙后浇混凝土构造柱。

4. 配筋砌块砌体构造要求

砌块强度等级不应低于ME10；砌筑砂浆不应低于Mb7.5；灌孔混凝土不应低于Cb20。配筋砌块砌体柱边长不宜小于400mm；配筋砌块砌体剪力墙厚度连梁宽度不应小于190mm。

（二）配筋砌体的施工工艺

配筋砌体施工工艺的弹线、找平、排砖搭底、墙体盘角、选砖、立皮数杆、挂线、留槎等施工工艺与普通砖砌体要求相同，下面则主要介绍其不同点。

1. 砌砖及放置水平钢筋

砌砖宜采用“三一”砌砖法，即“一块砖、一铲灰、一揉压”，水平灰缝厚度和竖直灰缝宽度一般为10mm，但不应小于8mm，也不应大于12mm。砖墙（柱）的砌筑应达到上下错缝、内外搭砌、灰缝饱满、横平竖直的要求。皮数杆上要标明钢筋网片、箍筋或拉结筋的位置，钢筋安装完毕，并经隐蔽工程验收后方可砌上层砖，同时要保证钢筋上下至少各有 2mm 保护层。

2. 砂浆（混凝土）面层施工

组合砖砌体面层施工前，应清除面层底部的杂物，并浇水湿润砖砌体表面。砂浆面层施工从下而上分层施工，一般应两次涂抹，第一次是刮底，使受力钢筋与砖砌体有一定保护层；第二次是抹面，使面层表面平整。混凝土面层施工应支设模板，每次支设高度一般为 50 ～ 60 cm，并分层浇筑，振捣密实，待混凝土强度达到 30% 以上才能拆除模板。

3. 构造柱施工

构造柱竖向受力钢筋，底层锚固在基础梁上，锚固长度不应小于 35d（d 为竖向钢筋直径），并保证位置正确。受力钢筋接长，可采用绑扎接头，搭接长度为 35d，绑扎接头处箍筋间距不应大于 200mm。楼层上下 500mm 范围内箍筋间距宜为 100。砖砌体与构造柱连接处应砌成马牙槎，可从每层柱脚开始，先退后进，每一马牙槎沿高度方向的尺寸不宜超过 300mm，并沿墙高每隔 500mm 设 2 根 Φ6 拉结钢筋，且每边伸入墙内不宜小于 1m；预留的拉结钢筋应位置正确，施工中不得任意弯折。浇筑构造柱混凝土之前，必须将砖墙和模板浇水湿润（若为钢模板，不浇水，刷隔离剂），并将模板内落地灰、砖碴和其他杂物清理干净。浇筑混凝土可分段施工，每段高度不宜大于 2 m，或每个楼层分两次浇灌，应用插入式振动器，分层捣实。

构造柱钢筋竖向位移不应超过 100mm，每一马牙槎沿高度方向尺寸不应超过 300mm。钢筋竖向位移和马牙槎尺寸偏差每一构造柱不要超过 2 处。

五、砌块砌筑

用砌块代替烧结普通砖做墙体材料，是墙体改革的一个重要途径。近几年来，中小型砌块在我国得到了广泛应用。常用的砌块有粉煤灰硅酸盐砌块、混凝土小型空心砌块、煤矸石砌块等。砌块的规格不统一，中型砌块一般高度为 380 ～ 940mm，长度为高度的 1.5 ～ 2.5 倍，厚度为 180 ～ 300mm，每块砌块的质量为 50 ～ 200 kg。

（一）砌块排列

由于中小型砌块体积较大、较重，不如砖块可以随意搬动，多用专门设备进行吊装砌筑，且砌筑时必须使用整块，不像普通砖可随意砍凿，因此，在施工前，须根据工程平面图、立面图及门窗洞口的大小、楼层标高、构造要求等条件，绘制各墙的砌块排列图，以指导吊装砌筑施工。

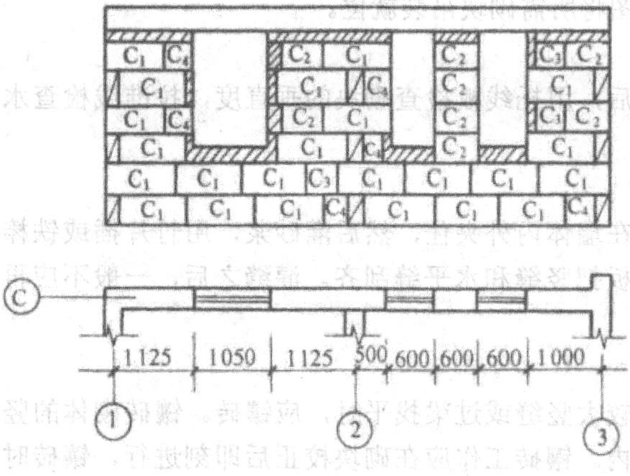

图 5-20　砌块排列图（单位：mm）

砌块排列图按每片纵横墙分别绘制（图 5-20）。其绘制方法是在立面上用 1 ：50 或 1 ：30 的比例绘出纵横墙，然后将过梁、平板、大梁、楼梯、孔洞等在墙面上标出，由纵墙和横墙高度计算皮数，画出水平灰缝线，并保证砌体平面尺寸和高度是块体加灰缝尺寸的倍数，再按砌块错缝搭接的构造要求和竖缝大小进行排列。对砌块进行排列时，注意尽量以主规格砌块为主，辅助规格砌块为辅，减少镶砖。小砌块墙体应对孔错缝搭砌，搭接长度不应小于 90mm。墙体的个别部位不能满足上述要求时，应在灰缝中设置拉结钢筋或钢筋网片，但竖向通缝仍不得超过两皮小砌块。砌块中水平灰缝厚度一般为 10 ～ 20mm，有配筋的水平灰缝厚度为 20 ～ 25mm；竖缝的宽度为 15 ～ 20mm，当竖缝宽度大于 30mm 时，应用强度等级不低于 C20 的细石混凝土填实，当竖缝宽度≥ 150mm 或楼层高不是砌块加灰缝的整数倍时，应用普通砖镶砌。

（二）砌块施工工序

砌块施工的主要工序：铺灰→砌块吊装就位→校正→灌缝→镶砖。

1. 铺灰

砌块墙体所采用的砂浆，应具有良好的和易性，其稠度以 50 ～ 70mm 为宜，铺灰应平整饱满，每次铺灰长度一般不超过 5 m，炎热天气及严寒季节应适当缩短。

2. 砌块吊装就位

砌块安装通常采用两种方案：

一是以轻型塔式起重机进行砌块、砂浆的运输，以及楼板等预制构件的吊装，由台灵架吊装砌块。

二是以井架进行材料的垂直运输、杠杆车进行楼板吊装，所有预制构件及材料的水平运输则用砌块车和劳动车，台灵架负责砌块的吊装，前者适用于工程量大或两幢房屋对翻流水的情况，后者适用于工程量小的房屋。

砌块的吊装一般按施工段依次进行，其次序为先外后内，先远后近，先下后上，在相邻施工段之间留阶梯形斜槎。吊装时要从转角处或砌块定位处开始，采用摩擦式夹具，按砌块排列图将所需砌块吊装就位。

3. 校正

砌块吊装就位后，用托线板检查砌块的垂直度，拉准线检查水平度，并用撬棍、楔块调整偏差。

4. 灌缝

竖缝可用夹板在墙体内外夹住，然后灌砂浆，用竹片插或铁棒捣，使其密实。当砂浆吸水后用刮缝板把竖缝和水平缝刮齐。灌缝之后，一般不应再撬动砌块，以防损坏砂浆黏结力。

5. 镶砖

当砌块间出现较大竖缝或过梁找平时，应镶砖。镶砖砌体的竖直缝和水平箍应控制在 15 ～ 30㎜ 以内。镶砖工作应在砌块校正后即刻进行，镶砖时应注意使砖的竖缝灌密实。

（三）砌块砌体质量检查

砌块砌体质量应符合下列规定：

1. 砌块砌体砌筑的基本要求与砖砌体相同，但搭接长度不应少于 150㎜。

2. 外观检查应达到：墙面清洁，勾缝密实，深浅一致，交接平整。

3. 经试验检查，在每一楼层或 250 m^3 砌体中，一组试块（每组 3 块）同强度等级的砂浆或细石混凝土的平均强度不得低于设计强度最低值，对于砂浆不得低于设计强度的 75%；对于细石混凝土不得低于设计强度的 85%。

4. 预埋件、预留孔洞的位置应符合设计要求。

六、填充墙砌体工程施工

在框架结构的建筑中，墙体一般只起围护与分隔的作用，常用体轻、保温性能好的烧结空心砖或小型空心砌块砌筑，其施工方法与施工工艺与一般砌体施工有所不同。

砌体和块体材料的品种、规格、强度等级必须符合图纸设计要求，规格尺寸应一致，质量等级必须符合标准要求，并应有出厂合格证明、试验报告单；蒸压加气混凝土砌块和轻骨料混凝土小型砌块砌筑时的产品龄期应超过 28 d。

填充墙砌体应在主体结构及相关分部已施工完毕，经有关部门验收合格后进行。砌筑前，应认真熟悉图纸以及相关构造及材料要求，核实门窗洞口位置和尺寸，计算出窗台及过梁圈梁顶部标高，并根据设计图纸及工程实际情况，编制出专项施工方案和施工技术交底。填充墙砌体施工工艺及要求有如下几点。

（一）基层清理

在砌筑砌体前应对基层进行清理，将基层上的浮浆灰尘清扫干净并浇水湿润。块材的湿润程度应符合规范及施工要求。

（二）施工放线

放出每一楼层的轴线、墙身控制线和门窗洞的位置线。在框架柱上弹出标高控制线以控制门窗上的标高及窗台高度。施工放线完成，经过验收合格后，方能进行墙体施工。

（三）墙体拉结钢筋

1. 墙体拉结钢筋有多种留置方式，目前主要采用预埋钢板再焊接拉结筋、用膨胀螺栓定先焊在铁板上的预留拉结筋以及采用植筋方式埋设拉结筋等方式。

2. 采用焊接方式连接拉结筋，单面搭接焊的焊缝长度应不小于10倍钢筋直径，双面搭接焊的焊缝长度应不小于5倍钢筋直径。焊接不应有边、气孔等质量缺陷，并进行焊接质量检查验收。

3. 采用植筋方式埋设拉结筋，埋设的拉结筋位置也较为准确，操作简单不伤结构，但应通过抗拔试验。

（四）构造柱钢筋

在填充墙施工前应先将构造柱钢筋绑扎完毕，构造柱竖向钢筋与原结构上预留插孔的搭接绑扎长度应满足设计要求。

（五）立皮数杆、排砖

1. 在皮数杆上标出砌块的皮数及灰缝厚度，并标出窗、洞及墙梁等构造标高。

2. 根据要砌筑的墙体长度、高度试排砖，摆出门、窗及孔洞的位置。

3. 外墙壁第一皮砖撂底时，横墙应排丁砖，梁及梁垫的下面一皮砖、窗台台阶水平面上一皮应用丁砖砌筑。

（六）填充墙砌筑

1. 拌制砂浆

（1）砂浆配合比应用质量比，计量精度为水泥 ±2%，砂及掺合料 ±5%，砂应计入其含水量对配料的影响。

（2）宜用机械搅拌，投料顺序为砂→水泥→掺合料→水，搅拌时间不少于2 min。

（3）砂浆应随拌随用，水泥或水泥混合砂浆一般在拌合后3～4 h内用完，气温在30℃以上时，应在2～3h内用完。

2. 砖或砌块应提前1～2 d浇水湿润

湿润程度以达到水浸润砖体深度15mm为宜，其含水率为10%～15%。不宜在砌筑时临时浇水，严禁干砖上墙，严禁在砌筑后向墙体洒水。蒸压加气混凝土砌块因含水率大于35%，只能在砌筑时洒水湿润。

3. 砌筑墙体

（1）砌筑蒸压加气混凝土砌块和轻骨料混凝土小型空心砌块填充墙时，墙底部应砌200mm高烧结普通砖、多孔砖或普通混凝土空心砌块或浇筑200mm高混凝土坎台，混凝土强度等级宜为C20。

（2）填充墙砌筑必须内外搭接、上下错缝、灰缝平直、砂浆饱满。操作过程中要经常进行自检，如有偏差，应随时纠正，严禁事后采用撞砖纠正。

（3）填充墙砌筑时，除构造柱的部位外，墙体的转角处和交接处应同时砌筑，严禁无可靠措施的内外墙分砌施工。

（4）填充墙砌体的灰缝厚度和宽度应正确。空心砖、轻骨料混凝土小型空心砌块的砌体灰缝应为 8 ～ 12mm，蒸压加气混凝土砌块砌体的水平灰缝厚度、竖向灰缝宽度分别为 15mm 和 20mm。

（5）墙体一般不留槎，例如必须留置临时间断处，应砌成斜槎，斜槎长度不应小于高度的 2/30 施工时不能留成斜槎时，除转角处外，可于墙中引出直凸槎（抗震设防地区不得留直槎）。直槎墙体每间隔高度≤ 500mm，应在灰缝中加设拉结钢筋，拉结筋数量按 120mm 墙厚放 1 根 Φ6 的钢筋，埋入长度从墙的留槎处算起，两边均不应小于 500mm，末端应有 90° 弯钩。拉结筋不得穿过烟道和通气管。

（6）砌体接槎时，必须将接槎处的表面清理干净，浇水湿润，并应填实砂浆，保持灰缝平直。

（7）填充墙砌至近梁、板底时，应留一定空隙，待填充墙砌筑完并间隔 7 d 后，再将其补砌挤紧。

（8）木砖预埋：木砖经防腐处理，木纹应与钉子垂直，埋设数量按洞口高度确定；洞口高度≤ 2 m，每边放 2 块，高度在 2 ～ 3 m 时，每边放 3 ～ 4 块。预埋木砖的部位一般在洞口上下 4 皮砖处开始，中间均匀分布或按设计预埋。

（9）设计墙体上有预埋、预留的构造，应随砌随留随复核，确保位置正确构造合理。不得在已砌筑好的墙体中打洞。墙体砌筑中，不得搁置脚手架。

（10）凡穿过砌块的水管，应严格防止渗水、海水。在墙体内敷设暗管时，只能垂直埋设，不得水平开槽，敷设应在墙体砂浆达到强度后进行。混凝土空心砌块预埋管应提前专门做有预埋槽的砌块，不得墙上开槽。

（11）加气混凝土砌块切锯时应用专用工具，不得用斧子或瓦刀任意砍劈，洞口两侧应选用规则整齐的砌块砌筑。

（六）构造柱、圈梁

有抗震要求的砌体填充墙按设计要求应设置构造柱、圈梁，构造柱的宽度由设计确定，厚度一般与墙壁等厚，圈梁宽度与墙等宽，高度不应小于 120mm。圈梁、构造柱的插筋宜优先预埋在结构混凝土构件中或后植筋，预留长度符合设计要求。构造柱施工时按要求应留设马牙槎，马牙槎宜先退后进，进退尺寸不小于 60mm，高度不宜超过 300mm。当设计无要求时，构造柱应设置在填充墙的转角处、T 形交接处或端部；当墙长大于 5 m 时，应间隔设置。圈梁宜设在填充墙高度中部。

支设构造柱、圈梁模板时，宜采用对拉栓式夹具，为了防止模板与砖墙接缝处漏浆，宜用双面胶条黏结。构造柱模板根部应留垃圾清扫孔。在浇灌构造柱、圈梁混凝土前，必须向柱或梁内砌体和模板浇水湿润，并将模板内的落地灰清除干净，先注入适量水泥砂浆，再浇灌混凝土。振捣时，振捣器应避免触碰墙体，并严禁通过墙体传振。

七、砌体的冬期施工

当室外日平均气温连续5 d稳定低于5℃时，砌体工程应采取冬期施工措施，并应在气温突然下降时及时采取防冻措施。

冬期施工所用的材料应符合如下规定：①砖和石材在砌筑前，应清除冰霜，遭水浸冻后的砖或砌块不得使用。②石灰膏、黏土膏和电石膏等应防止受冻，如遭冻结，应经融化后使用。③拌制砂浆所用的砂，不得含有冰块和直径大于10mm的冰结块。④冬期施工不得使用无水泥配制的砂浆，砂浆宜采用普通硅酸盐水泥拌制，拌和砂浆宜采用两步投料法。水的温度不得超过80℃，砂的温度不得超过40℃。

普通砖、多孔砖和空心砖在正温度条件下砌筑应适当浇水润湿；在负温度条件下砌筑时，可不浇水，但必须增大砂浆的稠度。

冬期施工砌体基础时还应注意基土的冻胀性。在基土无冻胀性时，地基冻结还可以进行基础的砌筑，但当基土有冻胀性时，应在未冻胀的地基土上砌筑。在施工期间和回填土前，还应防止地基遭受冻结。

砌体工程的冬期施工可以采用掺盐砂浆法。但对配筋砌体、有特殊装饰要求的砌体、处于潮湿环境的砌体、有绝缘要求的砌体以及经常处于地下水位变化范围内又无防水措施的砌体不得采用掺盐砂浆法，可采用掺外加剂法、暖棚法、冻结法等冬期施工方法。当采用掺盐砂浆法施工时，砂浆的强度宜比常温下设计强度提高一级。冬期施工中，每日砌筑后应及时在砌体表面覆盖保温材料。

第六章 电气工程施工技术

第一节 电气照明

一、配电箱（盘）安装

（一）配电箱（盘）安装工艺流程

1. 明装配电箱

测量定位→支架制作安装和固定螺栓安装→箱体固定→配线→绝缘测试→通电试运行。

2. 暗装配电箱

测量定位→箱体安装→箱（盘）芯安装→盘面安装→配线→绝缘测试→通电试运行。

（二）施工方法

1. 测量定位

根据施工图纸确定配电箱（盘）位置，并按照箱（盘）的外形尺寸进行弹线定位。

2. 明装配电箱（盘）支架制作安装

依据配电箱底座尺寸制作配电箱支架，将角钢调直，量好尺寸，画好锯口线，锯断煨弯，钻出孔位，并将对口缝焊牢，埋注端做成燕尾，然后除锈，刷防锈漆，按需要标高用水泥砂浆埋牢。

3. 明装配电箱（盘）固定螺栓安装

在混凝土墙或砖墙上采用金属膨胀螺栓固定配电箱（盘）。首先要根据弹线定位确定固定点位置，用冲击钻在固定点位置处钻孔，其孔径及深度应刚好将金属膨胀螺栓的胀管部分埋入，且孔洞应平直不得歪斜。

4. 明装配电箱（盘）穿钉制作安装

在空心砖墙上，可采用穿钉固定配电箱（盘）。根据墙体厚度截取适当长度的圆钢制作穿钉。背板可采用角钢或钢板，钢板与穿钉的连接方式可采用焊接或螺栓连接。

5. 明装配电箱（盘）箱体固定

根据不同的固定方式，把箱体固定在紧固件上。在木结构上固定配电箱时，采取相应的防火措施。管路进明装配电箱的做法详见图 6-1。

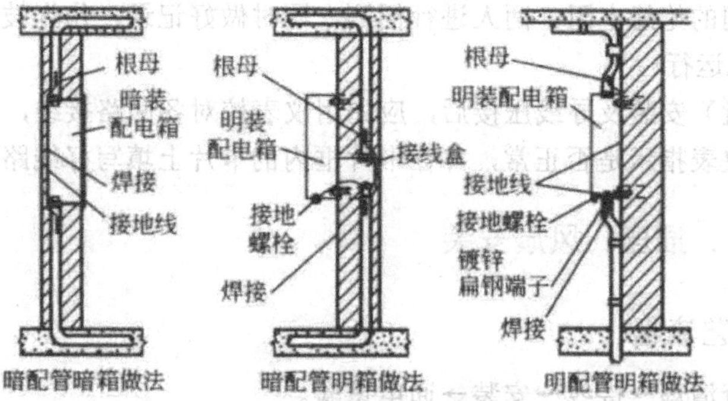

图 6-1　管路进配电箱的做法

6. 暗装配电箱（盘）箱体安装

在现浇混凝土墙内安装配电箱（盘）时，应设置配电箱（盘）预留洞。

暗装配电箱（盘）箱体固定：首先根据施工图要求的标高位置和预留洞位置，将箱体放入洞内找好标高和水平位置，并将箱体固定好。用水泥砂浆填实周边，并抹平。待水泥砂浆凝固后再安装盘面和贴脸。如箱底保护层厚度小于 30mm 时，应在外墙固定金属网后再做墙面抹灰。不得在箱底板上直接抹灰，管路进配电箱的做法如图 6-1 所示暗装做法。

在二次墙体内安装配电箱时，可将箱体预埋在墙体内。在轻钢龙骨墙内安装配电箱时，若深度不够，则采用明装式或在配电箱前侧四周加装饰封板。钢管入箱应顺直，排列间距均匀，箱内露出锁紧螺母的丝扣为 2 扣或 3 扣，用锁母内外锁紧，做好接地。焊跨接地线使用的圆钢直径不小于 6mm，焊在箱的棱边上。

7. 箱（盘）芯安装

先将箱壳内杂物清理干净，并将线理顺，分清支路和相序，箱芯对准固定螺栓位置推进，然后调平、调直、拧紧固定螺栓。

8. 盘面安装

安装盘面要求平整，周边间隙均匀对称，贴脸（门）平正，不歪斜，螺丝垂直受力均匀。

9. 配线

配电箱（盘）上配线需排列整齐，并绑扎成束。

盘面引出或引进的导线应留有适当的余量，以便检修。垂直装设的刀闸及熔断器上端接电源，下端接负荷；横装者左侧（面对盘面）接电源，右侧接负荷。导线剥削处不应过长，导线压头应牢固可靠，多股导线必须涮锡且不可减少导线股数。导线连接采用顶丝压接或加装压线端子。箱体用专用的开孔器开孔。

10. 绝缘测试

配电箱（盘）全部电器安装完毕后，用500兆欧表对线路进行绝缘摇测，绝缘电阻值不小于0.5MΩ。

摇测项目包括相线与相线之间，相线与中性线之间，相线与保护地线间，中性线与保护地线之间的绝缘电阻。两人进行摇测，同时做好记录，作为技术资料存档。

11. 通电试运行

配电箱（盘）安装及导线压接后，应先用仪表校对各回路接线，无差错后试送电，检查元器件及仪表指示是否正常，并在卡片框内的卡片上填写好线路编号及用途。

二、开关、插座、风扇安装

（一）工艺流程

接线盒检查清理→接线→安装→通电试验。

（二）施工工艺

1. 接线盒检查清理

用錾子轻轻地将盒子内残留的水泥、灰块等杂物剔除，便用小号油漆刷将接线盒内杂物清理干净。清理时注意检查有无接线盒预埋安装位置错位（即螺丝安装孔错位90°）、螺丝安装孔耳缺失、相邻接线盒高差超标等现象，若发现有此类现象，应及时修整。如接线盒埋入较深，超过1.5 cm时，应加装套盒。

2. 接线

（1）将盒内导线留出维修长度后剪除余线，用剥线钳剥出适宜长度，以刚好能完全插入接线孔的长度为宜。

（2）对于多联开关需分支连接的应采用安全型压接帽压接分支。

（3）应注意区分相线、零线及保护地线，不得混乱。

（4）开关、插座、吊扇的相线应经开关关断。

（5）插座接线

①单相两孔插座有横装和竖装两种，如图6-2所示。横装时，面对插座的右极接相线，左极接零线；竖装时，面对插座的上极接相线，下极接零线。安装时应注意插座内的接线标识。

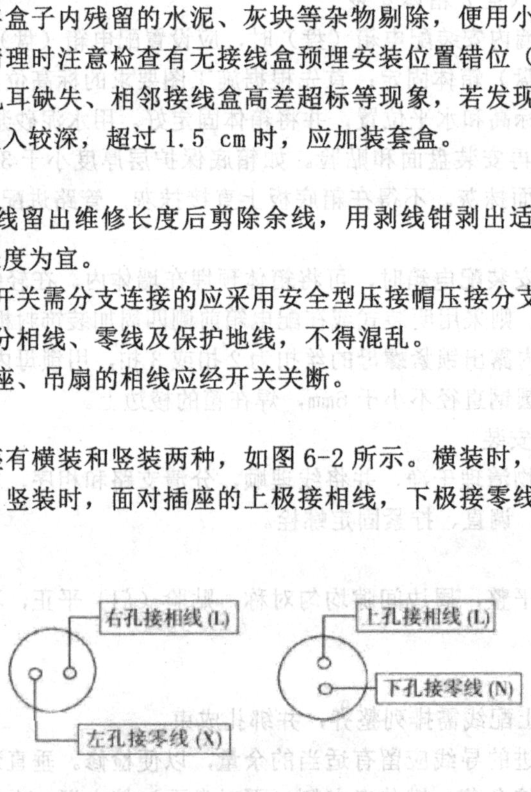

图6-2 单相两孔插座接线

②单相三孔及三相四孔插座接线如图 6-3 所示。

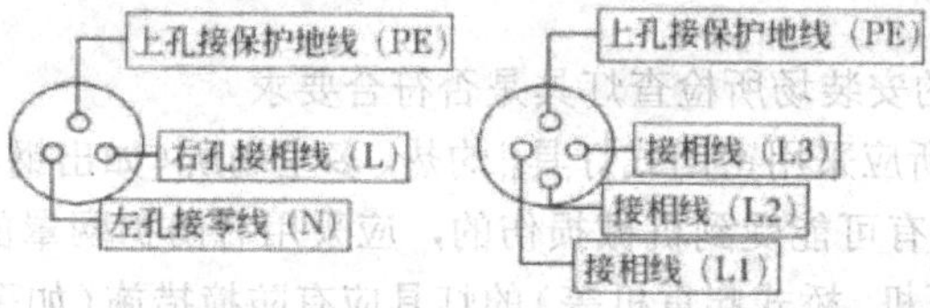

图 6-3 单相三孔及三相四孔插座接线

（6）吊扇接线

①根据产品说明将吊扇组装好（扇叶暂时不装）。

②根据产品说明剪取适当长度的导线穿过吊杆与扇头内接线端子连接。

③上述配线应注意区分导线的颜色，应和系统整体穿线颜色一致，以区分相线、零线及保护地线。

3. 安装开关、插座、吊扇

（1）开关、插座安装

按接线要求，将盒内导线与开关、插座的面板连接好后，将面板推入，对正安装孔，用镀锌机螺丝固定牢固。固定时使面板端正，与墙面平齐。对附在面板上的安装孔装饰帽应事先取下备用，在面板安装调整完毕后再盖上，以免多次拆卸划损面板。

安装在室外的开关、插座应为防水型，面板与墙面之间应有防水措施。安装在装饰材料（木装饰或软包等）上的开关、插座与装饰材料间设置隔热阻燃制品（如石棉布等）。

（2）吊扇安装

将吊扇托起，使吊扇通过减振橡胶耳环与预埋的吊钩挂牢。用压接帽压接好电源接头后，向上推起吊杆上的扣碗，将接头扣于其内，紧贴顶棚后拧紧固定螺丝。

按要求安装好扇叶，其连接螺栓应配有弹簧垫片及平垫片。弹簧垫片应紧靠螺栓头部，不得放反。对于壁挂式吊扇应根据安装底板位置打好膨胀螺栓孔后安装，安装膨胀螺栓数不得少于 2 个，直径不小于 8mm。

4. 通电试验

开关、插座、吊扇安装完毕后，且各条支路的绝缘电阻摇测合格后，方允许通电试运行。通电后应仔细检查和巡视，检查灯具的控制是否灵活、准确；开关与灯具控制顺序相对应，吊扇的转向、运行声音及调速开关是否正常，如发现问题必须先断电，然后查找原因进行修复。

三、普通灯具安装

（一）施工流程

灯具检查→组装灯具→灯具安装→通电试运行。

（二）操作工艺

1. 灯具检查

（1）根据灯具的安装场所检查灯具是否符合要求

多尘、潮湿的场所应采用密闭式灯具；灼热、多尘场所（如出钢、出铁、轧钢等场所）应采用投光灯；灯具有可能受到机械损伤的，应采用有防护网罩的灯具；安装在振动场所（如有锻锤、空压机、桥式起重机等）的灯具应有防撞措施（如采用吊链软性连接）；除敞开式外，其他各类灯具的灯泡容量在 100 W 及以上的均应采用瓷灯口。

（2）根据装箱清单清点安装配件。

（3）注意检查制造厂的有关技术文件是否齐全。

（4）检查灯具外观是否正常，有无擦碰、变形、受潮、金属镀层剥落锈蚀等现象。

2. 组装灯具

（1）组合式吸顶花灯的组装

选择适宜的场地，将灯具的包装箱、保护薄膜拆开铺好；戴上干净的纱线手套；参照灯具的安装说明，将各组件连成一体；灯内穿线的长度应适宜，多股软线线头应搪锡；应注意统一配线颜色以区分相线与零线，对于螺口灯座中心簧片应接相线，不得混淆；理顺灯内线路，用线卡或尼龙扎带固定导线以避开灯泡发热区。

（2）吊顶花灯的组装

选择适宜的场地，将灯具的包装箱、保护薄膜拆开铺好；戴上干净纱线手套；首先将导线从各个灯座口穿到灯具本身的接线盒内。导线一端盘圈、搪锡后接好灯头。理顺各个灯头的相线与零线，另一端区分相线与零线后分别引出电源接线。最后将电源接线从吊杆中穿出；各灯泡、灯罩可在灯具整体安装后再装上，以免损坏。

3. 灯具安装

（1）普通座式灯头的安装

将电源线留足维修长度后剪除余线并剥出线头；区分相线与零线，对于螺口灯座中心簧片应接相线，不得混淆；用连接螺钉将灯座安装在接线盒上。

（2）吊线式灯头的安装

将电源线留足维修长度后剪除余线并剥出线头；将导线穿过灯头底座，用连接螺钉将底座固定在接线盒上；根据所需长度剪取一段灯线，在一端接上灯头，灯头内应系好保险扣，接线时区分相线与零线，对于螺口灯座中心簧片应接相线，不得混淆；多股线芯接头应搪锡，连接时应注意接头均应按顺时针方向弯钩后压上垫片并用灯具螺钉拧紧；将灯线另一头穿入底座盖碗，灯线在盖碗内应系好保险扣并与底座上的电源线用压接帽连接；旋上扣碗。

（3）日光灯安装

①吸顶式日光灯安装

打开灯具底座盖板，根据图纸确定安装位置，把灯具底座贴紧建筑物表面，灯具底座应完全遮盖住接线盒，对着接线盒的位置开好进线孔；比照灯具底座安装孔用铅笔画好安装孔的位置，打出尼龙栓塞孔，装入栓塞（如为吊顶可在吊顶板上背木龙骨或轻钢龙骨用自攻螺钉固定）；将电源线穿出后用螺钉将灯具固定并调整位置以满足要求；用压接帽将电源线与灯内导线可靠连接，装上启辉器等附件；盖上底座盖板，装上日光灯管。

②吊链式日光灯安装

根据图纸确定安装位置，确定吊链吊点；打出尼龙栓塞孔，装入栓塞，用螺钉将吊链挂钩固定牢靠；根据灯具的安装高度确定吊链及导线的长度（使电线不受力）；打开灯具底座盖板，将电源线与灯内导线可靠连接，装上启辉器等附件；盖上底座，装上日光灯管，将日光灯挂好；将导线与接线盒内电源线连接，盖上接线盒盖板并理顺垂下的导线。

（4）吸顶灯（壁灯）的安装

比照灯具底座画好安装孔的位置，打出尼龙栓塞孔，装入栓塞（如为吊顶可在吊顶板上背木龙骨或轻钢龙骨用自攻螺钉固定）；将接线盒内电源线穿出灯具底座，用螺钉固定好底座；将灯内导线与电源线用压接帽可靠连接；用线卡或尼龙扎带固定导线以避开灯泡发热区；上好灯泡，装上灯罩并上好紧固螺钉；安装在室外的壁灯应有泄水孔，绝缘台与墙面之间应有防水措施；并安装在装饰材料（木装饰或软包等）上的灯具与装饰材料间应有防火措施。

（5）吊顶花灯的安装

将预先组装好的灯具托起，用预埋好的吊钩挂住灯具内的吊钩；将灯内导线与电源线用压接帽可靠连接；把灯具上部的装饰扣碗向上推起并紧贴顶棚，拧紧固定螺钉；调整好各个灯口，上好灯泡，配上灯罩。

（6）嵌入式灯具（光带）的安装

应预先提交有关位置及尺寸，由相关人员开孔；将吊顶内引出的电源线与灯具电源的接线端子可靠连接；将灯具推入安装孔固定；调整灯具边框。如灯具对称安装，其纵向中心轴线应在同一直线上，偏斜不可大于5mm。

4. 通电试运行

灯具安装完毕后，经绝缘测试检查合格后，方允许通电试运行。通电后应仔细检查和巡视，检查灯具的控制是否灵活、准确，开关与灯具控制顺序是否对应，灯具有无异常噪声，如发现问题应立即断电，查出原因并修复。

四、专用灯具安装

由于灯具种类不同，因此灯具安装施工程序也不尽相同。一般需要先通电试亮，然后到施工现场进行安装。

（一）照明灯具及附件进场验收

查验合格证，新型气体放电灯具有随带技术文件。外观检查，灯具涂层完整，无损伤，附件齐全。防爆灯具铭牌上有防爆标志和防爆合格证号，普通灯具有安全认证标志。

对成套灯具的绝缘电阻、内部接线等性能进行现场抽样检测。灯具绝缘电阻值不小于2 MΩ，内部接线为铜芯绝缘电线，芯线截面积不小于$0.5mm^2$，橡胶或聚氯乙烯

(PVC)绝缘电线的绝缘层厚度不小于 0.6mm。

对游泳池和类似场所灯具（水下灯及防水灯具）的密封和绝缘性能有异议时，按批抽样送有资质的试验室检测。

（二）游泳池和类似场所灯具安装

游泳池和类似场所灯具安装，其通常包括建筑工程中的体育场馆的室内游泳池，宾馆、饭店、办公大厦及住宅小区的庭院和广场上的水中照明灯、灯光喷水池以及水景照明等的水下灯和防水灯具的安装。

常用的水中照明灯每只 300W，有额定电压 12V 和 220V 两种，220V 电压用于喷水照明，12 V 电压用于水下照明。水下照明灯的滤色片分为红、黄、绿、蓝、透明五种。

1. 水中照明灯具的选择

水中照明光源以金属卤化物灯、白炽灯为最佳。在水下的颜色中黄色、蓝色容易看出。

在水中以观赏水中景物为目的的照明中，需要水色显得美观，采用金属卤化物灯或白炽灯作为光源。水中电视摄像机的摄像用照明，一般使用金属卤化物灯、白炽灯、氙灯等。

水中照明无论采用什么方式，照明用灯具都要具有抗腐蚀性和耐水构造。由于在水中设置灯具时会受到波浪或风的机械冲击，因此必须具有一定的机械强度。

2. 水中照明灯具安装

灯具的设置位置有三种方式，如图 6-4 所示。

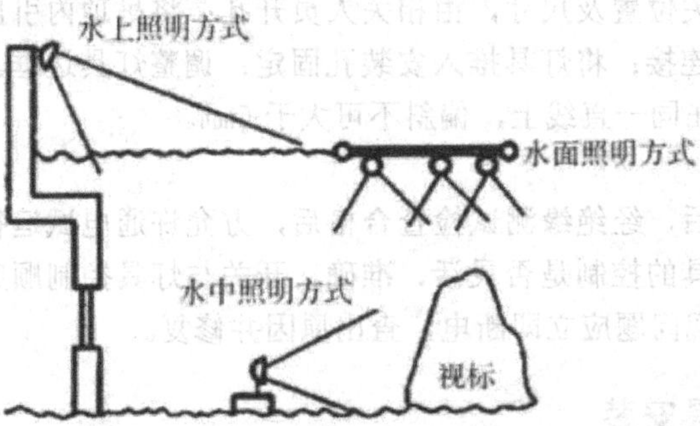

图 6-4 各种水中照明方式

当游泳池内设置水下照明灯时，照明灯上口宜距水面 0.3 ～ 0.5m，在浅水部分灯具间距宜为 2.5 ～ 3m；在深水部分灯具间距宜为 3.5 ～ 4.5m。在水中使用的灯具上常有微生物附着或浮游物堆积情况，为易于清扫和检查，宜使用水下接线盒进行连接。当游泳池内设置水下照明时，其照明灯的电源及灯具、接线盒应设有安全接地等保护措施。

游泳池和类似场所灯具(水下灯及防水灯具)的等电位联结应可靠，且有明显标志，其电源的专用漏电保护装置应全部检测合格。自电源引入灯具的导管必须采用绝缘导管，严禁采用金属或有金属护层的导管。

3. 喷水照明装置安装

水下照明灯用于喷水池中作为水面、水柱、水花的彩色灯光照明，使人工喷泉景在各色灯光的交相辉映下比白天更为壮观，绚丽多姿，光彩夺目。见图6-5、图6-6。

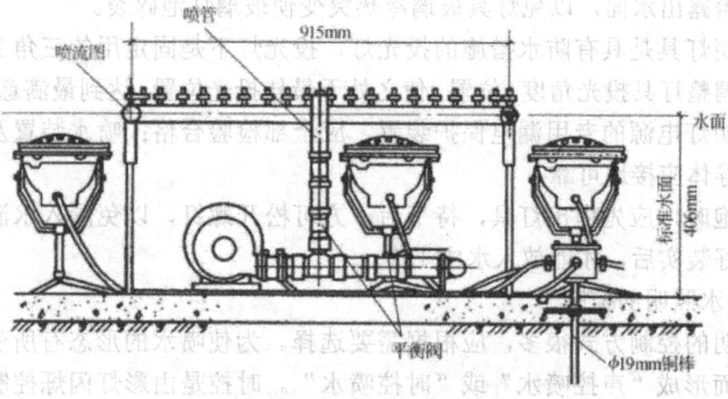

图6-5 喷水照明平面布置图

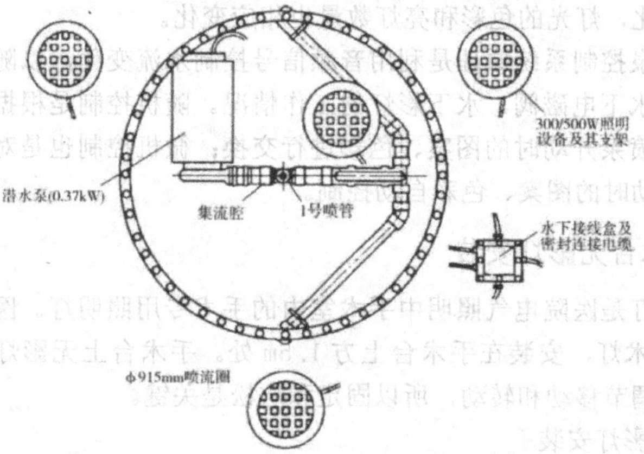

图6-6 喷水照明剖面图

(1) 灯具选择

喷水照明一般选用白炽灯，并且宜采用可调光方式。当喷水高度高并且不需要调光时，可采用高压钠灯或金属卤化物灯。喷水高度与光源功率的关系可参见表6-1。

表6-1 喷水高度与光源功率的关系

光源类别	白炽灯					高压钠灯	金属卤化物灯
光源功率 /W	100	150	200	300	500	400	400
适宜喷水高度 /m	1.5 ～ 3	2 ～ 3	2 ～ 6	3 ～ 8	5 ～ 8	＞7	＞10

（2）灯具安装

灯光喷水系统由喷嘴、压力泵以及水下照明灯组成。

喷水照明灯在水面以下设置时，由于水深会引起光线减少，要适当控制高度，一般安装在水面以下 30 ～100mm 为宜，白天看上去应难于发现隐藏在水中的灯具。安装后灯具不得露出水面，以免灯具玻璃冷热突变使玻璃灯泡碎裂。

水下照明灯具是具有防水措施的投光灯，投光灯下是固定用的三角支架，根据需要可以随意调整灯具投光角度、位置，使之处于最佳投光位置，达到最满意的照明效果。

喷水照明灯电源的专用漏电保护装置，应全部检验合格；喷水装置及照明装置可接近的裸露导体应接地可靠。

调换灯泡时，应先提出灯具，待干后，方可松开螺钉，以免漏入水滴造成短路及漏电。待换好装实后，才能放入水中工作。

（3）喷水照明的控制

喷水照明的控制方式很多，应根据需要选择。为使喷水的形态有所变化，可与背景音乐结合而形成“声控喷水”或“时控喷水”。时控是由彩灯闪烁控制器按预先设定的程序自动循环，按时变换各种灯光色彩。较先进的声控方式是由一台小型专用计算机和一整套开关元件和音响设备实现的，灯光的变化与音乐同步，使喷出的水柱随音乐的节奏而变化，灯光的色彩和亮灯数量也相应变化。

彩色音乐喷泉控制系统原理是利用音频信号控制水流变化，以随机控制或微机控制高压潜水泵、水下电磁阀、水下彩灯的工作情况。随机控制是根据操作人员对音乐的理解，随时对喷泉开动时的图案、色彩进行交换；微机控制也是对特定的乐曲预先编程，对喷泉开动时的图案、色彩自动控制。

（三）手术台无影灯安装

手术台无影灯是医院电气照明中手术室内的手术专用照明灯。医院手术照明主要采用成套无影手术灯，安装在手术台上方 1.5m 处。手术台上无影灯重量较大，使用中根据需要经常调节移动和转动，所以固定和防松是关键。

1. 手术台无影灯安装

手术台无影灯固定灯具底座的螺栓数量，不应少于灯具法兰底座上的固定孔数，且螺栓直径与底座的孔径应相适配。

固定手术台无影灯底座的螺栓应根据产品提供的尺寸预埋，其螺栓可与楼板结构主筋焊接或将螺栓末端弯曲与主筋绑扎锚固。

手术台无影灯底座的固定螺栓，应采用双螺母锁固。灯具底座固定好以后，底座应紧贴建筑物顶板表面，周围无缝隙。

2. 手术台无影灯的接线

手术台无影灯的供电方式由设计选定，一般每个手术室都有独立的电源配电箱，由多个电源供电。手术台无影灯有专用的控制箱，箱内装有总开关和分路开关，从控制箱由双回路引向灯具，以确保供电绝对可靠。在施工中应注意多电源的识别和连接。

开关至手术台无影灯的电线应采用额定电压不低于 750 的铜芯多股绝缘电线。手术台无影灯安装后，灯具表面应保持清洁、无污染，灯具镀、涂层完整无划伤。

（四）应急照明安装

应急照明是在特殊情况下起关键作用的照明，有争分夺秒的要求，只要通电应瞬时发光，因此其灯源不能用延时点燃的高汞灯泡等。

应急照明如果作为正常照明的一部分同时使用时，应有单独的控制开关，且控制开关面板宜与一般照明开关面板相区别或选用带指示灯型开关。应急照明不作为正常照明的一部分，而仅在事故情况下使用时，并在正常照明因故停电后，应急照明电源宜自动投入。

应急照明在正常照明断电后，电源转换时间：备用照明≤5 s（金融商店交易所≤1.5 s）；疏散照明≤15 s；安全照明≤0.5 s。

消防控制室、消防水泵房、防排烟机房、配电室、自备发电机房、电话总机房以及发生火灾仍需坚持工作的其他房间的应急照明，仍应保证正常照明。

应急照明采用蓄电池作备用电源时，连续供电时间不应少于20min。高度超过100 m的高层建筑及人防工程连续供电时间不应少于30 min。

目前应急照明灯具厂家提供的灯具数据有名称、型号、规格、光源功率（含平时使用及应急使用）、电压及应急照明时间等，有的厂家还给出接线方法及灯内导线色彩，为用户提供使用指南。在安装应急照明灯时，可根据不同的灯具进行安装、接线。

应急照明线路在每个防火分区应有独立的应急照明回路，穿越不同防火分区的线路应有防火隔堵措施。

应急照明灯具运行中温度大于60℃的灯具，当靠近可燃物时，应采取隔热、散热等防火措施。当采用白炽灯、卤钨灯等光源时，不可直接安装在可燃装修材料或可燃物件上。

（五）备用照明安装

备用照明是为保障安全，在正常照明出现故障而工作与活动仍需继续进行时而设置的应急照明。备用照明的照度往往利用部分或全部正常照明灯具来提供。备用照明宜安装在墙面或顶棚部位。备用照明（不包括消防控制室、消防水泵房、配电室、自备发电机房等场所）的照度不宜低于一般照明照度的10%。

（六）疏散照明安装

疏散照明是当建筑物处于特殊情况，如火灾、空袭、市电供电中断等，使建筑物的某些关键位置的照明器具仍能持续工作，并有效指导人群安全撤离的照明，所以是至关重要的。

疏散照明由安全出口标志灯和疏散标志灯组成。安全出口标志灯和疏散标志灯应装有玻璃或非燃材料的保护罩，面板亮度均匀度为1 ：10（最低：最高），保护罩应完整、无裂纹。

疏散照明按安装的位置又分为应急出口（安全出口）照明和疏散走道照明。安全出口标志灯宜安装在疏散门口的上方，在首层的疏散楼梯应安装于楼梯口里侧上方。

安全出口标志灯距地高度不宜低于2m。

疏散走道上的安全出口标志灯可明装，而厅室内宜采用暗装。安全出口标志灯应有图形和文字符号，在有无障碍设计要求时，宜同时设有音响指示信号。

可调光型安全出口标志灯宜用于影剧院的观众厅。在正常情况下减光使用，火灾事故时应自动接通至全亮状态。

疏散照明要求沿走道提供足够的照明，可看见所有的障碍物，清晰无误地沿着指明的疏散路线，迅速找到应急出口，并能容易地找到沿疏散路线设的消防报警按钮、消防设备和配电箱。疏散照明的地面水平照度不应低于0.5 lx，人防工程为1lx。疏散照明可采用荧光灯或白炽灯。

疏散标志灯的设置，不应影响正常通行，并且不在其周围设置容易混同疏散标志灯的其他标志牌等。

疏散照明宜设在安全出口的顶部、疏散走道及其转角处距地1m以下的墙面上，当交叉口处在墙面下侧安装难以明确表示疏散方向时，也可将疏散标志灯安装在顶部。疏散走道上的标志灯应有指示疏散方向的箭头标志，标志灯间距不宜大于20 m（人防工程不宜大于10 m，距地高度为1～1.2 m）。

楼梯间内的疏散标志灯宜安装在休息平台板上方的墙角处或壁装，并应用箭头及阿拉伯数字清楚标明上、下层层号。疏散照明线路应采用耐火电线、电缆，穿导管明敷设或在非燃烧体内穿刚性导管暗敷设。暗敷设时保护层厚度不应小于30mm。电线采用额定电压不低于750的铜芯绝缘电线。疏散指示标志可采用蓄电池作备用电源，且连续供电时间不应少于20 min。高度超过100 m的高层建筑及人防工程连续供电时间不应少于30min。

安全照明是在正常照明故障时，能使操作人员或其他人员在危险之中确保安全而设的应急照明。这种场合一般还需设疏散应急照明。凡在火灾时因正常电源突然中断而有导致人员伤亡的潜在危险的场所（如医院内的重要手术室、急救室等），应设安全照明。安全照明应采用卤钨灯或采用能瞬时可靠点燃的荧光灯。

五、建筑物照明通电试验

（一）通电试运行前检查

电线绝缘电阻测试前电线的接线完成。照明箱（盘）、灯具、开关、插座的绝缘电阻测试在就位前或接线前完成。检查漏电保护器接线是否正确，严格区分工作零线（N）与专用保护零线（PE），严禁接入漏电开关。

备用电源或事故照明电源做空载自动投切试验前应拆除负荷，空载自动投切试验合格，才能做有载自动投切试验。断开各回路分电源开关，合上总进线开关，检查漏电测试按钮是否灵敏有效。

复查总电源开关至各照明回路进线电源开关接线是否正确。照明配电箱及回路标志应正确一致。开关箱内各接线端子连接是否正确可靠。照明系统回路绝缘电阻测试合格后方可进行通电试验，绝缘电阻不可小于0.5 MΩ。

（二）分回路试通电

将各回路灯具等用电设备开关全部置于断开位置。逐次合上各分回路电源开关。分回路逐次合上灯具等的控制开关，检查开关与灯具控制顺序是否对应、风扇的转向及调速开关是否正常。用试电笔检查各插座相序连接是否正确，带开关插座的开关是否能正确关断相线。

（三）故障检查整改

发现问题应及时排除，不得带电作业。对检查中发现的问题应采取分回路隔离排除法予以解决。如有开关送电时漏电保护就跳闸的现象，其重点检查工作零线与保护零线是否混接、导线是否绝缘不良。

（四）系统通电连续试运行

公用建筑照明系统通电连续试运行时间应为 24 h，民用住宅照明系统通电连续试运行时间应为 8 h。所有照明灯具均应开启，且每 2 h 记录运行状态 1 次，连续试运行期间无故障。试验试运行期间应无线路过载、线路过热等故障。

第二节 防雷及接地

一、建筑物防雷

（一）防直击雷装置

雷电直接击中建筑物或其他物体，对其放电，这种雷击称为直击雷。

防直击雷的主要措施是装设避雷针、避雷带、避雷网、避雷线。这些设备称接闪器，即在防雷装置中，用以接受雷云放电的金属导体。

1. 避雷针

避雷针通常采用镀锌圆钢或镀锌钢管制成，上部制成针尖形状。所采用的圆钢或钢管的直径不小于下列数值。

当针长为 1m 以下时，圆钢为 12mm，钢管为 20mm；当针长为 1 ～ 2m 时，圆钢为 16mm，钢管为 25mm；烟囱顶上的避雷针，圆钢为 20mm。

避雷针安装要求如下。

（1）避雷针一般安装在支柱（电杆）上或其他构架、建筑物上。

（2）避雷针下端必须可靠地经引下线与接地体连接，可靠接地。引下线一般采用圆钢或扁钢，其尺寸不小于下列数值：圆钢直径 8mm；扁钢截面积 48mm^2，厚度 4mm。所用的圆钢或扁钢均需镀锌。引下线的安装路径应短直，其紧固件及金属支持件均应镀锌。引下线距地面 1.7m 处开始至地下 0.3m 一段应加塑料管或钢管保护。

（3）接地电阻不大于 10Ω。

（4）装设避雷针的构架上不得架设低压线或通讯线。

(5)避雷针及其接地装置不能装设在人、畜经常通行的地方，距道路要在3 m以上，否则要采取保护措施。与其他接地装置和配电装置之间要保持规定距离：地面上不小于5m；地下不小于3m。

2. 避雷带、避雷网

避雷带、避雷网普遍用来保护建筑物免受直击雷和感应雷。避雷带是沿建筑物易受雷击部位（如屋脊、屋檐、屋角等处）装设的带形导体。避雷网是屋面上纵横敷设的避雷带组成的网络，网格大小按有关规范确定，对于防雷等级不同的建筑物，其要求不同。

避雷带一般采用镀锌圆钢或镀锌扁钢制成，其尺寸不小于下列数值：圆钢直径为8mm；扁钢截面积48mm^2，厚度4mm。装设在烟囱顶端的避雷环，一般采用镀锌圆钢或镀锌扁钢，圆钢直径不得小于12mm；扁钢截面积不得小于100mm^2，厚度不得小于4mm。避雷带（网）距屋面一般100～150mm，支持支架间隔距离一般为1～1.5 m。支架固定在墙上或现浇的混凝土支座上。引下线采用镀锌圆钢或镀锌扁钢。圆钢直径不小于8mm；扁钢截面积不小于48mm^2，厚度为4mm。引下线沿建（构）筑物的外墙明敷，固定于埋设在墙里的支持卡子上。支持卡子的间距为1.5 m。也可以暗敷，但引下线截面积应加大。引下线一般不少于两根，对于第三类工业，第二类民用建（构）筑物，引下线的间距一般不大于30m。

采用避雷带时，屋顶上任何一点距离避雷带不应大于10 m。当有3m及以上平行避雷带时，每隔30～40m宜将平行的避雷带连接起来。屋顶上装设多支避雷针时，两针间距离不宜大于30 m。屋顶上单支避雷针的保护范围可按60°保护角确定。

3. 避雷线

避雷线架设在架空线路上，以保护架空线路免受雷击。由于避雷线既要架空又要接地，所以避雷线又叫架空地线。

避雷线一般用截面积不小于35mm^{2}的镀锌钢绞线。根据规定，220kV及以上架空电力线路应沿全线架设避雷线；110 kV架空电力线路一般也是沿全线架设避雷线；35 kV及以下电力架空线路，一般不沿全线架设避雷线。有避雷线的线路，每基杆塔不连避雷线的工频接地电阻，在雷季干燥时，不可超过表6-2所列数值。

表6-2 避雷线工频接地电阻

土壤电阻率 / (Ω · m)	100及以下	100以上至500	500以上至1000	1000以上至2000	2000以上
接地电阻 / Ω	10	15	20	25	30*

注：*如土壤电阻率很高，接地电阻很难降低到300时，可采用6～8根总长度不超过500m的放射形接地体，或连续伸长接地体，其接地电阻不受限制。

（二）防雷电侵入波装置

由于输电线路上遭受雷击，高压雷电波便沿着输电线侵入变配电所或用户，击毁电气设备或造成人身伤害，这种现象称雷电波侵入。避雷器用来防止雷电波的高电压沿线路侵入变配电所或其他建筑物内，损坏被保护设备的绝缘。它与被保护设备并联，见图 6-7。

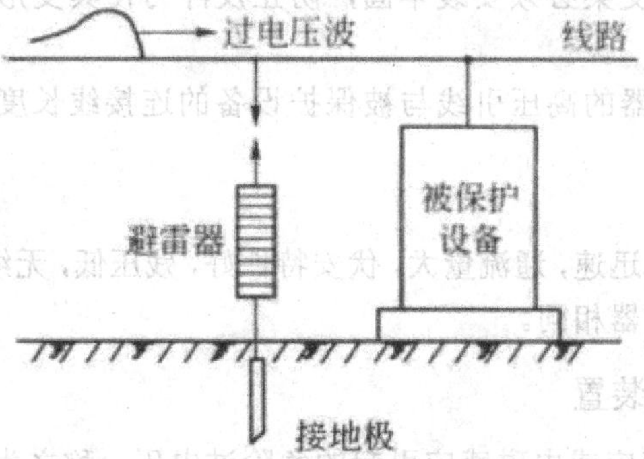

图 6-7 避雷器的连接

当线路上出现危及设备绝缘的过电压时，避雷器就对地放电，从而保护设备。避雷器有阀型避雷器、管型避雷器、氧化锌避雷器。

1. 阀型避雷器安装

（1）安装前应检查其型号规格是否与设计相符；瓷件应无裂纹、破损；瓷套与铁法兰间的结合应良好；组合元件应经试验合格，底座和拉紧绝缘子的绝缘应良好。

（2）阀型避雷器应垂直安装，每个元件的中心线与避雷器安装点中心线的垂直偏差不应大于该元件高度的 1.5%，如有歪斜，可在法兰间加金属片校正，但应保证其导电良好，并把缝隙垫平后涂以油漆。均压环应安装水平，不能歪斜。

（3）拉紧绝缘子串必须紧固，弹簧应能伸缩自如，同相绝缘子串的拉力应均匀。

（4）放电记录器应密封良好、动作可靠，安装位置应一致，且便于观察；安装时，放电记录器要恢复至零位。

（5）50kV 以下变配电所常用的阀型避雷器，体积较小，一般安装在墙上或电杆上。安装在墙上时，应有金属支架固定；安装在电杆上时，应有横担固定。金属支架、横担应根据设计要求加工制作，并固定牢固。避雷器的上部端子一般用镀锌螺栓与高压母线连接，下部端子接到接地引下线上，接地引下线应尽可能短而直，截面积应按接地要求和规定选择。

2. 管型避雷器安装

（1）一般管型避雷器用在线路上，在变配电所内一般用阀型避雷器。

（2）安装前应进行外观检查：绝缘管壁应无破损、裂痕；漆膜无脱落；管口无堵塞；配件齐全；绝缘应良好，试验应合格。

（3）灭弧间隙不得任意拆开调整，其喷口处的灭弧管内径应符合产品技术规定。

（4）安装时应在管体的闭口端固定，开口端指向下方。倾斜安装时，其轴线与水平方向的夹角：普通管型避雷器应不小于 15°；无续流避雷器应不小于 45°；装在污秽地区时，还应增大倾斜角度。

（5）避雷器安装方位，应使其排出的气体不致引起相间或对地短路或闪络，也不得喷及其他电气设备。避雷器的动作指示盖向下打开。

（6）避雷器及其支架必须安装牢固，防止反冲力使其变形和移位，同时便于观察和检修。

（7）无续流避雷器的高压引线与被保护设备的连接线长度应符合产品的技术规定。

3. 氧化锌避雷器

氧化锌避雷器动作迅速，通流量大，伏安特性好，残压低，无续流，因此，使用很广，其安装要求与阀型避雷器相同。

（三）防感应雷装置

由于雷电的静电感应或电磁感应引起的危险过电压，称之为感应雷。感应雷产生的感应过电压可高达数十万伏。

为防止静电感应产生的高压，一般是在建筑物内，将金属敷埋设备、金属管道、结构钢筋予以接地，使感应电荷迅速入地，避免雷害。根据建筑物的不同屋顶，采取相应的防止静电感应措施，例如金属屋顶，将屋顶妥善接地；对于钢筋混凝土屋顶，将屋面钢筋焊成 6 ～ 12m 网格，连成通路，并予以接地；对于非金属屋顶，在屋顶上加装边长 6 ～ 12 的金属网格，并予以接地。屋顶或屋顶上的金属网格的接地不得少于 2 处，其间距不得大于 30m。

防止电磁感应引起的高电压，一般采取以下措施：一是对于平行金属管道相距不到 100mm 时，每 20 ～ 30 用金属线跨接；交叉金属管道相距不到 100mm 时，也用金属线跨接；二是管道与金属设备或金属结构之间距离小于 100mm 时，也用金属线跨接；在管道接头、弯头等连接部位也用金属线跨接，并可靠接地。

二、接地装置安装

（一）接地装置

电气接地一般可分成两大类：工作接地与保护接地。所谓工作接地是指为了保证电气设备在系统正常运行和发生事故情况下能可靠工作而进行的接地。如 380/220 配电网络中的配电变压器中性点接地就是工作接地，这种配电变压器假如中性点不接地，那当配电系统中一相导线断线，其他两相电压就会升高 $\sqrt{3}$ 倍，即 220 变为 380 V，这样就会损坏用电设备；还有像避雷针、避雷器的接地也是工作接地，假如避雷针、避雷器不接地或接地不好，则雷电流就不能向大地通畅泄放，这样避雷针、避雷器就不能起防雷保护作用。所以工作接地是指为了保证电气设备安全可靠工作必须的接地。所谓保护接地是指为了保证人身安全和设备安全，将电气在正常运行中不带电的金属部分可靠接地，这样可防止电气设备绝缘损坏或其他原因使外壳等金属部分带电时发生人身触电事故。

无论哪种接地，接地必须良好，接地电阻必须满足规定要求。一般接地通过接地装置来实施。接地装置包括接地体和接地线两部分。其中，接地体是埋入地下，直接与土壤接触的金属导体，有自然接地体和人工接地体两种。自然接地体是指兼作接地用的直接与大地接触的各种金属管道（输送易燃、易爆气体或液体的管道除外）、金属构件、金属井管、钢筋混凝土基础等。人工接地体是指人为埋入地下的金属导体，如 50mm×50mm×5mm 镀锌角钢、φ50mm 镀锌钢管等。接地线是指电气设备需接地的部分与接地体之间连接的金属导线。有自然接地线和人工接地线两种。自然接地线如建筑物的金属结构（金属梁、柱等），生产用的金属结构（吊车轨道、配电装置的构架等），配线的钢管，电力电缆的铅皮，不会引起燃烧、爆炸的所有金属管道。人工接地线一般都采用扁钢或圆钢制作。

图 6-8 是接地装置示意图。其中接地线分接地干线和接地支线。电气设备需接地的部分就近通过接地支线与接地网的接地干线相连接。

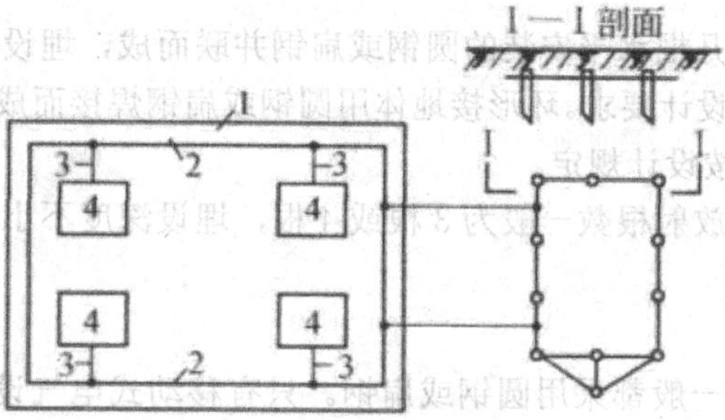

图 6-8　接地装置示意图

1- 接地体；6- 接地干线；5- 接地支线；6- 电气设备

（二）人工接地体安装

1. 垂直接地体安装

装设接地体前，需沿设计图规定的接地网的线路挖沟。由于地的表层容易冰冻，冰冻层会使接地电阻增大，且地表层容易被挖掘，会损坏接地装置。因此，接地装置需埋于地表层以下，一般埋设深度不应小于 0.6m。一般挖沟深度 0.3 ～ 1m。

沟挖好后应尽快敷设接地体，接地体长度一般为 2.5 m，按设计位置将接地体打入地下，当打到接地体露出沟底的长度为 150 ～ 200mm（沟深 0.8 ～ 1 m）时，停止打入。然后再打入相邻一根接地体，相邻接地体之间间距不小于接地体长度的 2 倍，接地体与建筑物之间距离不能小于 1.5 m。接地体应与地面垂直。接地体间连接一般用镀锌扁钢，扁钢规格和数量以及敷设位置应按设计图规定，扁钢与接地体用焊接方法连接（搭接焊，焊接长度符合规定）。扁钢应立放，这样既便于焊接，也可减小接地流散电阻。

接地体连接好后，经过检查确认接地体的埋设深度、焊接质量等均已符合要求后，即可将沟填平。填沟时应注意回填土中不应夹有石块、建筑碎料及垃圾，回填土应分层夯实，使土壤与接地体紧密接触。

2. 水平接地体安装

水平接地体多采用 φ16mm 的镀锌圆钢或 40mm×4mm 镀锌扁钢。埋设深度一般在 0.6 ～ 1m，不能小于 0.6 m。常见的水平接地体有带形、环形和放射形，见图 6-9。

图 6-9　常见的水平接地体

带形接地体多为几根水平安装的圆钢或扁钢并联而成，埋设深度不可小于 0.6m，其根数及每根长度按设计要求。环形接地体用圆钢或扁钢焊接而成，水平埋设于地下 0.7 m 以上。其直径大小按设计规定。

放射形接地体的放射根数一般为 3 根或 4 根，埋设深度不小于 0.7m，每根长度按设计要求。

3. 接地线安装

人工接地线材料一般都采用圆钢或扁钢。只有移动式电气设备和采用钢质导线在安装上有困难的电气设备，才采用有色金属作为人工接地线，但禁止使用裸铝导线作接地线。接地干线采用扁钢时，截面不小于 4mm×12mm，采用圆钢时直径不小于 6mm。接地线的安装包括接地体连接用的扁钢及接地干线和接地支线的安装。

4. 接地干线安装

接地网中各接地体间的连接干线，一般用扁钢宽面垂直安装，连接处应尽可能采用焊接并加镶块，以增大焊接面积。如无条件焊接时，也允许用螺钉压接，但要先在接地体上端装设接地干线连接板，见图 6-10。连接板须经镀锌处理，螺钉也要采用镀锌螺钉。安装时，接触面应保持平整、严密，不可有缝隙，螺钉要拧紧。在有振动的地方，螺钉上应加弹簧垫圈。

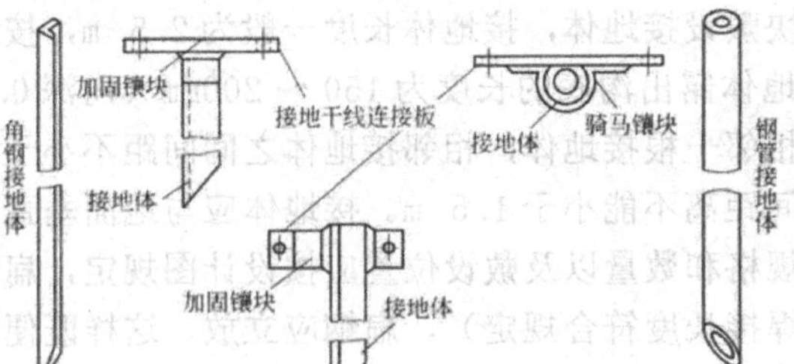

图 6-10　垂直接地体焊接接地干线连接板

（a）角钢顶端装连接板；（b）角钢垂直面装连接板；（c）钢管垂直面装连接板

安装时要注意以下问题。

（1）接地干线应水平或垂直敷设，在直线段不可有弯曲现象。

（2）安装位置应便于检修，并且不妨碍电气设备的拆卸与检修。

（3）接地干线与建筑物或墙壁间应有 15 ～ 20mm 间隙。

（4）水平安装时离地面距离一般为 200 ～ 600mm。

（5）接地线支持卡子之间的距离，在水平部分为 1 ～ 1.5 m，在垂直部分为 1.5 ～ 2m，在转角部分为 0.3 ～ 0.5 m。

（6）在接地干线上应做好接线端子（位置按设计图纸）以便连接接地支线。

（7）接地线由建筑物内引出时，可由室内地坪下引出，也可由室内地坪上引出。

（8）接地线穿过墙壁或楼板，必须预先在需要穿越处装设钢管，接地线在钢管内穿过，钢管伸出墙壁至少 10mm，在楼板上面至少要伸出 30mm，在楼板下至少要伸出 10mm，接地线穿过后，钢管两端要做好密封。

（三）接地支线安装

接地支线安装时应注意以下问题：一是多个设备与接地干线相连接，每个设备需用 1 根接地支线，不允许几个设备合用 1 根接地支线，也不允许几根接地支线并接在接地干线的 1 个连接点上。二是接地支线与电气设备金属外壳、金属构架的连接，接地支线的两头焊接接线端子，并用镀锌螺钉压接。三是接地干线与电缆或其他电线交叉时，其间距应不小于 25mm；与管道交叉时，应加保护钢管；跨越建筑物伸缩缝时，应有弯曲，以便有伸缩余地，防止断裂。四是明设的接地支线在穿越墙壁或楼板时应穿管保护；固定敷设的接地支线需要加长时，连接必须牢固，用于移动设备的接地支线不允许中间有接头；接地支线的每一个连接处，都要置于明显处，以便于检修。

（四）接地装置的涂色

接地装置安装完毕后，应对各部分进行检查，尤其是焊接处更要仔细检查焊接质量，对合格的焊缝应按规定在焊缝各面涂漆。

明敷的接地线表面应涂黑漆，如因建筑物的设计要求，需涂其他颜色，则应在连接处及分支处涂以宽为 15mm 的两条黑带，间距为 150mm。中性点接至接地网的明敷接地导线应涂紫色带黑色条纹。在三相四线网络中，如接有单相分支线并零线接地时，零线在分支点应涂黑色带以便识别。

（五）接地电阻测量

无论是工作接地还是保护接地，其接地电阻必须满足规定要求，否则就不能安全可靠地起到接地作用。接地电阻是指接地体电阻、接地线电阻和土壤流散电阻三部分之和。其中主要是土壤流散电阻。接地电阻的数值等于接地装置对地电压与通过接地体流入地中电流的比值。

1. 接地电阻测量方法

测量接地电阻的方法很多，目前用得最广的是用接地电阻测量仪、接地摇表测量。图 6-11 为接地摇表测量接地电阻接线图。

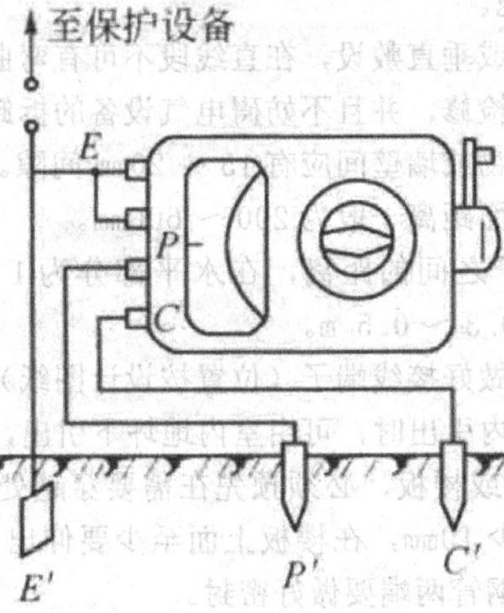

图 6-11　接地电阻测量接线

E′ －被测接地体；P′ －电位探测针；C′ －电流探测针

在使用接地摇表测量接地电阻时，要注意以下问题：①假如“零指示器”的灵敏度过高时，可调整电位探测针插入土壤中的深浅，若其灵敏度不够时，可沿电位探测针和电流探测针注水使其湿润；②在测量时，必须将接地线路与被保护的设备断开，以保证测量准确；③如果接地体 E′ 和电流探测针之间的距离大于 20m 时，电位探测针 P′ 的位置插在 E′、C′ 之间直线外几米，则测量误差可以不计；但当 E′、C′ 间的距离小于 20m 时，则应将电位探测针 P′ 正确插在 E′ C′ 直线中间；④当用 0 ～ 1/10/100Ω 规格的接地摇表测量小于 1Ω 的接地电阻时，将正的连接片打开，然后分别用导线连接到被测接地体上，以避免测量时连接导线的电阻造成附加测量误差。

2. 降低接地电阻的措施

流散电阻与土壤的电阻率有直接关系。土壤电阻率越低，流散电阻也就越低，接地电阻就越小。所以在遇到电阻率较高的土壤时，如砂质土壤、岩石以及长期冰冻的土壤，装设人工接地体，要达到设计所要求的接地电阻，往往要采取适当的措施。常用的方法如下。

（1）对土壤进行混合或浸渍处理

在接地体周围土壤中适当混入一些木炭粉、炭黑等以提高土壤的导电率或用食盐溶液浸渍接地体周围的土壤，对降低接地电阻也有明显效果。近年来还采用木质素等长效化学降阻剂，效果也十分显著。

（2）改换接地体周围部分土壤

将接地体周围土壤换成电阻率较低的土壤，例如黏土、黑土、砂质黏土、加木炭粉土等。

（3）增加接地体埋设深度

当碰到地表面岩石或高电阻率土壤不太厚，而下部就是低电阻率土壤时，可将接地体钻孔深埋或开挖深埋至低电阻率的土壤中。

（4）外引式接地

当接地处土壤电阻率很大而在距接地处不太远的地方有导电良好的土壤或有不冰冻的湖泊、河流时，可将接地体引至该低电阻率地带，之后按规定做好接地。

第三节　变配电室

一、配电柜的安装

配电柜也称开关柜或配电屏，其外壳通常采用薄钢板和角钢焊制而成。根据用途及功能的需要，在配电柜内装设各种电气设备，如隔离开关、自动开关、熔断器、接触器、互感器以及各种检测仪表和信号装置等。安装时，必须先制作和预埋底座，然后将配电柜固定在底座上，其固定方式多采用螺栓连接（对固定场所，有时也采用焊接）。

（一）配电柜的检查和清理

配电柜到达现场后，要及时开箱进行检查和清理，其内容有以下几方面。

1. 型号规格

检查配电柜的型号规格是否与设计施工图相符，然后在配电柜上标注安装位置的临时编号和标记。

2. 零配件及资料

检查配电柜的零配件是否齐全，有无出厂图纸等有关技术资料。

3. 外观质量

检查配电柜内外的壳体及电器件有无损伤、受潮等，发现问题应及时处理。

4. 清理

将配电柜的灰尘及包装材料等杂物清理干净。

（二）配电柜底座制作与安装

1. 配电柜底座制作

配电柜的安装底座，通常用型钢（如槽钢、角钢等）制作，型钢规格大小的选择应根据配电柜的尺寸和重量而定，一般多采用 5 ～ 10 号槽钢，或采用 L30×4 ～ L50×5 的角钢。

2. 配电柜底座安装

配电柜底座的安装方法一般有直接埋设法、预留埋设法和地脚螺栓埋设法。

（1）直接埋设法

先按施工图或配电柜底座固定尺寸的要求下料，然后在土建施工做基础时，将底座直接预埋在底座基础中，并将安装位置和水平度调整准确，而其允许偏差见表 6-3。

表 6-3　基础型钢安装允许偏差

项目	长度	允许偏差 /mm	检查方法
不直度	1m	1	拉线和尺检
	全长	5	
水平度	1m	1	
	全长	3	

（2）预留埋设法

此种方法是在土建施工做基础时，先将固定槽钢底座的底板（扁钢或圆钢）与底座基础同时浇灌或砌在一起；待混凝土凝固后，再将槽钢底座焊接在基础底板上。或采用预留定位的方法，在浇灌混凝土时，在基础上埋入比型钢略大的木盒（一般为30mm 左右），并应预留焊接型钢用的钢筋；待混凝土凝固后，将木盒取出，再埋设槽钢底座。

（3）地脚螺栓埋设法

在土建施工做基础时，先按底座尺寸预埋地脚螺栓，待基础凝固后再将槽钢底座固定在地脚螺栓上。底座制作预留工作结束后，应用扁钢将底座与接地网连接起来。

（三）配电柜的安装

通常在土建工程全部完毕后进行配电柜的安装。

1. 底座钻孔

槽钢底座基础凝固后，便可在槽钢底座上按照配电柜底座的固定孔尺寸，开钻稍大于螺栓直径的孔眼。

2. 立柜

按照施工图规定的配电柜顺序做安装标记，然后将配电柜搬放在安装位置，并先粗略调整其水平度和垂直度。

3. 调整

配电柜安放好后，务必要校正其水平度和垂直度。水平度用水平仪校正，垂直度用线锤校正。多块柜并列拼装时，一般先安装中间一块柜，再分别向两侧拼装并逐柜调整。双列布置的配电柜，应注意其位置的对应，以便母线联桥。配电柜安装的允许偏差见表 6-4。

表 6-4　配电柜安装允许偏差

项目		允许偏差 /mm
垂直度（1m）		1.5
水平度	相邻两柜顶部	2
	成列柜顶部	5
不平度	相邻两柜面	1
	成列两柜面	5
柜间接缝		2

4. 固定

水平度和垂直度校正符合要求后，即可用螺栓和螺母将配电柜固定在槽钢底座上。一般在调整校正后固定，也可逐块调整逐块固定。高压配电柜在侧面出线时，应装设金属保护网。

5. 柜内电器

成套配电柜的内部开关电器等设备均由制造厂配置，安装时需检查柜内电器是否符合设计施工图的要求，并进行公共系统（如接地母线、信号小母线等）的连接和检查。

6. 装饰

配电柜安装完毕后，应保证柜面的油漆完整无损（必要时可重新喷漆，漆面不能反光）。最后应标明柜正面及背面各电器的名称和编号。配电柜安装方法，也适用于落地式动力配电箱和控制箱的安装。

二、电力变压器的安装

（一）安装前的准备工作

1. 场地布置

电力变压器的大部分组装工作最好在检修室内进行，如果没有检修室，则需要选择临时性的安装场所。这时，最好把安装场所选择在变压器的基础台附近，以便变压器就位，也可以把变压器放在自己的基础台上就地组装。

2. 施工机械和主要材料准备

（1）安装电力变压器所需要的机械和工具如下

①安装机具

压缩空气机、真空泵、阀门、加热器、滤油机、油泵、油罐、烘箱、电焊机、行灯变压器、麻绳等。

②测试仪器

摇表、介成损失角测定器、升压变压器、调压器、电流表、电压表、功率表、蓄电池、臭空表、温度计等。

③起重机具

吊车、吊架、吊梁、链式起重机、卷扬机、钢丝绳、滑轮等。

（2）安装电力变压器可能用的材料如下

①绝缘材料

绝缘油、电工绝缘纸板、绝缘布带、电木板、绝缘漆等。

②密封材料

耐油橡胶衬垫、石棉绳、虫胶漆、尼龙绳等。

③黏结材料

环氧树脂胶、胶水、水泥、砂浆等。

④清洁材料

白布、酒精、汽油等。

⑤其他材料

石棉板、方木、电线、钢管、瓷漆、滤油纸、凡士林等。

3. 安全措施

（1）要注意防止人身触电及摔跌等事故发生。

（2）设备安全措施如下

①防止绝缘物过热

变压器身的绝缘多为A级绝缘，干燥温度应限制在105℃以下。

②防止发生火灾

在干燥变压器和过滤绝缘油时，应特别注意防止火灾的发生。

③防止杂物落进油箱

在检查变压器身和安装油箱顶盖时要特别细心，要防止螺母、垫圈及小型工具掉进油箱。工作人员要穿不带纽扣的工作服，所有带进现场的工具、仪表等，在工作之前要进行登记，工作完毕之后如数清点收回。工作中拧下来的各种螺栓应放在小箱内，由专人看管。

④防止附件损坏

组装附件时，绳索绑扎要恰当，要特别注意防止附件和油箱发生碰撞。一般组装的顺序是先里后外、先上后下、先金属部件后瓷质部件。

⑤防止变压器翻倒、严重倾斜事故的发生。

4. 变压器外部检查

电力变压器运达工地10天之内，应进行外部检查，无异常情况才能安装。具体检查下列项目：变压器是否和设计型号规格相符；变压器是否有机械损伤及渗油情况，箱盖螺栓是否完整无缺，密封衬垫是否严密良好；各套管孔、散热器碟阀等处的密封是否严密，螺钉是否紧固；变压器出厂资料是否齐全，散热器套管等附件是否齐全完好；变压器有无小车，轮距与轨道设计距离是否相符；其外表是否有锈蚀，油漆是否完整。

5. 轨道埋设

变压器轨道一般采用43kg/m的钢轨，钢轨应平直。

在土建浇灌变压器基础时，按设计要求预埋铁板数块，两列铁板的中心尺寸应符合轨距。铁板为长方形，长度超过钢轨底宽200mm以上，铁板间距在无设计时可按0.8m施工。

敷设钢轨时，先测出变压器中心线。再将平直好的钢轨及垫铁运上基础，用水平尺将钢轨按设计标高找平，位于气体继电器一侧的钢轨较轨距长度比应高1%～1.5%，两根钢轨同一水平也可，其坡度将由止轮器加垫板来解决。轨道水平误差一般不超过5mm，实际轨距不得小于设计轨距，误差不超过5mm，轨面对设计标高的误差不超过±5mm。

注意轨距是指轨道内侧间距，如图6-12所示。

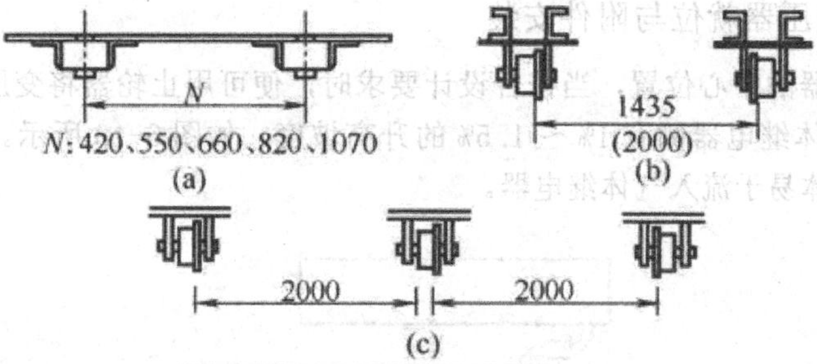

图 6-12　变压器轨距

（a）小型变压器轨距；（b）大、中型变压器轨距；（c）大型变压器轨距

变压器轨道应接地，一般将接地扁钢焊在预埋铁件上。轨道固定好以后，便可二次灌浆将基础粉平，高度以至轨道底平面为宜。

（二）变压器吊芯检查

变压器经过运输，芯部常因振动和冲击使螺钉松动和掉落，胶木螺钉常有折断，穿心螺钉也可能因绝缘受损伤而绝缘程度降低，出现铁芯位移及其他零件脱落等情况，所以常常需要吊芯检查。另外，通过吊芯也可发现制造上的缺陷和疏忽，查看有无水分沉积和受潮现象等。

所有螺栓都应紧固，防松措施良好，胶木螺栓应完好，拧紧时不要用力过大，短少和损坏的螺栓要及时加工配制。器身如有位移要进行校正，恢复原中心位置。铁芯无损伤变形，松开接地片，测试铁芯对地绝缘应良好，无多点接地现象。

穿心螺杆与铁芯、铁轴与夹铁、铁轴方铁与铁轭之间绝缘应良好。如铁貌采用钢带绑扎时，要检查钢带与铁轴之间绝缘是否良好。线圈的绝缘层应完整无损、无移动变位情形、无潮湿迹象。

线圈排列整齐、间隙均匀、油路无堵塞现象，线圈压钉紧固、锁紧螺母拧紧，绝缘垫块紧固不松动。绝缘围屏绑扎牢固，所有线圈引出处的密封良好。引出线绝缘包扎紧固，无破损、拧弯现象；引出线固定牢固，支架坚固；引线裸露部分无毛刺或尖角，焊接质量良好，接线正确、接触良好，电气距离符合要求。

电压切换位置的各分接点与线圈的连接应紧固正确；分接头应清洁、接触紧密、弹力良好；接触部分用 0.05mm×10mm 塞尺应塞不进去；转动接点位置正确并与指示器一致。转动盘动作灵活，密封良好。

有载调压装置的切换开关触头应接触良好，铜编织线完整无损；限流电阻无断损；装置的油箱应密封良好，与大油箱能有效隔离。防磁隔板应完整，固定牢固无松动。

检查油箱底部有无油垢、杂物和水。器身检查完毕后，应用合格变压器油冲洗，并从箱底放油塞将油放尽。凡是有围屏的变压器一般可不解围屏，受围屏遮蔽而不能检查的项目可不检查。

（三）变压器就位与附件安装

核对变压器的中心位置，当符合设计要求时，便可用止轮器将变压器固定。变压器安装应沿气体继电器侧有 1% ～ 1.5% 的升高坡度，如图 6-13 所示。其目的是使油箱内产生的气体易于流入气体继电器。

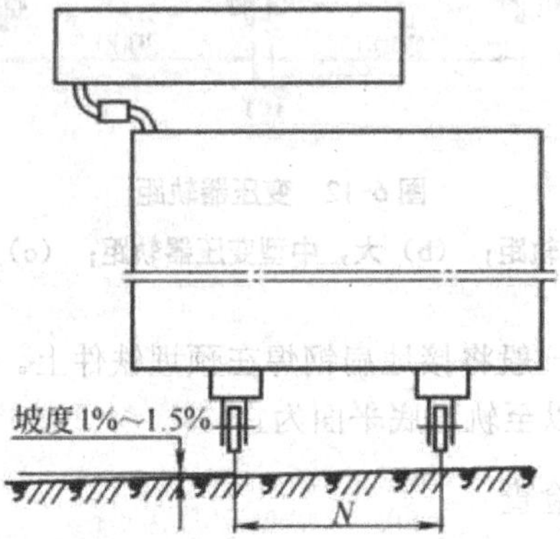

图 6-13　变压器倾斜坡度示意图

套管安装前先进行外观检查、绝缘测量和严密性试验。吊装套管应特别小心，要防止碰撞。套管就位后，按对角顺序拧紧固定套管的法兰螺钉。套管顶部的密封至关重要，接线座一定要拧紧，并垫好橡皮垫。检查散热器没有明显的机械缺陷后，做严密性检查。散热器安装完毕后，再安装相互之间的支撑钢带和风扇。油枕部分是指油枕、吸湿器、瓦斯继电器、防爆管等部件。

1. 油枕安装

先将油枕的两个支板用螺栓暂时固定到油箱的顶盖上，再吊起油枕放在支板上，调整其间的位置，然后拧紧螺栓。

2. 吸湿器安装

用卡具把吸湿器的容器垂直安装在油箱壁或散热器的指定位置，距地面高 1.5 ～ 2m，再用钢管把容器与油枕连接起来，连接处用耐油胶环密封。

把干燥的粒状硅胶装到吸湿器的容器内，在顶盖下面留出高 15 ～ 25mm 的空间。在检查孔的附近要装变色的硅胶，以指示吸湿的程度。把干净的绝缘油注入油槽内至规定的高度。

3. 斯继电器安装

安装时，先装好两侧的连管，将浮子部分取出后把容器装到两段连管之间。瓦斯继电器应水平安装，顶盖上标示的箭头指向油枕。连管向着油枕的方向最好保持有 2% ～ 4% 的升高坡度。各个法兰的密封垫要安装妥当，不得遮挡油路通径。安装完成后的瓦斯继电器如图 6-14 所示。

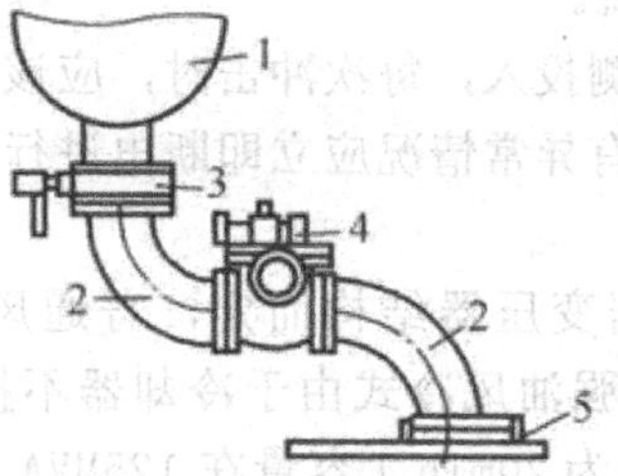

图 6-14 安装完成后的瓦斯继电器

1- 油枕；6- 连管；5- 阀门；6- 瓦斯继电器；5- 油箱顶盖

防爆管安装时应注意各处的密封是否良好，防爆膜片两面都应有橡皮垫。拧紧膜片时，必须均匀用力，使膜片与法兰紧密吻合。膜片损坏需要更换时，其材料和规格应符合产品规定，不得任意代用。

（四）变压器投入运行前的检查

1. 带电前的要求

带电前，应对变压器进行全面检查，查看是否符合运行条件，如不符合，应立即处理，内容大致如下。

（1）变压器储油柜、冷却柜等各处的油阀门应打开再次排放空气，检查各处应无渗漏。

（2）变压器接地良好。

（3）变压器油漆完整、良好，如局部脱落应补漆。如锈蚀、脱落严重应重新除锈喷漆。套管及硬母线相色漆应正确。

（4）套管瓷件完整清洁，油位正常，接地小套管应接地，电压抽取装置如不用也应接地。

（5）分接开关置于运行要求档位，并复测直流电阻值正常，带负荷调压装置指示应正确，动作试验不少于 20 次。

（6）冷却器试运行正常，联动正确，电源可靠。

（7）变压器油池内已铺好卵石，事故排油管畅通。

（8）变压器引出线连接良好，相位、相序符合要求。

（9）气体继电器安装方向正确，打气试验接点动作正确。

（10）温度计安装结束，指示值正常，整定值符合要求。

（11）二次回路接线正确，经试操作情况良好。

（12）变压器全部电气试验项目（除需带电进行者外）都已结束。

（13）再次取油样做耐压试验应合格。

（14）变压器上没有遗留异物，如工具、破布、接地铁丝等。

2. 变压器的冲击试验

变压器试运行前，必须进行全电压冲击试验，考验变压器的绝缘与保护装置，冲击时将会产生过电压和过电流。

全电压冲击一般由高压侧投入，每次冲击时，应该没有异常情况，励磁涌流也不应引起保护装置误动作，如有异常情况应立即断电进行检查。第一次冲击时间应不少于 10min。

持续时间的长短应根据变压器结构而定，普通风冷式不开风扇可带 66.7% 负荷，所以时间可以长一些；强油风冷式由于冷却器不投入时，变压器油箱不足以散热，故允许空载运行的时间为 20min（容量在 125MVA 及以下时）和 10min（容量在 125MVA 以上）。

变压器第一次受电时，如条件许可，宜从零升压，并每阶段停留几分钟进行检查，以便及早发现问题，如正常便继续升至额定电压，然后进行全电压冲击。空载变压器检查方法主要是听声音，正常时发出嗡嗡声，而异常时有以下几种声音：声音较大而均匀时，外加电压可能过高；声音较大而嘈杂时，可能是芯部结构松动；有吱吱响声时，可能是芯部和套管有表面闪络；有爆裂音响且大、不均匀，可能是芯部有击穿现象。

冲击试验前应投入有关的保护，如瓦斯保护、差动保护和过流保护等。另外，现场应配备消防器材，以防不测。在冲击试验中，操作人员应观察冲击电流大小。如在冲击过程中，轻瓦斯动作，应取油样做气相色谱分析，以便做出判断。无异常情况时，再每隔 5min 进行一次冲击，最后空载运行 24h，经 5 次冲击试验合格后才认为通过。

冲击试验通过后，变压器便可带负荷试运行。在试运行中，变压器的各种保护和测温装置等均应投入，并定时检查、记录变压器的温升、油位、渗漏、冷却器运行等情况。有载调压装置还可带电切换，逐级观察屏上电压表指示值应与变压器铭牌相符，如调压装置的轻瓦斯动作，只要是有规律的应属正常，因为切换时要产生一些气体。变压器带一定负荷试运行 24h 无问题，便可移交使用单位。

三、箱式变电所安装

（一）基础安装

1. 测量定位

按设计施工图纸所标注的位置及坐标方位、尺寸，进行测量放线。确定箱式变电所安装的底盘线和中心轴线，并确定地脚螺栓的位置。

2. 基础型钢安装

（1）预制加工基础型钢的型号、规格应符合设计要求

按设计尺寸进行下料和调直，做好防锈处理，根据地脚螺栓位置及孔距尺寸，进行制孔。制孔必须采用机械制孔。

（2）基础型钢架安装

按放线确定的位置、标高、中心轴线尺寸控制准确的位置放好型钢架，并用水平尺或水准仪找平、找正，与地脚螺栓连接牢固。

3. 基础型钢与地线连接

将引进箱内的地线与型钢结构基架两端焊牢。

（二）箱式变电所就位与安装

要确保作业场地清洁、通道畅通，将箱式变电所运至安装的位置，吊装时应充分利用吊环，将吊索穿入吊环内，然后做试吊检查受力，吊索力的分布应均匀一致，确保箱体平稳、安全、准确就位。

按设计布局的顺序组合排列箱体。找正两端的箱体，然后挂通线，找准调正，使其箱体正面平顺。组合的箱体找正、找平后，应将箱与箱用镀锌螺栓连接牢固。箱式变电所的基础应高于室外地坪，周围排水通畅。

箱式变电所所用的地脚螺栓应螺帽齐全，拧紧牢固，自由安放的应垫平放正。箱壳内的高低压室均应装设照明灯具。箱体应有防雨、防晒、防锈、防尘、防潮、防凝露的技术措施。箱式变电所安装高压或低压电度表时，接线相位必须准确，应安装在便于查看的位置。

箱式变电所接地应使每箱独立与基础型钢连接，严禁进行串联。接地干线与箱式变电所的N母线及PE母线直接连接，变电箱体、支架或外壳的接地应用带有防松装置的螺栓连接。连接均应紧固可靠，紧同件齐全。

（三）接线

高压接线应尽量简单，但要求既有终端变电站接线，也有适应环网供电的接线。成套变电所各部分一般在现场进行组装和接线，通常采用下列形式的一种。

1. 放射式

一回一次馈电线接一台降压变压器，其二次侧接一回或多回放射式馈电线。

2. 一次选择系统和一次环形系统

每台降压变压器通过开关设备接到两个独立的一次电源之上，以得到正常和备用电源。在正常电源有故障时，则将变压器换接到另一电源上。

3. 二次选择系统

两台降压变压器各接一独立一次电源。每台变压器的二次侧通过合适的开关和保护装置连接各自的母线。两段母线间设联络开关与保护装置，联络开头正常情况下是断开的，每段母线可供接一回或多回二次放射式馈电线。

4. 二次点状网络

两台降压变压器各接一独立一次电源。每台变压器二次侧都通过特殊型的断路器接到公共母线上，该断路器叫作网络保护器。网络保护器装有继电器，当逆功率流过变压器时，断路器即被断开，并在变压器二次侧电压、相角和相序恢复正常时再行重合。母线可供接一回或多回二次放射式馈电线。

5. 配电网络

单台降压变压器二次侧通过做网络保护器接到母线上。网络保护器装有继电器，当变压器二次侧电压、相角、相序恢复时，断路器断开。母线便可供接一回或多回二次放射式馈电线，和接一回或多同联络线，与类似的成套变电站相连。

6. 双回路系统（一个半断路器方案）

两台降压变压器各接一独立一次电源。每台变压器二次侧接一回放射式馈电线。

这些馈电线电力断路器的馈电侧用正常断开的断路器连接在一起。接线的接触面应连接紧密，连接螺栓或压线螺钉紧固必须牢固，可与母线连接时紧固螺栓采用力矩扳手紧固。

相序排列准确、整齐、平整、美观，涂色正确。设备接线端，母线搭接或卡子、夹板处，明设地线的接线螺栓处等两侧 10 ～ 15mm 处均不得涂刷涂料。

四、变配电设备调试验收

（一）配电柜调试及试运行

1. 调整试验

（1）配电柜的调整

①调整配电柜机械联锁

重点检查五种防止误操作功能，应符合产品安装使用技术说明书的规定。

②二次控制线调整

将所有的接线端子螺丝再紧一次；可用兆欧表测试配电柜间线路的线间和线对地间绝缘电阻值，馈电线路必须大于 0.5MΩ，二次回路必须大于 1MΩ；二次线回路如有晶体管、集成电路、电子元件时，该部位的检查不得使用兆欧表，应使用万用表测试回路接线是否正确。

③模拟试验

将柜（台）内的控制、操作电源回路熔断器上端相线拆掉，将临时电源线压接在熔断器上端，接通临时控制电源和操作电源。按图纸要求，分别模拟试验控制、连锁、操作、继电保护和信号动作，正确无误，灵敏可靠；音响信号指示正确。

（2）配电柜的试验

①高压试验

高压成套配电柜必须按现行国家标准《电气装置安装工程电气设备交接试验标准》（GB 50150-2016）的规定交接试验合格，且应符合下列规定：继电保护元器件、逻辑元件、变送器和控制用计算机等单体校验合格，整组试验动作正确，整定参数符合设计要求。凡经法定程序批准，进入市场投入使用的新高压电气设备和继电保护装置，按产品技术文件要求交接试验。高压瓷件表面严禁有裂纹，缺损和瓷釉损坏等缺陷，低压绝缘部件完整。

②定值整定

定值整定工作应由供电部门完成，定值严格按供电部门的定值计算书输入。对于继电器控制的配电柜，分别对电流继电器、时间继电器定值进行调整；对于微机操作的配电柜直接将各参数输入至各配电柜控制单元。

2. 试运行验收

（1）送电试运行前的准备工作

备齐经过检验合格的验电器、绝缘靴、绝缘手套、临时接地线、绝缘垫、干粉灭火器等。对设置固定式灭火系统及自动报警装置的变配电室，消防设施应经当地消防部门验收后，变配电设施才能正式运行使用。如未经消防部门验收，须经其同意，并办理同意运行手续后，才能进行高压运行。

再次清扫设备，并检查母线上、配电柜上有无遗留的工具、材料等。试运行的安全组织措施到位，明确试运行指挥者、操作者和监护者。明确操作程序和安全操作应注意的事项。填写工作票、操作票、实行唱票操作。

（2）空载送电试运行

由供电部门检查合格后，检查电压是否正常，然后对进线电源进行核相，相序确认无误后，按操作程序进行合闸操作。先合高压进线柜开关，并检查PT柜的三相电压指示是否正常。再合变压器柜开关，观察电流指示是否正常，低压进线柜上电压指示是否正常，并操作转换开关，检查三相电压情况。再依次将各高压开关柜合闸，并观察电压、电流指示是否正常。合低压柜进线开关，在低压联络柜内，在开关的上下侧（开关未合状态）进行核相。

（3）验收

经过空载试运行试验24h无误后，进行负载运行试验，并观察电压、电流等指示正常，高压开关柜内无异常声响，运行正常后，即可办理验收手续。

（二）变压器及箱式变电所调试以及试运行

1. 设备试验

变压器的常规试验见表6-5。

表6-5 变压器的常规试验

试验内容	干式变压器	
	电压等级	
	6kV	10kV
绕组连同套管直流电阻值测量（在分接头各个位置）	与出厂值比较，同温度下变化不大于2%	同左
检查变比（在分接头各个位置）	与变压器铭牌相同，符合规律	同左
检查接线组别	与变压器铭牌相同，与出线负号一致	同左
绕组绝缘电阻值测量	经测量时温度与出厂测量温度换算后不低于出厂值70%	同左
绕组连同套管交流工频耐压试验	17kV，1min	24kV，1min
与铁芯绝缘的紧固件绝缘电阻值测量	用2500V兆欧表测量1min，无闪络击穿现象	同左
检查相位	与设计要求一致	同左

2. 送电前检查

（1）变压器试运行前应做全面检查，并确认符合试运行条件后方可投入运行，检查内容如下：

①变压器应清理、擦拭干净，顶盖上无遗留杂物。

②变压器一、二次引线相位和相色标志正确，绝缘良好。

③变压器外壳和其他非带电金属部件均应接地良好可靠。

④有中性点接地变压器在进行冲击合闸前，中性点必须接地。

⑤消防设施齐备。

⑥保护装置整定值符合规定要求；操作及联动试验正常。

⑦无外壳干式变压器护栏安装完毕；各种标志牌、门锁齐全。

⑧轮子的制动装置固定牢固。

（2）箱式变电所接线完毕后应进行柜体内部清扫，用擦布将柜内外擦干净；检查母线上、柜内有无遗留的工具、材料等。

3. 试运行验收

（1）设备试运行

变压器空载投入冲击试验：变压器不带负荷投入，且所有负荷侧开关应全部拉开。按规程规定在变压器试运行前，必须进行全电压冲击试验，以考验变压器的绝缘和保护装置。全电压冲击合闸，第一次投入时由高压侧投入，受电后，持续时间不少于10min，经检查无异常情况后，再每隔5min进行冲击一次，连续进行3～5次全电压冲击合闸，励磁涌流不应引起保护装置误动作，最后一次进行24h空载试运行。

变压器空载运行主要检查温升及噪声。正常时发出嗡嗡声，异常时有以下几种情况：声音比较大而均匀时，可能是外加电压比较高；声音比较大而嘈杂时，可能是芯部有松动；有兹兹放电声音，可能是芯部和套管有表面闪络；有爆裂声响，可能是芯部击穿现象。应严加注意，并检查原因及时分析处理。

在冲击试验中操作人员应注意观察冲击电流、空载电流及一、二次侧电压等，并做好详细记录。变压器空载运行24h，无异常情况后，方可投入负荷运行。

（2）验收

变压器和箱式变电所经过空载运行24h，无异常情况后，可办理验收手续。

第七章 地基处理与基础工程施工

第一节 地基处理

地基是指建筑物荷载作用下基底下方产生的变形不可忽略的那部分地层。而基础则是指将建筑物荷载传递给地基的下部结构。作为支承建筑物荷载的地基，必须能防止强度破坏和失稳。在满足上述条件下，尽量采用相对埋深不大，只需普通施工程序就可完成的基础类型，即天然地基上的浅基础。若地基不能满足要求，则应进行地基加固处理，在处理后的地基上建造的基础，称之为人工地基上的浅基础。当上述地基基础形式均不能满足要求时，则应考虑借助特殊的施工手段实现的、相对埋深较大的基础形式，即深基础（常用桩基），以求把荷载更稳固地传递到深部的坚实土层中。

地基处理就是按照上部结构对地基的要求，对地基进行必要的加固或改良，提高地基土的承载力，保证地基稳定，减少房屋的沉降。

一、特殊土地基工程性质及处理原则

（一）饱和淤泥土

工程上将淤泥和淤泥质土称为软土。软土以黏粒为主，在静水或非常缓慢的流水环境中沉积而成。

我国大部分地区在地下 6 ～ 15 m 都存在着性质差的淤泥层，淤泥质土的特性是引发事故、难以处理的地基土。

（二）杂填土地基

杂填土由堆积物组成。堆积物一般为含有建筑垃圾、工业废料、生活垃圾、弃土等杂物的填土。

解决杂填土地基的不均匀性，可用强夯法、振冲碎石桩、振动成孔灌注桩、复合地基等方法处理，不宜用静力预压、砂垫层等多种方法处理。

（三）湿陷性黄土

湿陷性黄土是一种特殊的黏性土，浸水则会产生湿陷，使地基出现大面积或局部下沉，造成房屋损坏。并广泛分布于我国河南、河北、山东、山西、陕西北部等区域。

破坏土的大孔结构，改善土的工程性质，消除或减少地基的湿陷变形，防止水浸入地基，提高建筑结构刚度等，可用灰土垫层法、夯实法、挤密法、桩基础法、预浸水法等处理。

（四）膨胀土

膨胀土主要是一种由亲水性矿物黏粒组成，具有较大胀缩性的高塑性黏土，主要黏粒矿物为具有很强吸附能力的蒙脱石，它的强度较高，压缩性很差，具有吸水膨胀、失水收缩和反复胀缩变形的特点，性质极不稳定。膨胀土多分布于我国湖北、广西、云南、安徽、河南等地。

膨胀土虽属于坚硬不透水的裂隙土，但它吸附能力极强。膨胀土含水量的增加依靠水分子的转移和毛细管的作用，其含水量的减少依靠蒸发。房屋的不均匀变形有土质本身不均匀的因素，更重要的是水分转移及蒸发的不均匀性。在地基处理时可采用换土、砂石垫层、土性改良等方法。当膨胀土较厚时，可以采用桩基处理，将桩尖支撑在稳定土层上。

二、地基土处理方法

地基处理就是按照上部结构对地基的要求，并对地基进行必要的加固或改良，经人工处理，改善地基土的强度及压缩性，消除或避免造成上部结构破坏和开裂的影响因素。常见地基处理的方法有以下几种。

（一）灰土垫层

灰土垫层是采用石灰和黏性土拌和均匀后，分层夯实而成。石灰与土的配合比一般采用体积比，比例为2 ∶ 8或3 ∶ 7，其承载能力可达到300 kPa，适用于地下水水位较低、基槽经常处于较干状态下的一般黏性土地基的加固。灰土地基施工方法简便，取材容易，费用较低。其施工要点如下：

（1）灰土料的施工含水量应控制在最优含水量 ±2% 的范围内，最优含水量可以通过击实试验确定，也可按当地经验取用。

（2）灰土分段施工时，不得在墙角、柱基及承重窗间墙下接缝，上、下两层的接缝距离不得小于500 mm，接缝处应夯压密实，并做成直槎。当灰土地基高度不同时，应做成阶梯形，每阶宽度不小于500 mm。对作辅助防渗层的灰土，应将地下水水位以下结构包围，并处理好接缝，同时注意接缝质量；每层虚土从留缝处往前延伸500 mm，夯实时应夯过接缝300 mm以上；接缝时，用铁锹在留缝处垂直切齐，再铺下段夯实。

(3）灰土应于当日铺填夯压，入坑（槽）灰土不得隔日夯打。夯实后的灰土30 d内不得受水浸泡，并及时进行基础施工与基坑回填，或是在灰土表面作临时性覆盖，

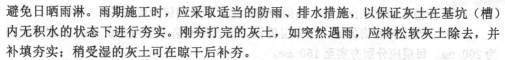

避免日晒雨淋。雨期施工时，应采取适当的防雨、排水措施，以保证灰土在基坑（槽）内无积水的状态下进行夯实。刚夯打完的灰土，如突然遇雨，应将松软灰土除去，并补填夯实；稍受湿的灰土可在晾干后补夯。

（4）冬期施工必须在基层不冻的状态下进行，对土料应覆盖保温，不得使用冻土及夹有冻块的土料；已熟化的石灰应在次日用完，以充分利用石灰熟化时的热量。当日拌和灰土应当日铺填夯完，其表面应用塑料布及草袋覆盖保温，以防灰土垫层早期受冻而降低强度。

（5）施工时，应注意妥善保护定位桩、轴线桩，防止碰撞发生位移，并应经常复测。

（6）对基础、基础墙或地下防水层、保护层以及从基础墙伸出的各种管线，均应妥善保护，防止回填灰土时碰撞或损坏。

（7）夜间施工时应合理安排施工顺序，要配备足够的照明设施，防止铺填超厚或配合比错误。

（8）灰土地基夯实后，应及时进行基础的施工和地坪面层的施工；否则，应临时遮盖，防止日晒雨淋。

（9）每一层铺筑完毕，应进行质量检验并认真填写分层检测记录。当某一填层不符合质量要求时，立即采取补救措施，进行整改。

（二）砂垫层与砂石垫层

当地基土较松软，常将基础下面一定厚度软弱土层挖除，用砂或砂石垫层来代替，以起到提高地基承载力、减少沉降、加速软土层排水固结作用。一般用于具有一定透水性的黏土地基加固，但不宜用于湿陷性黄土地基和不透水的黏性土地基的加固，以免引起地基大幅下沉，降低其承载力。其施工要点如下：

（1）施工前应验槽，先将浮土消除，基槽（坑）的边坡必须稳定，槽底和两侧如有孔洞、沟、井和墓穴等，应在未做垫层前加以处理。

（2）人工级配的砂石材料，应按级配拌制均匀，再铺填振实。

（3）砂垫层或砂石垫层的底面宜铺设在同一标高上，如深度不同时，施工应按照先深后浅的顺序进行。土层面应形成台阶或斜坡搭接，搭接处应注意振捣密实。

（4）分段施工时，接槎处应做成斜坡，每层错开 0.5 ～ 1.0 m，并应充分振捣。

（5）采用砂石垫层时，为防止基坑底面的表层软土发生局部破坏，应在基坑底部及四周先铺一层砂，然后再铺一层碎石垫层。

（6）冬期施工时，不得采用夹有冰块的砂石做垫层，并应采取措施防止砂石内水分冻结。

（三）碎砖三合土垫层

碎砖三合土是用石灰、砂、碎砖（石）和水搅拌均匀后，分层铺设夯实而成。配合比应按设计规定，一般用 1 ∶ 2 ∶ 4 或 1 ∶ 3 ∶ 6（消石灰：砂或黏性土：碎砖，体积比）。碎砖粒径为 20 ～ 60 mm，不得含有杂质；砂或黏性土中不得含有草根、贝壳等有机物；石灰用未粉化的生石灰块，使用时临时用水熟化。施工时，按体积配合比材料，拌和均匀，铺摊入槽。同时要注意下列事项：

（1）基槽在铺设三合土前，必须验槽、排除积水和铲除泥浆。

（2）三合土拌和均匀后，应分层铺设。铺设厚度第一层为 220 mm，其余各层均为 200 mm。每层应分别夯实至 150 mm。

（3）三合土可采用人力夯或机械夯实。夯打应密实，表面平整。如发现三合土含水量过低，应补浇灰浆，并随浇随打夯。铺摊完成的三合土不得隔日夯打。

（4）铺至设计标高后，最后一遍夯打时，宜淋洒浓灰浆，待表面略干后，再铺摊薄层砂子或煤屑，进行最后整平夯实，方便施工弹线。

（四）强夯法

强夯法是一种地基加固措施，即用几十吨(8～40 t)的重锤从高处(6～30 m)落下，反复多次夯击地面，对地基进行强力夯实。这种强大的夯击力（≥ 500 kJ）在地基中产生应力和振动，从地面夯击点发出的纵波和横波可以传至土层深处，迫使土体中的孔隙压缩，土体局部液化，夯击点周围产生裂隙，形成良好的排水通道，水和气迅速排出，土体产生固结，从而使地基土浅层和深层得到不同程度的加固，提高地基承载力，降低其压缩性。

强夯法适用于处理碎石土、砂土和低饱和度的黏性土、粉土以及湿陷性黄土等地基的深层加固。地基经强夯加固后，承载能力可提高 2 ～ 5 倍，压缩性可降低 200%～1 000%，其影响深度在 10 m 以上，且强夯法具有施工简单、速度快、节省材料、效果好等特点，因而被广泛使用，但强夯所产生的振动和噪声很大，对周围建筑物和其他设施有影响，在城市中心和居民区不宜采用，必要时可采取挖防震沟等防震措施。其施工要点如下：

（1）施工前应做好强夯地基地质勘察，对不均匀土层适当增加钻孔和原位测试工作，掌握土质情况，作为制订强夯方案和对比夯前、夯后加固效果之用。查明强夯影响范围内的地下构筑物和各种地下管线的位置及标高，采取必要的防护措施，避免因强夯施工而造成破坏。

（2）施工前应检查夯锤质量、尺寸，落锤控制手段及落距，夯击遍数，夯点布置，夯击范围，进而应现场试夯，用以确定施工参数。

（3）夯击时，落锤应保持平稳，夯位应准确，夯击坑内积水应及时排除。坑底含水量过大时，可铺砂石后再进行夯击。

（4）强夯应分段进行，顺序从边缘夯向中央，对厂房柱基也可一排一排夯；起重机直线行驶，从一边驶向另一边，每夯完一遍，进行场地平整。放线定位后，再进行下一遍夯击。强夯的施工顺序是先深后浅，即先加固深层土，再加固中层土，最后加固浅层土。夯坑底面以上的填土（经推土机推平夯坑）比较疏松，加上强夯产生的强大振动，也会使周围已夯实的表层土产生一定的振松，如前所述，一定要在最后一遍点夯完之后，再以低能量满夯一遍。但在夯后进行工程质量检验时，有时会发现厚度 1 m 左右的表层土的密实程度要比下层土差，说明满夯没有达到预期的效果，这是因为目前大部分工程的低能满夯采用和强夯施工同一夯锤低落距夯击，由于夯锤较重，而表层土因无上覆压力、侧向约束小，所以在夯击时土体侧向变形大。对于粗颗粒的

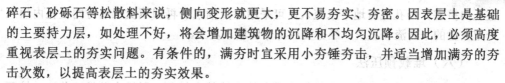

碎石、砂砾石等松散料来说，侧向变形就更大，更不易夯实、夯密。因表层土是基础的主要持力层，如处理不好，将会增加建筑物的沉降和不均匀沉降。因此，必须高度重视表层土的夯实问题。有条件的，满夯时宜采用小夯锤夯击，并适当增加满夯的夯击次数，以提高表层土的夯实效果。

（5）对于高饱和度的粉土、黏性土和新饱和填土，进行强夯时，很难将最后两击的平均夯沉量控制在规定的范围内，可采取以下措施：①适当将夯击能量降低；②将夯沉量差适当加大；③填土可采取将原土上的淤泥清除，挖纵横盲沟，以排除土内的水分；同时，在原土上铺 50 cm 厚的砂石混合料，以保证强夯时土内的水分排出，在夯坑内回填块石、碎石或矿渣等粗颗粒材料，进行强夯置换等措施，通过强夯将坑底软土向四周挤出，使其在夯点下形成块（碎）石墩，并与四周软土构成复合地基，产生明显的加固效果。

（6）雨期强夯施工，场地四周设排水沟、截洪沟，防止雨水入侵夯坑；填土中间稍高，土料含水率应符合要求，分层回填、摊平和碾压，使表面保持 1% ～ 2% 的排水坡度，当班填当班压实；雨后抓紧时间排水，推掉表面稀泥和软土，再碾压，夯后夯坑立即填平、压实，使之高于四周。

（7）冬期施工应清除地表冰冻层再强夯，夯击次数相应增加。例如有硬壳层，要适当增加夯击次数或提高夯击质量。

（8）做好施工过程中的监测和记录工作，包括检查夯锤重和落距，对夯点放线进行复核，检查夯坑位置，按要求检查每个夯点的夯击次数、每夯的夯沉量等，对各项施工参数、施工过程实施情况做好详细记录，作为质量控制的依据。

（五）灰土挤密桩

灰土挤密桩是以震动或冲击的方法成孔，然后在孔中填以 2 ∶ 8 或 3 ∶ 7 灰土并夯实而成。适用于处理松软砂类土、素填土、杂填土、湿陷性黄土等，将土挤密或消除湿陷性，效果显著。处理后地基承载力可以提高一倍以上，同时具有节省大量土方，降低造价 70% ～ 80%，施工简便等优点。其施工要点如下：

（1）施工前应在现场进行成孔、夯填工艺和挤密效果试验，以确定分层填料厚度、夯击次数和夯实后干密度等要求。

（2）灰土的土料和石灰质量要求及配制工艺要求同灰土垫层。填料的含水量超出或低于最佳值 3% 时，宜进行晾干或洒水润湿。

（3）桩施工一般采取先将基坑挖好，预留 20 ～ 30 cm 土层，然后在基坑内施工灰土桩，基础施工前再将已扰动的土层挖去。

（4）桩的施工顺序应先外排后里排，同排内应间隔一两个孔，避免因振动挤压造成相邻孔产生缩孔或坍孔。成孔达到要求深度后，应立即夯填灰土，填孔前应先清底夯实、夯平。夯击次数不少于 8 次。

（5）桩孔内灰土应分层回填夯实，每层厚度为 350 ～ 400 mm，夯实可用人工或简易机械进行，桩顶应高出设计标高约 150 mm，挖土时将高出部分铲除。

（6）如孔底出现饱和软弱土层时，可加大成孔间距，以防由于振动而造成已成

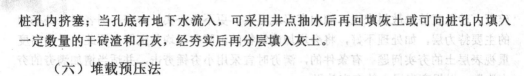

桩孔内挤塞；当孔底有地下水流入，可采用井点抽水后再回填灰土或可向桩孔内填入一定数量的干砖渣和石灰，经夯实后再分层填入灰土。

（六）堆载预压法

堆载预压法是在含饱和水的软土或杂填土地基中打入一群排水砂桩（井），桩顶铺设砂垫层，先在砂垫层上分期加荷预压，使土中孔隙水不断通过砂井上升至砂垫层排出地表，从而在建筑物施工之前，地基土大部分先期排水固结，减少了建筑物沉降，提高了地基的稳定性。这种方法具有固结速度快、施工工艺简单、效果好等特点，应用广泛。适用于处理深厚软土和冲填土地基，多用于处理机场跑道、水工结构、道路、路堤、码头、岸坡等工程地基，对于泥炭等有机质沉积地基则不适用。其施工要点如下：

(1)砂井施工机具、方法等同于打砂桩。当采用袋装砂井时，砂袋应选用透水性好、韧性强的麻布、聚丙烯编织布制作。当桩管沉到预定深度后插入袋子，将袋子的上口固定到装砂用的漏斗上，通过振动将砂子填入袋中并密实；待装满砂后，卸下砂袋扎紧袋口，拧紧套管上盖并提出套管，此时袋口应高出孔口 500 mm，以便埋入地基中。

(2) 砂井预压加荷物一般采用土、砂、石或水。加荷方式有两种：一是在建筑物正式施工前，在建筑物范围内堆载，待沉降基本完成后把堆载卸走，再进行上部结构施工；二是利用建筑物自身的重量，更加直接、简便、经济，每平方米所加荷载量宜接近设计荷载。也可用设计标准荷载的 120% 为预压荷载，以加速排水固结。

(3)地基预压前，应设置垂直沉降观测点、水平位移观测桩测、斜仪及孔隙水压计。

(4) 预压加载应分期、分级进行。加荷时应严格控制加荷速度，控制方法是每天测定边桩的水平位移与垂直升降和孔隙水压力等。地面沉降速率不宜超过 10 mm/d；边桩水平位移宜控制在 3 ～ 5 mm/d；边桩垂直上升不宜超过 2 mm/d。若超过上述规定数值，应停止加荷或减荷，待稳定后再加载。

(5) 加荷预压时间由设计规定，一般为 6 个月，但不宜少于 3 个月。同时，待地基平均沉降速率减小到不大于 2 mm/d，便可开始分期、分级卸荷，但应继续观测地基沉降和回弹情况。

（七）振冲地基

振冲地基是利用振冲器在土中形成振冲孔，并在振动冲水过程中填以砂、碎石等材料，借振冲器的水平及垂直振动，振密填料，形成的砂石桩体与原地基构成复合地基，提高地基的承载力和改善土体的排水降压通道，并对可能发生液化的砂土产生预振效应，防止液化。

振冲桩加固地基不仅可节省钢材、水泥和木材，且施工简单，加固期短，还可因地制宜，就地取材，用碎石、卵石和砂、矿渣等填料，费用低廉，经济节省，是一种快速、经济、有效的地基加固方法。

振冲桩适用于加固松散的砂土地基；对黏性土和人工填土地基，经试验证明加固有效时方可使用；对于粗砂土地基，可利用振冲器的振动和水冲过程使砂土结构重新排列挤密，而不必另加砂石填料（也称振冲挤密法）。

（八）深层搅拌法

深层搅拌法是利用水泥浆做固化剂，采用深层搅拌机在地基深部就地将软土和固化剂充分拌和，利用固化剂和软土发生一系列物理一化学反应，使之凝结成具有整体性、水稳性和较高强度的水泥加固体，与天然地基形成复合地基。加固形式有柱状、壁状和块状三种。

深层搅拌法加固工艺合理，技术可靠，施工中无振动、无噪声，对环境无污染，对土壤无侧向挤压，对邻近建筑影响很小，同时工期较短，造价较低，效益显著。

深层搅拌法适用于加固较深、较厚的饱和黏土及软黏土，沼泽地带的泥炭土，粉质黏土和淤泥质土等。土类加固后多用于墙下条形基础及大面积堆料厂房下地基。

第二节　浅基础施工

基础的类型与建筑物的上部结构形式、荷载大小、地基的承载能力、地基土的地质与水文情况、基础选用的材料性能等因素有关，构造方式也因基础样式及选用材料的不同而不同。浅基础一般是指基础埋深为 3 ～ 5 m，或者基础埋深小于基础宽度的基础，且通过排水、挖槽等普通施工即可建造的基础。

一、浅基础的类型

浅基础按受力特点可分为刚性基础和柔性基础。用抗压强度较大，而抗弯、抗拉强度较小的材料建造的基础，如砖、毛石、灰土、混凝土、三合土等基础均属于刚性基础。用钢筋混凝土建造的基础属于柔性基础。

浅基础按构造形式可分为单独基础、带形基础、交梁基础、筏形基础等。单独基础也称独立基础，其是柱下基础常用形式，截面可做成阶梯形或锥形等。带形基础是指长度远大于其高度和宽度的基础，常见的是墙下条形基础，材料有砖、毛石、混凝土和钢筋混凝土等。交梁基础是在柱下带形基础不能满足地基承载力要求时，将纵横带形基础连成整体而成，使基础纵横两向均具有较大的刚度。当柱子或墙体传递荷载过大，且地基土较软弱，采用单独基础或条形基础都不能满足地基承载力要求时，往往需要将整个房屋底面做成整体连续的钢筋混凝土板，作为房屋的基础，称为筏形基础。

浅基础按材料不同可分为砖基础、毛石基础、灰土基础、碎砖三合土基础、混凝土基础与钢筋混凝土基础。

二、常见刚性基础施工

刚性基础所用的材料，如砖、石、混凝土等，其抗压强度较高，但抗拉及抗剪强度偏低。因此，用此类材料建造的基础，应保证其基底只受压、不受拉。由于受到压力的影响，基底应比基顶墙（柱）宽些。根据材料受力的特点，不同材料构成的基础，其传递压力的角度也不同。刚性基础中压力分布角 α 称为刚性角。在设计中，应尽量使基础大放脚与基础材料的刚性角相一致，由此确保基础底面不产生拉应力，最大限度地节约基础材料。

（一）毛石基础

毛石基础是用强度较高而未风化的毛石砌筑的。毛石基础具有强度较高、抗冻、耐水、经济等特点。毛石基础的断面尺寸多为阶梯形，并常与砖基础共用作为砖基础的底层。为保证黏结紧密，每一阶梯宜用三排或三排以上的毛石砌筑，由于毛石基础尺寸较大，毛石基础的宽度及台阶高度不应小于 400 mm。

（1）毛石基础应采用铺浆法砌筑，砂浆必须饱满，叠砌面的粘灰面积（砂浆饱和度）应大于 80%。

（2）砌筑毛石基础的第一皮石块应坐浆，并将石块的大面朝下，毛石基础的转角处、交接处应采用较大的平毛石砌筑。

（3）毛石基础宜分皮卧砌，各皮石块间应利用毛石自然形状经敲打修整使其能与先砌毛石基本吻合、搭砌紧密；毛石应上下错缝，内外搭砌，不得采用先砌外面侧立毛石、后中间填心的砌筑方法。

（4）毛石基础的灰缝厚度宜为 20 ～ 30 mm，石块间不得有相互接触现象。石块间较大的空隙应先填塞砂浆后用碎石块嵌实，不得采用先摆碎石块后塞砂浆或干填碎石块的方法。

（5）毛石基础的扩大部分，如做成阶梯形，上级阶梯的石块应至少压砌下级阶梯石块的1/2. 相邻阶梯的毛石应相互错缝搭砌；对于基础临时间断处，应留阶梯形斜槎，其高度不应超过 1.2 m。

（二）砖基础

砖基础具有就地取材、价格便宜、施工简便等特点，在干燥和温暖地区应用广泛。其施工要点如下：

（1）砖基础一般下部为大放脚，上部为基础墙。大放脚可分为等高式和间隔式。等高式大放脚是每砌两皮砖，两边各收进 1/4 砖（60 mm）；间隔式大放脚是每砌两皮砖及一皮砖，交替砌筑，两边各收进 1/4 砖长（60 mm），但最下面应为两皮砖。

（2）砖基础大放脚一般采用一顺一丁砌筑形式，即一皮顺砖与一皮丁砖相间、上下皮竖向灰缝相互错开60 mm。砖基础的转角处、交接处，为错缝需要应加砌配砖（3/4 砖、半砖或 1/4 砖）。

（3）砖基础的水平灰缝厚度和竖向灰缝厚度宜为 10 mm，水平灰缝的砂浆饱满度不得小于 80%。

（4）砖基础底面标高不同时，应从低处砌起，并应由高处向低处搭砌；当设计无要求时，搭砌长度不应小于砖基础大放脚的高度。

（5）砖基础的转角处和交接处应同时砌筑，当不能同时砌筑时应留成斜槎。基础墙的防潮层应采用 1 ∶ 2 水泥的砂浆。

（三）混凝土基础

混凝土基础具有坚固、耐久、耐水、刚性角大、可根据需要任意改变形状的特点，常用于地下水水位较高、受冰冻影响的建筑。混凝土基础台阶宽高比为 1 ：1 ～1 ：1.5. 实际使用时可把基础断面做成梯形或是阶梯形。

三、常见柔性基础施工

刚性基础受其刚性角的限制，若基础宽度大，相应的基础埋深也随之加大，这样会增加材料消耗和挖方量，也会影响施工工期。在混凝土基础底部配置受力钢筋，利用钢筋受拉使基础承受弯矩，如此也就可不受刚性角的限制，所以钢筋混凝土基础也称柔性基础。采用钢筋混凝土基础比混凝土基础可节省大量的混凝土材料和挖土工程量。

常用的柔性基础包括独立柱基础、条形基础、杯形基础、筏形基础、箱形基础等。

钢筋混凝土基础断面可做成梯形，高度不小于 200 mm，也可做成阶梯形，每踏步高度为 300 ～ 500 mm。通常情况下，钢筋混凝土基础下面设有 C10 或 C15 素混凝土垫层，厚度为 100 mm；无垫层时，钢筋保护层厚度为 75 mm，以此来保护受力钢筋不锈蚀。

（一）独立柱基础

常见独立柱基础的形式有矩形、阶梯形、锥形等。

独立柱基础施工工艺流程：清理、浇筑混凝土垫层→钢筋绑扎→支设模板→清理→混凝土浇筑→已浇筑完的混凝土，应在 12 h 左右覆盖和浇水→模板拆除。

（二）条形基础

常见条形基础形式有锥形板式、锥形梁板式、矩形梁板式等。条形基础的施工工艺流程，与独立柱基础施工工艺流程十分近似。

（三）杯形基础

其施工要点如下：（1）将基础控制线引至基槽下，做好控制桩，并核实准确；（2）将垫层混凝土振捣密实，表面抹平；（3）利用控制桩定位施工控制线、基础边线至垫层表面，复查地基垫层标高及中心线位置，确定无误后，绑扎基础钢筋；（4）自下往上支设杯基第一层、第二层外侧模板并加固，外侧模板一般用钢模现场拼制；（5）支设杯芯模板，杯芯模板一般用木模拼制；（6）模板与钢筋的检验，做好隐蔽验收记录；（7）施工时应先浇筑杯底混凝土，在杯底一般有 50 mm 厚的细石混凝土找平层，应仔细留出；（8）分层浇筑混凝土。浇筑混凝土时，须防止杯芯模板上浮或向四周偏移，注意控制坍落度（最好控制在 70 ～ 90 mm）及浇筑下料速度，在混凝土浇筑到高于上层侧模 50 mm 左右时，稍作停顿，在混凝土初凝前，接着在杯芯四周对称均匀下料振捣。特别注意混凝土必须连续浇筑，在混凝土分层时须把握好初凝时间，保证基础的整体性；（9）杯芯模板拆除视气温情况而定。其在混凝土初凝后终凝前，将模板分体拆除或用撬棍撬动杯芯模板拆除，须注意拆模时间，以免破坏杯口混凝土，并及时进行混凝土养护。

（四）筏形基础

其施工要点如下：

（1）根据在防水保护层弹好的钢筋位置线，要先铺钢筋网片的长向钢筋，后铺短向钢筋，钢筋接头尽量采用焊接或机械连接，要求接头在同一截面相互错开50%，同一根钢筋在35 d（d为钢筋直径）或500 mm的长度内不得存在两个接头。

（2）绑扎地梁钢筋。在平放的梁下层水平主筋上，用粉笔画出箍筋间距，箍筋与主筋垂直放置，箍筋转角与主筋交点均要绑扎，主筋与箍筋非转角部分的相交点呈梅花形交错绑扎，箍筋的接头即弯钩叠合处沿地梁水平筋交错布置绑扎。

（3）根据确定好的柱和墙体位置线，将暗柱和墙体插筋绑扎就位，并和底板钢筋点焊牢固，要求接头均相错50%。

（4）支垫保护层。底板下垫块保护层为35 mm，梁柱主筋保护层为25 mm，外墙迎水面为35 mm，外墙内侧及内墙均为15 mm，保护层垫块间距为600 mm，呈梅花形布置。设计有特殊要求时，按设计要求施工。

（5）砖胎膜砌筑前，待垫层混凝土达到25%设计强度后，垫层上放线超出基础底板外轮廓线40 mm，砌筑时要求拉通线，采用“一顺一丁”及“三一”砌筑方法，转角处或接口处留出接槎口，墙体要求垂直。

（6）模板要求板面平整、尺寸准确、接缝严密；模板组装成型后进行编号，安装时用塔式起重机将模板初步就位，然后根据位置线加水平和斜向支撑进行加固，并调整模板位置，使模板的垂直度、刚度和截面尺寸符合要求。

（7）基础混凝土一次性浇筑，间歇时间不能过长，混凝土浇筑顺序由一端向另一端浇筑，采用踏步式分层浇筑、分层振捣，确保使水泥水化热尽量散失。振捣时要快插慢拔，逐点进行，边角处多加注意，不得漏振，且尽量避免碰撞钢筋、芯管、止水带、预埋件等，每一插点要掌握好振捣时间，一般为20～30 s，时间过短不易振实，过长易引起混凝土离析。

（8）混凝土浇筑完成后要进行多次抹面，并覆盖塑料布，以防表面出现裂缝，在终凝前移开塑料布再进行搓平，要求搓压3遍，最后一遍抹压要掌握好时间，以终凝前为准，终凝时间可用手压法把握；混凝土搓平完成后，立即用塑料布覆盖，浇水养护时间为14 d。

（五）箱形基础

其施工要点如下：

（1）箱形基础基坑开挖。基坑开挖应验算边坡稳定性，并注意对基坑邻近建筑物的影响；基坑开挖如有地下水，应采用明沟排水或井点降水等方法，保持作业现场的干燥；基坑检验后，应立即进行基础施工。

（2）基础施工时，基础底板、顶板及内外墙的支模、钢筋绑扎和混凝土浇筑可采用分次进行连续施工。

（3）箱形基础施工完毕应立即回填土，尽量缩短基坑暴露时间，并且做好防水工作，以保持基坑内干燥的状态，然后分层回填并夯实。

第三节　预制桩施工

预制桩按传力和作用性质不同，可分为端承桩和摩擦桩两类。端承桩是指穿过软弱土层并将建筑物的荷载直接传给桩端的坚硬土层的桩。摩擦桩是指沉入软弱土层一定深度，将建筑物的荷载传递到四周的土中和桩端下土中，主要是靠桩身侧面与土之间的摩擦力承受上部结构荷载的桩。

预制桩按施工方法不同分为预制桩和灌注桩两类。而后用沉桩设备将桩打入、压入、高压水冲入、振入或旋入土中。其中，锤击打入和压入法是较常见的两种方法。

灌注桩是在桩位上直接成孔，然后在孔内安放钢筋笼，浇筑混凝土而成桩。根据成孔方法的不同，可分为钻孔、冲孔、沉管桩、人工挖孔桩及爆扩桩等。

钢筋混凝土预制桩的施工，主要包括制作、起吊、运输、堆放和沉桩－接桩等过程。

一、预制桩的制作和桩的起吊、运输、堆放

（一）预制桩的制作

预制桩主要分为混凝土方桩、预应力混凝土管桩、钢管和型钢钢桩等，预制桩具有能承受较大的荷载，坚固耐久，施工速度快等优点。

钢筋混凝土预制桩可分为管桩和实心桩两种，可制作成各种需要的断面及长度，承载能力较大，制作及沉桩工艺简单，不受地下水水位高低的影响，是目前工程上应用最广的一种桩。管桩为空心桩，由预制厂用离心法生产，管桩截面外径为400～500 mm；实心桩一般为正方形断面，常用断面边长为200 mm×200 mm～550 mm×550 mm。单根桩的最大长度，根据打桩架的高度确定。30 m以上的桩可将桩制成几段，在打桩过程中逐段接长；如在工厂制作，每段长度不宜超过12 m。

钢筋混凝土预制桩可在工厂或施工现场预制。一般较长的桩在打桩现场或附近场地预制，较短的桩多在预制厂生产。

钢筋混凝土预制桩制作程序为：现场布置→场地平整→支模→绑扎钢筋、安设吊环→浇筑混凝土→养护至30%强度拆模→再支上层模板→涂刷隔离剂；同法制作第二层混凝土，养护至70%强度起吊，达100%强度运输、堆放沉桩。

预制桩的制作质量除应符合有关规定的允许偏差规定外，还应符合下列要求：

（1）预制桩的表面应平整、密实，掉角的深度不应超过10 mm，且局部蜂窝和掉角的缺损总面积不得超过该桩表面全部面积的0.5%，并不得过分集中。

（2）混凝土收缩产生的裂缝深度不得大于20 mm，宽度不得大于0.25 mm；横向裂缝长度不得超过边长的50%（圆桩或多边形桩不得超过直径或对角线的1/2）。

（3）桩顶和桩尖处不得有蜂窝、麻面、裂缝与掉角。

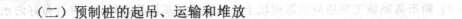

（二）预制桩的起吊、运输和堆放

1. 预制桩的起吊

预制桩在混凝土达到设计强度的70%后方可起吊，如需提前吊运和沉桩，则必须采取措施并经强度和抗裂度验算合格后方可进行。预制桩在起吊和搬运时，必须做到平稳，并不得损坏棱角，吊点应符合设计要求。如无吊环，设计又未作规定，可按吊点间的跨中弯矩与吊点处的负弯矩相等的原则来确定吊点位置。

2. 预制桩的运输

混凝土预制桩达到设计强度的100%，方可运输。当预制桩在短距离内搬运时，可在桩下垫以滚筒，用卷扬机拖桩拉运；当桩需长距离搬运时，可采用平板拖车或轻轨平板车拖运。桩在搬运前，必须进行制作质量的检查；桩经搬运后再进行外观检查，所有质量均应符合规范的有关规定。

3. 预制桩的堆放

预制桩堆放时，应按规格、桩号分层叠置在平整、坚实的地面上，支承点应设在吊点处或附近，上下层垫块应在同一直线上，堆放层数不宜超过4层。

二、锤击沉桩（打入桩）施工

锤击沉桩（打入桩）施工是利用桩锤下落产生的的冲击能量，将桩沉入土中。锤击沉桩是钢筋混凝土预制桩最常见的沉桩方法。

（一）施工前的准备工作

（1）整平场地，清除桩基范围内的高空、地面、地下障碍物；架空高压线，距离打桩机不得小于10 m；修设打桩机进出、行走道路，并做好排水措施。

（2）按图样布置进行测量放线，定出桩基轴线。先定出中心，再引出两侧，并将桩的准确位置测设到地面，每一个桩位打一个小木桩；测出每个桩位的实际标高，场地外设2或3个水准点，以便随时检查之用。

（3）检查桩的质量，将需用的桩按平面布置图堆放在打桩机附近，不合格的桩不能运至打桩现场。

（4）检查打桩机设备及起重工具；铺设水电管网，进行设备架立、组装和试打桩；在桩架上设置标尺或在桩的侧面画上标尺，以便能观测桩身入土深度。

（5）打桩场地建（构）筑物有防振要求时，应采取必要的防护措施。

（6）学习、熟悉桩基施工图样，并进行会审；做好技术交底，特别是地质情况、设计要求、操作规程和安全措施的交底。

（7）准备好桩基工程沉桩记录和隐蔽工程验收记录表格，并安排好记录和监理人员等。

（二）打桩设备及选择

打桩设备包括桩锤、桩架和动力装置。

1. 桩锤

桩锤是对桩施加冲击力，将桩打入土中的主要机具。施工中常用的桩锤有落锤、单动汽锤、双动汽锤、柴油桩锤、振动桩锤和液压桩锤，桩锤。用锤击法沉桩时，选择桩锤是关键，应根据施工条件首先确定桩锤的类型，然后再确定桩锤的重量，桩锤的重量应不小于桩重。打桩时宜“重锤低击”，即锤的重量大而落距小。这样，桩锤不易回跳，桩头不容易损坏，而且容易把桩打入土中。

2. 桩架

桩架是将桩吊到打桩位置，并在打桩过程中保证桩的方向不发生偏移，保证桩锤能沿要求的方向冲击的装置。桩架的种类和高度，应根据桩锤的种类、桩的长度、施工地点的条件等，综合考虑确定。桩架目前应用最多的是轨道式桩架、步履式桩架和悬挂式桩架。

（1）轨道式桩架

其主要包括底盘、导向杆、斜撑滑轮组和动力设备等。其优点是：适应性和机动性较大，在水平方向可作 360° 回转，导架可伸缩和前后倾斜。底盘上的轨道轮可沿着轨道行走。这种桩架可用于各种预制桩和灌注桩的施工。其缺点为：结构比较庞大，现场组装和拆卸、转运较困难。

（2）步履式桩架

步履式打桩机以步履方式移动桩位和回转，不需枕木和钢轨，机动灵活，移动方便，打桩效率高。

（3）悬挂式桩架

其以履带式起重机为底盘，增加了立柱、斜撑、导杆等。此种桩架性能灵活、移动方便，可用于各种预制桩和灌注桩的施工。

3. 动力装置

动力装置的配置根据所选的桩锤性质决定，当选用蒸汽锤时，需配备蒸汽锅炉和卷扬机。

（三）打桩施工

1. 确定打桩顺序

打桩顺序直接影响打桩工程质量和施工进度。确定打桩顺序时，应综合考虑桩基础的平面布置、桩的密集程度、桩的规格和桩架移动方便等因素。当基坑不大时，打桩顺序一般分为自中间向两侧对称施打、自中间向四周施打、由一侧向单一方向逐排施打。自中间向两侧对称施打和自中间向四周施打这两种打桩顺序，适用于桩较密集、桩距≤ 4d（桩径）时的打桩施工，打桩时土由中央向两侧或四周挤压，易于保证打桩工程质量。由一侧向单一方向逐排施打，适用于桩不太密集，桩距＞ 4d（桩径）时的打桩施工，打桩时桩架单向移动，打桩效率高，但这种打法使土向一个方向挤压，地基土挤压不均匀，导致后面桩的打入深度逐渐减小，最终引起建筑物的不均匀沉降。当基坑较大时，应将基坑分为数段，在各段内分别进行。

另外，当桩的规格、埋深和长度不同时，打桩顺序宜先大后小、先深后浅和先长后短；当一侧毗邻建筑物时，应由毗邻建筑物一侧向另一方向施打；当桩头高出地面时，宜采取后退施打。

2. 确定打桩的施工工艺

打入桩的施工程序包括：桩机就位、吊装、打桩、送桩、接桩、拔桩、截桩等。

3. 常见的质量问题

（1）桩身断裂

产生原因：桩身弯曲过大、强度不足以及地下有障碍物等，或桩在堆放、起吊、运输的过程中发生断裂却没有发现。

（2）桩顶碎裂

产生原因：桩顶强度不够及钢筋网片不足、主筋距桩顶面太近，或桩顶不平、施工机具选择不当等。

（3）桩身倾斜

产生原因：场地不平整，打桩机底盘不水平或稳桩不垂直，桩尖在地下遇坚硬障碍物等。

（4）接桩处拉脱开裂

产生原因：连接处表面不干净，连接钢件不平整，焊接质量不符合要求，接桩的上、下中心线不在同一条线上等。

三、静力压桩

静力压桩是用静力压桩机或锚杆将预制钢筋混凝土桩分节压入地基土中的一种沉桩施工工艺。

静力压桩适用于软土、填土及一般黏性土层，特别适用于居民稠密及危房附近、环境要求严格的地区沉桩，但不宜用于地下有较多孤石、障碍物或有厚度大于 2 m的中密以上砂夹层，以及单桩承载力超过 1 600 kN的情况。

（一）静力压桩设备

静力压桩机可分为机械式和液压式两种。机械式静力压桩机由桩架、卷扬机、加压钢丝滑轮组和活动压梁组成，施压部分在桩顶端部，施加静压力为600～2 000 kN，这种压桩机装配费用较低，但设备高大笨重，行走移动不便，压桩速度较慢。液压式静力压桩机由压拔装置、行走机构及起吊装置等组成。其采用液压操作，自动化程度高，结构紧凑，行走方便快速，施压部分在桩身侧面，它是当前国内采用较广泛的一种新型压桩机械。

（二）压桩工艺

压桩工艺一般是先进行场地平整，并使其具有一定的承载力，压桩机安装就位，按额定的总质量配置压重，调整机架的水平和垂直度，将桩吊入夹持机构中并对中，垂直将桩夹持住，正式压桩，压桩过程中应经常观察压力表，控制压桩阻力，记录压桩深度，做好压桩施工记录。入围多节桩，中途接桩可采用浆锚法或焊接法。压桩的终压控制，应按设计要求确定，一般摩擦桩及其以压入长度控制，压桩阻力作为参考；

端承桩以压桩阻力控制，压入深度作为参考。

（三）施工要点

（1）静力压桩机应根据设计和土质情况配足额定质量。

（2）桩帽、桩身和送桩的中心线应重合。

（3）压同一根桩时应缩短停歇时间。

（4）采取技术措施，减小静力压桩的挤土效应。

（5）注意限制压桩速度。

第四节　混凝土灌注桩施工

钢筋混凝土灌注桩是直接在施工现场桩位上采用机械或人工等方法成孔，然后在孔内安放钢筋笼，浇筑混凝土而成的桩。与预制桩相比，具有低噪声、低振动、挤土影响小、节约材料、无须接桩和截桩且桩端能可靠地进入持力层、单桩承载力大等优点。但灌注桩成桩工艺较复杂，施工速度较慢，施工操作要求严格，成桩质量与施工好坏关系密切。

混凝土灌注桩按成孔方法的不同，可分为干作业成孔灌注桩、泥浆护壁成孔灌注桩、套管成孔灌注桩和人工挖孔灌注桩四种。常用的是干作业成孔和泥浆护壁成孔灌注桩。

一、干作业成孔灌注桩

干作业成孔灌注桩是先用钻机在桩位处进行钻孔，之后将钢筋骨架放入桩孔内，再浇筑混凝土而成的桩。干作业成孔灌注桩适用于地下水水位以上的填土层、黏性土层、粉土层、砂土层和粒径不大的砂砾层。

（一）螺旋钻成孔灌注桩

其利用动力旋转钻杆，钻杆带动钻头上的螺旋叶片旋转切削土层，土渣沿螺旋叶片上升排出孔外。螺旋成孔机成孔直径一般为300～600 mm，钻孔深度为8～12 m。

钻杆按叶片螺距的不同，可分为密螺纹叶片和疏螺纹叶片。密螺纹叶片适用于可塑或硬塑黏土或含水量较小的砂土，钻进时速度缓慢而均匀；疏螺纹叶片适用于含水量大的软塑土层，由于钻杆在相同转速时，疏螺纹叶片较密螺纹叶片土渣向上推进快，所以可取得较快的钻进速度。

螺旋成孔机成孔灌注桩施工流程：钻孔→检查成孔质量→孔底清理→盖好孔口盖板→移桩机至下一桩位→移走盖口板→复测桩孔深度及垂直度→安放钢筋笼→放混凝土串筒→浇筑混凝土→插桩顶钢筋。

钻进时要求钻杆垂直，钻孔过程中发现钻杆摇晃或进钻困难时，可能是遇到石块等硬物，应立即停车检查，及时处理，以免损坏钻具或导致桩孔偏斜。

施工中，如发现钻孔偏斜，应提起钻头上下反复扫钻数次，方便削去硬土。如纠正无效，应在孔中回填黏土至偏孔处以上 0.5 m，再重新钻进；如成孔时发生塌孔，宜钻至塌孔处以下 1 ～ 2 m 处，用低强度等级的混凝土填至塌孔以上 1 m 左右，待混凝土初凝后再继续下钻，钻至设计深度，也可使用 3 ： 7 的灰土代替混凝土。

钻孔达到要求深度后，进行孔底土清理，即钻到设计钻深后，必须在深处进行空转清土，然后停止转动，提钻杆，不得回转钻杆。

提钻后应检查成孔质量：用测绳（锤）或手提灯测量孔深垂直度及虚土厚度。虚土厚度等于测量深度与钻孔深的差值，虚土厚度一般不应超过 100 mm。清孔时，若少量浮土泥浆不易清除，可投入 25 ～ 60 mm 厚的卵石或碎石插捣，以挤密土体；也可用夯锤夯击孔底虚土或用压力在孔底灌入水泥浆，以便减少桩的沉降和提高其承载力。

钻孔完成后，应尽快吊放钢筋笼并浇筑混凝土。混凝土应分层浇筑，每层高度不得大于 1.5 m，混凝土的坍落度在一般黏性土中为 50 ～ 70 mm，在砂类土中为 70 ～ 90 mm。

（二）螺旋钻孔压浆成桩法

螺旋钻孔压浆成桩是用螺旋钻杆钻到预定的深度后，通过钻杆芯管底部的喷嘴，自孔底由下而上向孔内高压喷射以水泥浆为主剂的浆液，使液面升至地下水水位或无塌孔危险的位置以上；提起钻杆后，在孔内安放钢筋笼并在孔口通过漏斗投放集料；最后，再自孔底向上多次高压补浆即成。

螺旋钻孔压浆成柱法的施工特点是连续一次成孔，多次自下而上高压注浆成桩，既具有无噪声、无振动、无排污的优点，又能在流砂、卵石、地下水、易塌孔等复杂地质条件下顺利成桩，而且由于其扩散渗透的水泥浆而大大提高了桩体的质量，其承载力为一般灌注桩的 1.5 ～ 2 倍，在国内很多工程中已经得到应用。

二、泥浆护壁成孔灌注桩

（一）施工工艺流程

1. 成孔

（1）机具就位平整、垂直，护筒埋设牢固并且垂直，保证桩孔成孔的垂直。

（2）要控制孔内的水位高于地下水水位 1.0 m 左右，防止地下水水位过高后引起坍孔。

（3）发现轻微坍孔的现象时，应及时调整泥浆的相对密度和孔内水头。泥浆的相对密度因土质情况的不同而不同，一般控制在 1.1 ～ 1.5 的范围内。成孔的快慢与土质有关，应灵活掌握钻进的速度。

（4）成孔时发现难以钻进或遇到硬土、石块等，要及时检查，以防桩孔出现严重的偏斜、位移等。

2. 护筒埋设

（1）护筒内径应大于钻头直径，用回转钻时宜大于 100 mm；可使用冲击钻时宜大于 200 mm。

（2）护筒位置应埋设正确和稳定，护筒与坑壁之间应用黏土填实，护筒中心与桩位中心线偏差不得大于 20 mm。

（3）护筒埋设深度：在黏性土中不宜小于 1m，在砂土中不宜小于 1.5 m，并应保持孔内泥浆面高出地下水水位 1 m 以上。

（4）护筒埋设可采用打入法或挖埋法。前者适用于钢护筒；后者适用于混凝土护筒。护筒口一般高出地面 30 ～ 40 cm 或地下水水位 1.5 m 以上。

3. 护壁泥浆与清孔

（1）孔壁土质较好不易塌孔时可用空气吸泥机清孔。

（2）用原土造浆的孔，清孔后泥浆的相对密度应控制在 1.1 左右。

（3）孔壁土质较差时，宜用泥浆循环清孔。清孔后的泥浆相对密度应控制在 1.15 ～ 1.25。泥浆取样应选在距离孔 20 ～ 50 cm 处。

（4）第一次清孔在提钻前，第二次清孔在沉放钢筋笼、下导管以后。

（5）浇筑混凝土前，桩孔沉渣允许厚度为：以摩擦力为主时，允许厚度不得大于 150 mm；以端承力为主时，允许厚度不得大于 50 mm。以套管成孔的灌注桩不得有沉渣。

4. 钢筋骨架制作与安装

（1）钢筋骨架的制作应符合设计与规范的要求。

（2）长桩骨架宜分段制作，分段长度应根据吊装条件和总长度计算确定，并应确保钢筋骨架在移动、起吊时不变形，相邻两段钢筋骨架的接头需按有关规范要求错开。

（3）应在钢筋骨架外侧设置控制保护层厚度的垫块，可采用与桩身混凝土等强度的混凝土垫块或用钢筋焊在竖向主筋上，其间距竖向为 2 m，横向圆周不得少于 4 处，并均匀布置。骨架顶端应设置吊环。

（4）大直径钢筋骨架制作完成后，应在内部加强箍上设置十字撑或三角撑，确保钢筋骨架在存放、移动、吊装过程中不变形。

（5）骨架入孔一般用吊车，对于小直径桩，无吊车时可采用钻机钻架、灌注塔架等。起吊应按骨架长度的编号入孔，起吊过程中应采取措施，确保骨架不变形。

（6）钢筋骨架的制作和吊放的允许偏差：主筋间距 ±10 mm；箍筋间距 ±20 mm；骨架外径 ±10 mm；骨架长度 ±50 mm；骨架倾斜度 ±0.5%；骨架保护层厚度水下灌注 ±20 mm，非水下灌注 ±10 mm；骨架中心平面位置 ±20 mm；骨架顶端高程 ±20 mm；骨架底面高程 ±50 mm。

（7）搬运和吊装时应防止变形，安放要对准孔位，避免碰撞孔壁，就位后应立即固定。钢筋骨架吊放入孔时应居中，防止碰撞孔壁；钢筋骨架吊放入孔后，应采用钢丝绳或钢筋固定，使其位置符合设计及规范要求，并保证在安放导管、清孔及灌注混凝土过程中不发生位移。

5. 混凝土浇筑

（1）混凝土开始灌注时，漏斗下的封水塞可采用预制混凝土塞、木塞或充气球胆。

（2）混凝土运至灌注地点时，应检查其均匀性和坍落度。如不符合要求，应进行第二次拌和。二次拌和后仍不符合要求时，不得使用。

（3）第二次清孔完毕，检查合格后要立即进行水下混凝土灌注，其时间间隔不宜大于 30 min。

（4）首批混凝土灌注后，混凝土应连续灌注，严禁中途停止。

（5）在灌注过程中，应经常测探井孔内混凝土面的位置，及时调整导管埋深，导管埋深宜控制在 2 ～ 6 m。严禁导管提出混凝土面，要有专人测量导管埋深及管内外混凝土面的高差，填写水下混凝土灌注记录。

（6）在灌注过程中，应时刻注意观测孔内泥浆返出情况，仔细听导管内混凝土的下落声音，如有异常，必须采取相应的处理措施。

（7）在灌注过程中，宜使导管在一定范围内上下窜动，防止混凝土凝固，增加灌注速度。

（8）为防止钢筋骨架上浮，当灌注的混凝土顶面距钢筋骨架底部 1 m 左右时，应降低混凝土的灌注速度。当混凝土拌合物上升到骨架底口 4 m 以上时，提升导管，使其底口高于骨架底部 2 m 以上，这时即可恢复正常灌注速度。

（9）灌注的桩顶标高应比设计标高高出一定高度，一般为 0.5 ～ 1.0 m，以保证桩头混凝土强度，多余部分在接桩前必须凿除，桩头应无松散层。

（10）在灌注将近结束时，应核对混凝土的灌入数量，以确保所测混凝土的灌注高度是否正确。

（11）开始灌注时，应先搅拌 0.5 ～ 1.0 m^3 和混凝土强度等级相同的水泥砂浆，放在斗的底部。

（二）施工中常见的问题和处理方法

1. 护筒冒水

护筒外壁冒水如不及时处理，严重者会造成护筒倾斜和位移、桩孔偏斜，甚至无法施工。冒水原因为埋设护筒时周围填土不密实，或者由于起落钻头时碰动了护筒。处理办法：如初发现护筒冒水，可用黏土在护筒四周填实加固；如护筒严重下沉或位移，则返工重埋。

2. 孔壁坍塌

在钻孔过程中，若在排出的泥浆中不断有气泡，有时护筒内的水位突然下降，则是塌孔的迹象。其原因是土质松散、泥浆护壁不好、护筒水位不高等。处理办法：如在钻孔过程中出现缩颈、塌孔，应保持孔内水位，并加大泥浆相对密度，以稳定孔壁；如缩颈、塌孔严重或泥浆突然漏失，应立即回填黏土，待孔壁稳定后，再进行钻孔。

3. 钻孔偏斜

造成钻孔偏斜的原因是钻杆不垂直、钻头导向部分太短、导向性差，土质软硬不一，或遇上孤石等。处理办法：减慢钻速，并提起钻头，上下反复扫钻几次，以便削去硬层，转入正常钻孔状态。如在孔口不深处遇到孤石，则可用取岩钻除去或低锤密击将石击碎。

三、套管成孔灌注桩

套管成孔灌注桩是指用锤击或振动的方法，将带有预制混凝土桩尖或钢活瓣桩尖的钢套管沉入土中，到达规定的深度后，立即在管内浇筑混凝土或管内放入钢筋笼后，再浇筑混凝土，随后拔出钢套管，并利用拔管时的冲击或振动，使混凝土捣实而形成的桩，故又称沉管或打拔管灌注桩。

套管成孔灌注桩具有施工设备较简单，桩长可随实际地质条件确定，经济效果好，尤其在有地下水、流砂、淤泥的情况下可使施工大大简化等优点。但其单桩承载能力低，在软土中易于产生颈缩，且施工过程中仍有挤土、振动和噪声，造成对邻近建筑物的危害影响等缺点，故除了尚在少数小型工程中使用外，现已较少采用该法施工。

套管成孔灌注桩按沉管的方法不同，其又可分为振动沉管灌注桩和锤击沉管灌注桩两种。套管成孔灌注桩适用于一般黏性土、淤泥质土、砂土、人工填土及中密碎石土地基的沉桩。

四、人工挖孔灌注桩

在高层建筑和重型构筑物中，因荷载集中、基底压力大，对单桩承载力要求很高，故常采用大直径的挖孔灌注桩。这种桩是以硬土层作持力层、以端承力为主的一种基础形式，其直径可达 1～3.5 m，桩深为 60～80 m，每根桩的承载力高达 6 000～10 000 kN。大直径挖孔灌注桩，可采用人工或机械成孔。如果桩底部再进行扩大，则称“大直径扩底灌注桩”。

（一）人工挖孔桩施工与设计特点

人工挖孔灌注桩（简称人工挖孔桩）是指桩孔采用人工挖掘方法进行成孔，然后安放钢筋笼，浇筑混凝土而成的桩。人工挖孔桩结构上的特点是：单桩的承载能力高，受力性能好，既能承受垂直荷载，又能承受水平荷载。其在施工上的特点是：设备简单；无噪声、无振动、不污染环境，对施工现场周围原有建筑物的危害影响小；施工速度快，可按施工进度要求，决定同时开挖桩孔的数量，必要时可各桩同时施工；工期缩短，可直接观察到地质变化的情况；桩底沉渣能清理干净；施工质量可靠，造价较低。尤其当高层建筑选用大直径的灌注桩，而其施工现场又在狭窄的市区时，采用人工挖孔比机械挖孔具有更大的适应性；但其缺点是人工耗量大、开挖效率低、安全操作条件差等。

人工挖孔桩必须考虑防止土体坍塌的支护措施，以确保施工过程中的安全。常用的护壁方法有现浇混凝土护圈、沉井护圈和钢套管护圈三种。

（二）施工机具

挖土工具：铁镐、铁锹、钢钎、铁锤、风镐等。

出土工具：电动葫芦或手摇辘轳和提土桶。

降水工具：潜水泵，用于抽出桩孔内的积水。

通风工具：常用的通风工具为 1.5 kW 的鼓风机，配以直径标准为 100 mm 的薄膜塑料送风管，用于向桩孔内强制送入风量不小于 25 L/s 的新鲜空气。

通信工具：摇铃、电铃、对讲机等。

护壁模板：常用的有木结构式和钢结构式两种模板。

（三）施工工艺

（1）测定桩位、放线。

（2）桩孔内土方开挖。采取分段开挖，每段开挖深度取决于土直立能力，一般以0.5～1.0 m为一施工段，开挖范围为设计桩径加护壁厚度。

（3）支护壁模板。常在井外预拼成4～8块工具式模板。

（4）浇筑护壁混凝土。护壁起着防止土壁坍塌与防水的双重作用，因此护壁混凝土要捣实，第一节护壁厚度宜增加100～150 mm，上、下节用钢筋拉结。

（5）拆模，继续下一节的施工。护壁混凝土强度达到1 MPa（常温下约为24 h）方可拆模，拆模后开挖下一节的土方，再支模浇筑护壁混凝土，如此循环，直至挖到设计深度。

（6）浇筑桩身混凝土。排除桩底积水后，浇筑桩身混凝土至钢筋笼底面设计标高，安放钢筋笼，再继续浇筑混凝土。混凝土浇筑时应用溜槽或串筒，用插入式振动器捣实。

（四）施工注意事项

（1）开挖前，桩位定位应准确，在桩位外设置龙门桩，安装护壁模板时，须用桩心点校正模板位置，并由专人负责。

（2）保证桩孔的平面位置和垂直度。桩孔中心线的平面位置偏差不宜超过50 mm，桩的垂直度偏差不得超过1.0%，桩径不得小于设计直径。为保证桩孔平面位置和垂直度符合要求，每开挖一段，安装护圈模板时，可用十字架放在孔口上方，对准预先标定的轴线标记，在十字架交叉点悬吊垂球对中，务必使每一段护壁符合轴线要求，以保证桩身的垂直度。

（3）防止土壁坍落及流砂。在开挖过程中，遇到特别松散的土层或流砂层时，为防止土壁坍落及流砂，可采用钢套管护圈或沉井护圈作为护壁；或将混凝土护圈的高度减小到300～500 mm。流砂现象严重时，可采用井点降水法降低地下水水位，以确保施工安全和工程质量。

（4）人工挖孔桩混凝土护壁厚度不宜小于100 mm，混凝土强度等级不得低于桩身混凝土强度等级。采用多节护壁时，应用钢筋拉结起来。第一节井圈顶面应比场地高出150～200 mm，壁厚比下面井壁厚度增加100～150 mm。

浇筑桩身混凝土时，应及时清孔及排除井底积水。桩身混凝土宜一次连续浇筑完毕，不留设施工缝。浇筑前，应认真清除孔底的浮土、石渣。在浇筑过程中，要防止地下水流入，保证浇筑层表面无积水层。在地下水穿过护壁流入量较大、无法抽干时，应采用导管法浇筑。

第八章 砌筑工程

第一节 砌筑工具与材料

砌筑工程一般是指应用砌筑砂浆，采用一定的工艺方法将砖、石及各种砌块砌筑成各种砌体。砌筑工程是一个综合的施工过程，其主要包括砂浆制备、材料运输、脚手架搭设及砌体砌筑等。

一、砌筑施工常用工具

（一）手工工具

1. 瓦刀

瓦刀又称泥刀、砌刀，用于砍砖、打灰条、摊铺砂浆与发碹。瓦刀可分为片刀和条刀两种。

2. 大铲

大铲是用作铲灰、铺灰和刮浆的工具，也可以在操作时用它随时调合砂浆。大铲以桃形者居多，也有长三角形大铲、长方形大铲和鸳鸯大铲。大铲则是实施“三一”（一铲灰、一块砖、一揉挤）砌筑法的关键工具。

3. 灰板

灰板又称托灰板，在勾缝时用其承托砂浆。灰板用不易变形的木材制成。

4. 摊灰尺

摊灰尺用于控制灰缝及摊铺砂浆，其用不易变形的木材制成。

5. 溜子

溜子又称灰匙、勾缝刀，一般用拔钢筋打扁制成，并装上木柄，通常用于清水墙勾缝；用 0.5 ～ 1 mm 厚的薄钢板制成的较宽的溜子，则用于毛石墙的勾缝。

6. 抿子

抿子用于石墙抹缝、勾缝，多用 0.8 ～ 1 mm 厚钢板制成，并装上木柄。

7. 刨锛

刨锛用以打砍砖块，也可当作小锤与大铲配合使用。

8. 钢凿

钢凿又称案子，与手锤配合，用于开凿石料、异形砖等。其直径为 20 ～ 28 mm，长度为 150 ～ 250 mm，端部可分为尖、扁两种。

9. 手锤

手锤俗称小榔头，用于敲凿石料和开凿异形砖。

（二）备料工具

1. 砖夹

砖夹是施工单位自制的夹砖工具，多用 ф6 钢筋锻造，一次可夹起 4 块标准砖，用于装卸砖块。

2. 筛子

筛子用于筛砂，其常用的筛孔尺寸有 4 mm、6 mm、8 mm 等几种。其可分为手筛、立筛、小方筛等。

3. 料斗

料斗是在塔式起重机施工时，则可用来垂直运输砂浆的工具。

4. 锹、铲等工具

锹、铲等工具主要用于人工拌制砂浆。

二、砌筑材料

砌筑工程所用的主要材料是砖（石）、砂浆和各种砌块。

（一）砖

砌筑工程所用的砖种类较多，如烧结普通砖、煤矸石砖、粉煤灰砖和页岩砖等。

规格：常用普通砖的标准尺寸为240 mm×115 mm×53 mm。施工用的砖应及时进场，并按设计要求的强度等级、外观、几何尺寸等进行验收。

技术性能：常用的烧结普通砖的强度等级有 MU30、MU25、MU20、外观要求应尺寸准确，无裂纹、掉角、缺棱和翘曲等严重现象。

（二）砂浆

1. 砂浆的分类

砌筑砂浆按组成材料不同，可分为水泥砂浆、混合砂浆与非水泥砂浆三种；砌筑砂浆按拌制方式不同，可分为现场拌制砂浆与干拌砂浆（即在工厂内将水泥、钙质消石灰粉、砂、掺加料及外加剂按一定比例干拌混合制成，现场仅加水机械拌和即成）。

2. 砂浆的技术性能

砌筑砂浆按强度可分为 M15、M10、M7.5、M5 和 M2.5 五个等级。干拌砌筑砂浆与预拌砌筑砂浆的强度可分为 M5、M7.5、M10、M15、M20、M25 以及 M30 七个等级。

3. 拌制砂浆材料的质量要求

（1）水泥

砌筑用水泥对品种、强度等级没有限制，但使用水泥时，应注意水泥的品种性能及适用范围。宜选用普通硅酸盐水泥或矿渣硅酸盐水泥，不宜选用强度等级太高的水泥，混合砂浆宜选用水泥强度等级不大于 42.5 级的水泥。对不同厂家、品种、强度等级的水泥应分别储存，不得混合使用。

水泥进入施工现场应有出厂质量保证书，且品种和强度等级应符合设计要求。对进场的水泥质量应按有关规定进行复检，经试验鉴定合格后方可使用，出厂日期超过 90 d 的水泥（快硬硅酸盐水泥超过 30 d）应进行复检，复检达不到质量标准不得使用。

（2）砂

砖砌体、砌块砌体及料石砌体用的砂浆宜用中砂，砌毛石用的砂浆宜用粗砂，并应过筛，不得含有草根、土块、石块等杂物。砂应进行抽样检验并符合现行国家标准的要求。采用细砂的地区，砂的允许含泥量可经试验后确定。

（3）石灰

①生石灰是由石灰岩经煅烧分解，放出二氧化碳气体后得到的产品。

②熟化后的石灰称为熟石灰或消石灰，其成分以氢氧化钙为主。根据加水量的不同，石灰可被熟化成粉状的消石灰、浆状的石灰膏和液体状态石灰乳。

④生石灰熟化成石灰膏时，应用孔洞不大于 3 mm×3 mm 的网过滤，熟化时间不得少于 7 d；对于磨细生石灰粉，其熟化时间不得少于 2 d。沉淀池中储存的石灰膏，应防止干燥、冻结和污染。严禁使用脱水硬化的石灰膏。

（4）黏土膏

采用黏土或粉质黏土制备黏土膏时，宜用搅拌机加水搅拌，并用孔径不大于 3 mm×3 mm 的网过筛。用比色法鉴定黏土中的有机物含量时，应浅于标准色。

（5）粉煤灰

粉煤灰品质等级用瓦级即可。砂浆中的粉煤灰取代水泥率不宜超过 40%，砂浆中的粉煤灰取代石灰膏率不宜超过 50%。

（6）有机塑化剂

有机塑化剂应符合相应的标准和产品说明书的要求。当对其质量有疑问时，应经试验检验合格后方可使用。

（7）水

宜采用饮用水。当采用其他来源水时，水质必须符合《混凝土用水标准》的规定。

（8）外加剂

引气剂、早强剂、缓凝剂及防冻剂应符合国家质量标准或施工合同确定的标准，并应具有法定检测机构出具的该产品砌体强度检验报告，且经砂浆性能试验合格后方可使用。其掺量应通过试验确定。

4. 砂浆拌制及使用

（1）砌筑砂浆可采用机械搅拌，自投料完算起，搅拌时间应符合下列规定：①水泥砂浆和水泥混合砂浆不得少于 2 min；②水泥粉煤灰砂浆和掺用外加剂的砂浆不得少于 3 min；③掺用有机塑化剂的砂浆应为 3 ～ 5 min。

（2）砂浆现场拌制时，各组分材料应采用质量计量。

（3）拌制水泥砂浆，应先将砂与水泥干拌均匀，再加水拌和均匀。

（4）拌制水泥混合砂浆，应先将砂与水泥干拌均匀，再加掺合料（石灰膏、黏土膏）和水拌和均匀。

（5）拌制水泥粉煤灰砂浆，应先将水泥、粉煤灰、砂干拌均匀，再加水拌和均匀。

（6）掺用外加剂时，应先将外加剂按规定浓度溶于水中，在投入拌合用水时投入外加剂溶液，外加剂不得直接投入拌制的砂浆中。

（7）砂浆拌成后和使用时，均应盛入储灰器中。如砂浆出现泌水现象，应在砌筑前再次拌和。

（8）砂浆应随拌随用，水泥砂浆和水泥混合砂浆应分别在 3 h 和 4 h 内使用完毕；当施工期间最高气温超过 30℃时，应分别在拌成后 2 h 和 3 h 内使用完毕。对掺用缓凝剂的砂浆，其使用时间可根据具体情况延长。

（三）砌块

砌块是以混凝土或工业废料做原料制成的实心或是空心块材。其具有自重轻、机械化和工业化程度高、施工速度快、生产工艺和施工方法简单且可大量利用工业废料等优点，因此，用砌块代替烧结普通砖是墙体改革的重要途径。

砌块按形状可分为实心砌块和空心砌块两种。按制作原料可分为粉煤灰、加气混凝土、混凝土、硅酸盐、石膏砌块等数种。按规格来分有小型砌块、中型砌块和大型砌块。砌块高度为 115 ～ 380 mm 的称小型砌块；高度为 380 ～ 980 mm 的称中型砌块；高度大于 980 mm 的称大型砌块。目前，在工程中多采用中、小型砌块，各地区生产的砌块规格不一。其用于砌筑的砌块外观、尺寸和强度应符合设计要求。

1. 普通混凝土小型空心砌块

普通混凝土小型空心砌块是以水泥、砂、石等普通混凝土材料制成的混凝土砌块，空心率为 25% ～ 50%，主要规格尺寸为 390 mm×190 mm×190 mm，适合人工砌筑。其强度高、自重轻、耐久性好，外形尺寸规整，有些还具有美化饰面及良好的保温隔热性能，适用范围广泛。

2. 轻集料混凝土小型空心砌块

轻集料混凝土小型空心砌块是以浮石、火山渣、煤渣、自然煤矸石、陶粒为集料制作的混凝土空心砌块，简称轻集料混凝土小砌块。

3. 粉煤灰砌块

粉煤灰砌块又称粉煤灰硅酸盐砌块，是以粉煤灰、石灰、石膏和炉渣等集料为原料，按照一定比例加水搅拌，振动成型，再经蒸汽养护而制成的密实砌块。

粉煤灰砌块常用规格尺寸：长度 × 高度 × 宽度为 880 mm×380 mm×40 mm 或 880 mm×430 mm×240 mm。砌块的端面应加灌浆槽，坐浆面（又称铺灰面）宜设抗剪槽。

4. 粉煤灰小型空心砌块

粉煤灰小型空心砌块是以粉煤灰、水泥及各种轻集料、重集料加水经拌和制成的小型空心砌块。其中，粉煤灰用量不应低于原材料重量的10%，生产过程中也可加入适量的外加剂调节砌块的性能。

粉煤灰小型空心砌块按孔的排数分为单排孔、双排孔、三排孔和四排孔四种类型。其常用规格尺寸为390 mm×190 mm×190 mm，其他规格尺寸可由供需双方协商确定。

第二节　脚手架工程及垂直运输设施

一、脚手架工程

脚手架是砌筑过程中堆放材料和工人进行操作的临时设施。当砌体砌到一定高度时（即可砌高度或一步架高度，一般为1.2 m），砌筑质量和效率将会受到影响，这就需要搭设脚手架。砌筑用脚手架必须满足以下基本要求：脚手架的宽度应满足工人操作、材料堆放及运输要求，一般为2 m，且不可小于1.5 m；脚手架结构应有足够的强度、刚度和稳定性，保证在施工期间的各种荷载作用下，脚手架不变形、不摇晃和不倾斜；构造简单、便于装拆和搬运，并能多次周转使用；过高的外脚手架应有接地和避雷装置。

脚手架的种类很多，按其搭设位置可分为外脚手架和里脚手架两大类；按其所用材料可分为木脚手架、竹脚手架和钢管脚手架；按其构造形式可分为多立杆式、门式、悬挑式及吊脚手架等。目前，脚手架的发展趋势是采用高强度金属制作、具有多种功用的组合式脚手架，可以适应不同情况作业的要求。

（一）外脚手架

外脚手架是沿建筑物外围搭设的一种脚手架，用于外墙砌筑和外墙装饰。常用的有多立杆式脚手架和门式钢管脚手架。多立杆式脚手架可用木、竹和钢管等搭设，目前主要采用钢管脚手架，虽然其一次性投资较大，但可多次周转、摊销费用低、装拆方便、搭设高度大，且能适应建筑物平立面的变化。多立式钢管脚手架有扣件式和碗扣式两种。

1. 钢管扣件式脚手架

（1）钢管扣件式脚手架的构造

钢管扣件式脚手架由钢管和扣件组成。扣件为钢管与钢管间的连接件，其基本形式可分为直角扣件、回转扣件和对接扣件三种，用于钢管之间的直角连接、直角对接接长或成一定角度的连接。

钢管扣件式脚手架的主要构件有立杆、大横杆、斜杆和底座等，一般均采用外径48 mm、壁厚3.5 mm的焊接钢管。立杆、大横杆、斜杆的钢管长度为4.0～6.5 m，小横杆的钢管长度为2.1～2.3 m。

钢管扣件式脚手架的构造形式可分为双排和单排两种。单排脚手架搭设高度不超过30 m，不宜用于半砖墙、轻质空心砖墙、砌块墙体。

（2）钢管扣件式脚手架的架设要点

1）在搭设脚手架前，对底座、钢管、扣件要进行检查，钢管要平直，扣件和螺栓要光洁、灵敏，对变形、损坏严重者不得使用。

2）搭设范围内的地基要夯实整平，做好排水处理，如地基土质不好，则底座下垫以木板或垫块。立杆要竖直，垂直度允许偏差不得大于1/200。相邻两根立杆接头应错开50 cm。

3）大横杆在每一面脚手架范围内的纵向水平高低差，不宜超过1皮砖的厚度。同一步内外两根大横杆的接头，应相互错开，不宜在同一跨度内。在垂直方向相邻的两根大横杆的接头也应错开，其水平距离不宜小于50 cm。

4）小横杆可紧固于大横杆上，靠近立杆的小横杆可紧固于立杆上。双排脚手架小横杆靠墙的一端应离开墙面5～15 cm。

5）各杆件相交伸出的端头，均应大于10 cm，以防滑脱。

6）扣件连接杆件时，螺栓的松紧程度必须适度。如用测力扳手校核操作人员的手劲，以扭力矩控制在40～50 N，m为宜，最大不得超过60 N•m。

7）为保证架子的整体性，应沿架子纵向每隔30 m设一组剪刀撑，两根剪刀撑斜杆分别扣在立杆与大横杆上或扣在小横杆的伸出部分上。斜杆两端扣件与立杆接点（即立杆与横杆的交点）的距离不宜大于20 cm，最下面的斜杆和立杆的连接点离地面不宜大于50 cm。

8）为了防止脚手架向外倾倒，每隔3步架高、5跨间隔，应设置连墙杆。

9）拆除钢管扣件式脚手架时，应按照自上而下的顺序，逐根往下传递，不得乱扔。拆下的钢管和扣件应分类整理存放，对损坏的要进行整修。钢管应每年刷一次漆，防止生锈。

2. 碗扣式钢管脚手架

碗扣式钢管脚手架又称多功能碗扣型脚手架，其基本构造和搭设要求与钢管扣件式脚手架类似，不同之处在于其杆件接头处采用碗扣连接。由于碗扣是固定在钢管上的，因此连接可靠，组成的脚手架整体性好，也不存在扣件丢失问题。碗扣式接头由上、下碗扣及横杆接头、限位销等组成。上、下碗扣和限位销按600 mm间距设置在钢管立杆上，其中，下碗扣和限位销直接焊接在立杆上，搭设时将上碗扣的缺口对准限位销后，即可将上碗扣向上拉起（沿立杆向上滑动），然后将横杆接头插入下碗扣圆槽内，再将上碗扣沿限位销滑下，并顺时针旋转扣紧，用小锤轻击几下即可完成接点的连接。立杆连接处外套管与立杆间隙不得大于2 mm，外套长度不得小于160 mm，外伸长度不得小于110 mm。

碗扣式接头可以同时连接4根横杆，横杆可相互垂直或偏转一定的角度，因而可以搭设各种形式，特别是曲线形的脚手架，还可作为模板的支撑。模板支撑架应根据所受的荷载选择立杆的间距和步距，以底层纵、横向水平杆作为扫地杆，距离地面高度不得大于350 mm，立杆底部应设置可调底座或固定底座；立杆上端也应包括可调螺杆伸出顶层水平钢的长度不得大于0.7 m。

3. 门式脚手架

门式脚手架又称为多功能门式脚手架，是目前应用较为普遍的脚手架之一。门式脚手架有多种用途，除可用于搭设外脚手架外，还可用于搭设里脚手架、施工操作平台或用于模板支架等。

（1）门式脚手架的构造

门式脚手架的基本结构由门架、交叉支撑、连接棒、挂扣式脚手板或水平架、锁臂等组成，再设置水平加固杆、剪刀撑、扫地杆、封口杆、托座与底座，并采用连墙件与建筑物主体结构相连，是一种标准化钢管脚手架，又称多功能门式脚手架。门式钢管脚手架基本单元由一副门式框架、两副剪刀撑、一副水平梁架和四个连接器组合而成。若干基本单元通过连接器在竖向叠加，扣上臂扣，组成了一个多层框架。在水平方向，用加固杆和水平梁架使相邻单元连成整体，加上斜梯、栏杆柱和横杆，组成上下不相通的外脚手架，即构成整片脚手架。

门式脚手架的主要特点是组装方便，装拆时间约为扣件式钢管脚手架的1/3，特别适用于使用周期短或频繁周转的脚手架；承载性能好，安全可靠，其使用强度为扣件式钢管脚手架的3倍，使用寿命长，经济效益好。扣件式钢管脚手架一般可使用8～10年，而门式脚手架则可使用10～15年。因组装件接头大部分不是螺栓紧固性的连接，而是插销或扣搭形式的连接，若搭设高度较大或荷载较重，必须附加钢管拉结紧固，否则会摇晃、不稳。

（2）门式钢管脚手架的搭设

1）搭设顺序

铺放垫木板→拉线、放底座→自一端立门架并随即装剪刀撑→装水平梁架（或脚手板）→装梯子→装通长的大横杆（一般用 48 mm 脚手架钢管）→装设连墙杆→插上连接棒→安装上一步门架→装上锁臂→照上述步，骤逐层向上安装→装加强整体刚度的长剪刀撑→装设顶部栏杆。

2）搭设要点

①交叉支撑、水平架、脚手板、连接棒与锁臂的设置应符合规范要求；不配套的门架配件不得混合使用于同一整片脚手架。

②门架安装应自一端向另一端延伸，并逐层改变搭设方向，不得相对进行；搭完一步架后，应按规范要求检查并调整其水平度与垂直度。

③交叉支撑、水平架或脚手板应紧随门架的安装及时设置，连接门架与配件的锁臂、搭钩必须处于锁住状态。

④水平架或脚手板应在同一步内连续设置，脚手板应满铺。

⑤底层钢梯的底部应加设钢管并用扣件扣紧在门架的立杆上，钢梯的两侧均应设置扶手，每段钢梯可跨越两步或三步门架再行转折。

⑥栏板（杆）、挡脚板应设置在脚手架操作层外侧、门架立杆的内侧。

⑦加固杆、剪刀撑必须与脚手架同步搭设；水平加固杆应设于门架立杆内侧，剪刀撑应设于门架立杆外侧并连接牢固。

⑧连墙件的搭设必须随脚手架搭设同步进行，严禁滞后设置或搭设完毕后补做；

连墙件应连于上、下两榀门架的接头附近，且垂直于墙面、锚固可靠。

⑨当脚手架操作层高出相邻连墙件以上两步时，应采用确保脚手架稳定的临时拉结措施，直到连墙件搭设完毕后方可拆除。

⑩脚手架应沿建筑物周围连续、同步搭设升高，在建筑物周围形成封闭结构；如不能封闭，在脚手架两端应按规范要求增设连墙件。

（二）里脚手架

里脚手架是搭设在施工对象内部的脚手架，主要用于在楼层上砌墙和进行内部装修等施工作业。由于建筑内部施工作业量大，平面分布也十分复杂，要求里脚手架频繁搬移和装拆，因此，里脚手架必须轻便灵活、稳固可靠，搬移和装拆方便。常用的里脚手架有如下两种。

1. 折叠式里脚手架

折叠式里脚手架可用角钢、钢筋、钢管等材料焊接制作。折叠式里脚手架的架设间距：砌墙时宜为1.0～2.0 m，内部装修时宜为2.2～2.5 m。

2. 支柱式里脚手架

支柱式里脚手架由支柱及横杆组成，上铺脚手板。支柱式里脚手架的搭设间距：砌墙时宜为2.0 m，内部装修时不超过2.5 m。

（1）套管式支柱

搭设时将插管插入立杆中，以销孔间距调节高度，插管顶端的U形支托搁置方木横杆用于铺设脚手板。其架设高度为的重量为14 kg。

（2）承插式钢管支柱

水插式钢管支柱的架设高度为1.2 m、1.6 m、1.9 m，搭设第三步时要加销钉以确保安全。每个支柱重13.7 kg，横杆重5.6 kg。

里脚手架除采用上述金属工具式脚手架外，还可就地取材，用竹、木等制作“马凳”，作为脚手板的支架。

二、垂直运输设施

砌筑工程所需的各种材料绝大部分需要通过垂直运输机械运送到各施工楼层，因此，砌筑工程垂直运输工程量很大。目前，担负垂直运输建筑材料和供人员上、下的常用垂直运输设备有井架、龙门架、施工升降机等。

（一）井架

井架是施工中最常用、最简便的垂直运输设施，它稳定性好，运输量大。除用型钢或钢管加工的定型井字架外，还可以用多种脚手架材料现场搭设而成。井架内设有吊篮，一般的井架多为单孔井架，但也可构成双孔或多孔井架，以满足同时运输多种材料的需要。上部还可设小型拔杆，供吊运长度较大的构件，其起重量一般为0.5～1.5 t，回转半径可达10 m。井架起重能力一般为1～3 t，提升高度一般在60 m以内，在采取措施后，也可搭设得更高。为保证井架的稳定性，必须设置缆风绳或附墙拉结。

（一）龙门架

龙门架是由支架和横梁组成的门型架。在门型架上安装滑轮、导轨、吊篮、安全装置、起重锁、缆风绳等部件构成一个完整的龙门架运输设备。

龙门架的搭设高度一般为 10 ～ 30 m，起重量为 0.5 ～ 1.2 t。按规定，龙门架高度在 12 m 以内者，预设缆风绳一道；高度在 12 m 以上者，每增高 5 ～ 6 m 增设一道缆风绳，每道不少于 6 根。龙门架塔高度可达 20 ～ 35 m。

龙门架不能做水平运输。如果选用龙门架作垂直运输方案，则也要考虑地面或楼层面上的水平运输设备。

（三）施工升降机

施工升降机又称施工外用电梯，多数为人货两用，少数专供货用。电梯按其驱动方式可分为齿条驱动和绳轮驱动两种。而齿条驱动电梯又可分为单吊箱（笼）式和双吊箱（笼）式两种，并装有可靠的限速装置，适用于 20 层以上建筑工程；绳轮驱动电梯为单吊箱（笼），无限速装置，轻巧便宜，适用于 20 层以下建筑工程。

第三节　砌筑施工工艺

一、砖砌体施工

砌砖施工通常包括找平、放线，摆砖样，立皮数杆，盘角，挂线，砌筑，刮缝、清理等工序。

（一）找平、放线

砌砖墙前，应在基础防潮层或楼层上定出各层的设计标高，并用 M7.5 的水泥砂浆或 C10 的细石混凝土找平，使各段墙体的底部标高均在同一水平标高上，以利于墙体交接处的搭接施工和确保施工质量。外墙找平时，应采用分层逐渐找平的方法，确保上下两层与外墙之间不出现砌砖质量验收标准明显的接缝。

根据龙门板上给定的定位轴线或基础外侧的定位轴线桩，把墙体轴线、墙体宽度线、门窗洞口线等引测至基础顶面或楼板上，并弹出墨线。二楼以上各层的轴线可用经纬仪或垂球（线坠）引测。

（二）摆砖样

摆砖样是在放线的基础顶面或楼板上，按选定的组砌形式进行干砖试摆，应做到灰缝均匀、门窗洞口两侧的墙面对称，并尽量使门窗洞口之间或与墙垛之间的各段墙长为 1/4 砖长的整数倍，以便减少砍砖、节约材料、提高工效和施工质量。摆砖用的第一皮撂底砖的组砌一般采用“横丁纵顺”的顺序，即横墙均摆丁砖，纵墙均摆顺砖，并可按下式计算丁砖层排砖数 n 和顺砖层排砖数 N：

窗口宽度为 B（mm）的窗下墙排砖数为

$n=(B-10)\div125$　　$N=(B-135)\div250$

两洞口间净长或至墙垛长为 L 的排砖数为

$n=(B+10)\div125$　　$N=(L-365)\div250$

计算时取整数，并根据余数的大小确定是加半砖、七分头砖，还是减半砖并加七分头砖。如果还出现多于或少于 30 mm 以内的情况，可用减小或增加竖缝宽度的方法加以调整，灰缝宽度在 8 ～ 12 mm 之间是允许的。也可以采用同时水平移动各层门窗洞口的位置，使之满足砖模数的方法，但最大水平移动距离不得大于 60 mm，而且承重窗间墙的长度不应减少。

每一段墙体的排砖块数和竖缝宽度确定后，就可以从转角处或纵横墙交接处向两边排放砖，排完砖并经检查调整无误后，即可依据摆好的砖样和墙身宽度线，从转角处或交接处依次砌筑第一皮撂底砖。

常用的砌体的组砌形式有全顺、两平一侧、全丁、一顺一丁、梅花丁和三顺一丁。

（三）立皮数杆

皮数杆是指在其上划有每皮砖厚、灰缝厚以及门、窗、洞口的下口、窗台、过梁、圈梁、楼板、大梁、预埋件等标高位置的一种木制标杆，它是砌墙过程中控制砌体竖向尺寸和各种构配件设置标高的主要依据。

皮数杆一般设置在墙体操作面的另一侧，其立于建筑物的四个大角处、内外墙交接处、楼梯间及洞口较多的地方，并从两个方向设置斜撑或用锚钉加以固定，以确保垂直和牢固。皮数杆的间距为10～15 m，间距超过时中间应增设皮数杆。支设皮数杆时，要统一进行找平，使皮数杆上的各种构件标高与设计要求一致。每次开始砌砖前，均应检查皮数杆的垂直度和牢固性，以防有误。

（四）盘角

盘角又称立头角，是指墙体正式砌砖前，在墙体的转角处由高级瓦工先砌起，并始终高于周围墙面 4 ～ 6 皮砖，作为整片墙体控制垂直度和标高的依据。盘角的质量直接影响墙体施工质量，因此，必须严格按皮数杆标高控制每一皮墙面高度和灰缝厚度，做到墙角方正、墙面顺直、方位准确、每皮砖的顶面近似水平，并要“三皮一靠，五皮一吊”，确保盘角质量。

（五）挂线

挂线是指以盘角的墙体为依据，在两个盘角中间的墙外侧挂通线。挂线应用尼龙线或棉线绳拴砖坠重拉紧，使线绳水平、无下垂。墙身过长时，在中间除设置皮数杆外，还应砌一块“腰线砖”或再加一个细钢丝揽线棍，用以固定挂通的准线，使之不下垂和内外移动。盘角处的通线是靠墙角的灰缝卡挂的，为避免通线陷入水平灰缝内，应采用不超过 1 mm 厚的小别棍（用小竹片或包装用薄铁皮片）卡别在盘角处墙面与通线之间。

（六）砌筑

砌筑砖墙通常采用“三一”法或挤浆法，并要求砖外侧的上楞线与准线平行、水平且离准线1 mm，不得冲（顶）线，砖外侧的下楞线与已砌好的下皮砖外侧的上楞线平行并在同一垂直面上，俗称“上跟线、下靠楞”；同时，还应做到砖平位正、挤揉适度、灰缝均匀、砂浆饱满。

（七）刮缝、清理

清水墙砌完一段高度后，要及时进行刮缝和清扫墙面，以利于墙面勾缝整洁、和干净。刮砖缝可采用1 mm厚的钢板制作的凸形刮板，刮板突出部分的长度为10～12 mm，宽度为8 mm。清水外墙面一般采用加浆勾缝，用1∶1.5的细砂水泥砂浆勾成凹进墙面4～5 mm的凹缝或平缝；清水内墙面一般采用原浆勾缝，所以不用刮板刮缝，而是随砌随用钢溜子勾缝。下班前，应将施工操作面的落地灰与杂物清理干净。

二、石砌体施工

（一）毛石砌块

砌筑毛石基础的第一皮石块应坐浆，并将石块的大面向下；砌筑料石基础的第一皮子块应用丁砌层坐浆砌筑。毛石砌体的第一皮及转角处、交接处和洞口应用较大的平毛石砌筑每个楼层（包括基础）砌体的最上一皮宜选用较大的毛石砌筑。

毛石基础的扩大部分如做成阶梯形，上级阶梯的石块应至少压砌下级阶梯石块的1/2，相邻阶梯的毛石应相互错缝搭砌。

毛石基础必须设置拉结石，拉结石应均匀分布，且在毛石基础同皮内每隔2 m左右设置一块。拉结石的长度：如基础宽度小于或等于400 mm，应与基础宽度相等；如基础宽度大于400 mm，可用两块拉结石内外搭接，搭接长度不应小于150 mm，且其中一块拉结石的长度不应小于基础宽度的2/3。

（二）料石砌块

料石基础砌体的第一皮应用丁砌层坐浆砌筑，料石砌体也应上下错缝搭砌，砌体厚度不小于两块料石宽度时，如同皮内全部采用顺砌，每砌两皮后，要砌一皮丁砌层；如同皮内采用丁顺组砌，丁砌石应交错设置，其中距不应大于2 m。

料石砌体灰浆的厚度，根据石料的种类确定：细石料砌体不宜大于5 mm；半细石料砌体不宜大于10 mm；粗石料和毛石料砌体不宜大于20 mm。料石砌体砌筑时，应放置平稳。砂浆铺设厚度应略高于规定的灰缝厚度。砂浆的饱满度应大于80%。

料石砌体转角处及交接处也应同时砌筑，必须留设临时间断时，应砌成踏步槎。

用料石和毛石或砖的组合墙中，料石砌体和毛石砌体或砖砌体应同时砌筑，并每隔2皮或3皮料石层用丁砌层与毛石砌体或砖砌体拉结砌合。丁砌料石的长度宜与组合墙厚度相同。

三、小型砌块砌体施工

（一）施工准备

运到现场的小砌块，应分规格分等级堆放，堆垛上应设标记，堆放现场必须平整，并做好排水工作。小砌块的堆放高度不宜超过 1.6 m，堆垛间应保持适当的通道。

砌筑基础前，应对基坑（或基槽）进行检查，符合要求后，方可开始砌筑基础。

普通混凝土小砌块不宜浇水；当天气干燥炎热时，可在小砌块上喷水将其稍加润湿；轻集料混凝土小砌块可洒水，但不可过多。

（二）砂浆制备

砂浆的制备通常应符合以下要求：

（1）砌体所用砂浆应按照设计要求的砂浆品种、上强度等级进行配置，砂浆配合比应经试验确定，采用质量比时，其计量精度为：水泥 ±2%，砂、石灰膏控制在±5% 以内。

（2）砂浆应采用机械搅拌。搅拌时间：水泥砂浆和水泥混合砂浆不得少于 2 min；掺用外加剂的砂浆不得少于 3 min；掺用有机塑化剂的砂浆，应为 3 ～ 5 min。同时，还应具有较好的和易性和保水性。一般而言，稠度以 5 ～ 7 cm 为宜。

（3）砂浆应搅拌均匀，随拌随用，水泥砂浆和水泥混合砂浆应分别在 3 h 内使用完毕；当施工期间最高气温超过 30℃时，应分别在拌成后 2 h 内使用完毕。细石混凝土应在 2 h 内用完。

（4）砂浆试块的制作：在每一楼层或 250 m^3 砌体中，每种强度等级的砂浆应至少制作一组（每组六块）；当砂浆强度等级或配合比有变更时，也可制作试块。

（三）小型砌块砌体的施工工艺

砌块砌体施工的主要工序是：铺灰→砌块吊装就位→校正→灌缝和镶砖。

（1）龄期不足 28 d 及潮湿的小砌块不得进行砌筑。

（2）应在建筑物四角或楼梯间转角处设置皮数杆，皮数杆间距不宜超过 15 m。皮数杆上画出小砌块高度和水平灰缝的厚度以及砌体中其他构件标高位置。相对两皮数杆之间拉准线，依准线砌筑。

（3）应尽量采用主规格小砌块，并应清除小砌块表面污物，剔除外观质量不合格的小砌块和芯柱用小砌块孔洞底部的毛边。

（4）小砌块应底面朝上反砌。

（5）小砌块应对孔错缝搭砌。个别情况当无法对孔砌筑时，普通混凝土小砌块的搭接长度不应小于 90 mm，轻集料混凝土小砌块的搭接长度不应小于 120 mm；当不能保证此规定时，应在水平灰缝中设置钢筋网片或拉结钢筋，网片或钢筋的长度不应小于 700 mm。

（6）小砌块应从转角和纵横交接处开始，内外墙同时砌筑，纵横墙交错连接。墙体临时断处应砌成斜槎，斜槎长度不应小于高度的 2/3（一般按一步脚手架高度控制）；

如留斜槎有困难，除外墙转角处及抗震设防地区，其墙体临时间断处不应留直槎外，可以从墙面伸出 200 mm 砌成阴阳槎，并沿墙高每三皮砌块（600 mm）设拉结筋或钢筋网片，接槎部位宜延至门窗洞口。

（7）小砌块外墙转角处，应使小砌块隔皮交错搭砌，小砌块端面外露处用水泥砂浆补抹平整。小砌块内、外墙 T 形交接处，应隔皮加砌两块 290 mm×190 mm×190 mm 的辅助规格小砌块，辅助小砌块位于外墙上，且开口处对齐。

（8）小砌块砌体的灰缝应横平竖直，全部灰缝应填满砂浆；水平灰缝的砂浆饱满度不得低于 90%；竖向灰缝的砂浆饱满度不得低于 80%。砌筑中不得出现瞎缝、透明缝。

（9）小砌块的水平灰缝厚度和竖向灰缝宽度应控制在 8 ～ 12 mm。砌筑时，铺灰长度不得超过 800 mm，严禁用水冲浆灌缝。

（10）当缺少辅助规格小砌块时，墙体通缝不应超过两皮砌块。

（11）承重墙体不得采用小砌块与烧结砖等其他块材混合砌筑；严禁使用断裂小砌块或壁肋中有竖向凹形裂缝的小砌块砌筑承重墙体。

（12）对设计规定的洞口、管道、沟槽和预埋件等，应在砌筑时预留或预埋，严禁在砌好的墙体上打凿。在小砌块墙体中不得预留水平沟槽。

（13）小砌块砌体内不宜设脚手眼。如必须设置，可用 190 mm×190 mm×190 mm 小砌块侧砌，利用其孔洞作脚手眼，砌筑完后用 C15 混凝土填实脚手眼。

（14）施工中需要在砌体中设置的临时施工洞口，其侧边离交接处的墙面不应小于 600 mm，并在洞口顶部设过梁，填砌施工洞口的砌筑砂浆强度等级应提高一级。

（15）砌体相邻工作段的高度差不得大于一个楼层高或 4 m。

（16）在常温条件下，普通混凝土小砌块日砌筑高度应控制在 1.8 m 以内；轻集料混凝土小砌块日砌筑高度应控制在 2.4 m 之内。

四、框架填充墙施工

框架填充墙施工要点如下：

（1）填充墙采用烧结多孔砖、烧结空心砖进行砌筑时，应提前两天浇水湿润。采用蒸压加气混凝土砌块砌筑时，应向砌筑面浇适量的水。

（2）墙体的灰缝应横平竖直、厚薄均匀，并应填满砂浆，竖缝不得出现透明缝、瞎缝。

（3）多孔砖应采用一顺一丁或梅花丁的组砌形式。多孔砖的孔洞应垂直面受压，砌筑前应先进行试摆。

（4）填充墙拉结筋的设置：框架柱和梁施工完后，应按设计砌筑内框架填充墙质量外墙体，墙体应与框架柱进行锚固，锚固拉结筋的规格、数量、间距和长度应符合设计要求。当设计无规定时，一般应在框架柱施工时预埋锚筋，锚筋的设置规定如下：沿柱高每 500 mm 配置 2 ϕ 6 钢筋伸入墙内长度，一二级框架宜沿墙全长设置，三四级框架不应小于墙长的 1/5，且不应小于 700 mm，锚筋的位置必须准确。砌体施工时，将锚筋凿出并拉直砌在砌体的水平砌缝中，确保墙体与框架柱的连接。有的锚筋由于在框架柱内伸出的位置不准，施工中把锚筋打弯甚至扭转，使之伸入墙身内，从而失去了锚筋的作用，会使墙身与框架间出现裂缝。因此，当锚筋的位置不准时，将锚筋拉直用C20细石混凝土浇筑至与砌体模数吻合，一般厚度为20～500 mm。在实际工程中，为了解决预埋锚筋位置容易错位的问题，框架柱施工时，在规定留设锚筋位置处预留铁件或沿柱高设置2ϕ6预埋钢筋，进行砌体施工前，按设计要求的锚筋间距将其凿出与锚筋焊接。当填充墙长度大于5 m时，墙顶部与梁应有拉结措施；当墙的高度超过4 m时，应在墙高中部设置与柱连接的通长的钢筋混凝土水平墙梁。

（5）采用轻集料混凝土小型空心砌块或蒸压加气混凝土砌块施工时，墙底部应先砌烧结普通砖或多孔砖，或现浇混凝土坎台等，其高度不宜小于200 mm。

（6）卫生间、浴室等潮湿房间，在砌体的底部应现浇宽度不小于120 mm、高度不小于100 mm的混凝土导墙，待达到一定强度后可再在上面砌筑墙体。

（7）门窗洞口的侧壁也应用烧结普通砖镶框砌筑，并与砌块相互咬合。填充墙砌至接近梁底、板底时，应留一定的空隙，待填充墙砌筑完毕并应至少间隔7d后，采用烧结普通砖侧砌，并用砂浆填塞密实，以提高砌块砌体与框架之间的拉结。

（8）若设计为空心石膏板隔墙时，应先在柱和框架梁与地坪间加木框，木框与梁柱可用膨胀螺栓等连接，然后在木框内加设木筋，木筋的间距视空心石膏板的宽度而定。当空心石膏板的刚度及强度满足要求时，可直接安装。

框架本身在建筑中构成骨架，自成体系，在设计中只承受本层隔墙、板及活荷载所传给它的压力，故施工时不能先砌墙，后浇筑框架梁，这样会使框架梁失去作用，并增加底层框架梁的应力，甚至发生事故。

五、钢筋混凝土构造柱、芯柱施工

（一）钢筋混凝土构造柱的施工

1. 构造柱简介

构造柱的截面尺寸一般为240 mm×180 mm或240 mm×240 mm；竖向受力钢筋常采用4根直径为12 mm的HPB300级钢筋；箍筋直径采用6 mm，其间距不得大于250 mm，且在柱的上下端适当加密。

砖墙与构造柱应沿墙高每隔500 mm设置2ϕ6的水平拉结钢筋，于1 m；若外墙为一砖半墙，则水平拉结钢筋应用3根。

砖墙与构造柱相接处，砖墙应砌成马牙槎，从每层柱脚开始，先退后进；每个马牙槎沿高度方向的尺寸不宜超过300 mm（或5皮砖高）；每个马牙槎退进应不小于60 mm。

构造柱必须与圈梁连接。其根部可与基础圈梁连接，无基础圈梁时，可增设厚度不小于120 mm的混凝土底脚，深度从室外地坪以下不应小于500 mm。

2. 钢筋混凝土构造柱施工要点

（1）构造柱的施工程序为钢筋绑扎、砌砖墙、支模、浇筑混凝土柱。

（2）构造柱钢筋的规格、数量、位置必须正确，绑扎之前必须进行除锈和调直处理。

（3）构造柱从基础到顶层必须垂直，对准轴线，在逐层安装模板前，必须根据柱轴线随时校正竖筋的位置和垂直度。

（4）构造柱的模板可用木模或钢模，在每层砖墙砌好后，立即支模。模板必须与所在墙的两侧严密贴紧，支撑牢靠，防止板缝漏浆。

（5）在浇筑构造柱混凝土前，必须将砖砌体和模板洒水湿润，并将模板内的落地灰、砖渣和其他杂物清除干净。

（6）构造柱的混凝土坍落度宜为 50 ～ 70 mm，以保证浇捣密实；也可根据施工条件、季节不同，在保证浇捣密实的条件下加以调整。

（7）构造柱的混凝土浇筑可分段进行，每段高度不宜大于 2 m。可在施工条件较好并能确保浇筑密实时，也可每层一次浇筑完毕。

（8）浇捣构造柱混凝土时，宜用插入式振捣棒，分层捣实。将振捣棒随振随拔，每次振捣层的厚度不应超过振捣棒长度的 1.25 倍。振捣时，振捣棒应避免直接碰触砖墙，并严禁通过砖墙传振。

（9）构造柱混凝土保护层厚度宜为 20 mm，且不小于 15 mm。

（10）在砌完一层墙后和浇筑该层柱混凝土前，应及时对已砌好的独立墙加稳定支撑，只有在该层柱混凝土浇筑完成后，才能进行上一层施工。

（二）钢筋混凝土芯柱的施工

1. 芯荘的主要构造

钢筋混凝土芯柱是按设计要求设置在小型混凝土空心砌块墙的转角处和交接处，在这些部位的砌块孔洞中插入钢筋，并浇筑混凝土而形成的。

芯柱所用插筋不应少于 1 根直径为 12 mm 的 HPB300 级钢筋，所用混凝土强度不应低于 C15。芯柱的插筋和混凝土应贯通整个墙身和各层楼板，并与圈梁连接，其底部应伸入室外地坪以下 500 mm 或锚入基础圈梁内，上下楼层的插筋可在楼板面上搭接，搭接长度不应小于 40 倍插筋直径。

芯柱与墙体连接处，应设置拉结钢筋网片，网片可用直径 4 mm 的钢筋焊成，每边伸入墙内不宜小于 10 mm，沿墙高每隔 600 mm 设置一道。

对于非抗震设防地区的混凝土空心砌块房屋，芯柱中的插筋直径不应小于 10 mm，与墙体连接的钢筋网片，每边伸入墙内不应小于 600 mm。其余构造与前述相似。

2. 钢筋混凝土芯柱施工要点

（1）芯柱部位宜采用不封底的通孔小砌块，当采用半封底小砌块时，砌筑前必须打掉孔洞毛边。

（2）在楼（地）面砌筑第一皮小砌块时，在芯柱部位其应用开口砌块（或U形砌块）砌出操作孔，在操作孔侧面宜预留连通孔，必须清除芯柱孔洞内的杂物并削掉孔内凸出的砂浆，用水冲洗干净，校正钢筋位置并绑扎或焊接固定后，方可浇筑混凝土。

（3）检查竖筋安放位置及其接头连接质量，芯柱钢筋应与基础或基础梁中的预埋钢筋连接，上下楼层的钢筋可在楼板面上搭接，搭接长度不应小于40d(次为钢筋直径)。

（4）砌筑砂浆必须达到一定强度后（大于 1.0 MPa），方可浇筑芯柱混凝土。

（5）砌完一个楼层高度之后，应连续浇筑芯柱混凝土，每浇筑 400 ～ 500 mm 高度捣实一次，或边浇筑边捣实。浇筑混凝土前，先注入适量水泥浆，严禁筑满一个楼层后再捣实，宜采用机械捣实，混凝土坍落度不应小于 50 mm。

（6）芯柱混凝土在预制楼板处应贯通，不得削弱芯柱断面尺寸，可采用设置现浇钢筋混凝土板带的方法或预制楼板预留缺口（板端外伸钢筋插入芯柱）的方法，实施芯柱贯通措施。

第四节 砌筑工程冬、雨期施工

一、砌筑工程冬期施工

（一）砌筑工程冬期施工的一般要求

（1）当室外日平均气温连续 5 d 稳定低于 5℃时，砌体工程应采取冬期施工措施。需要注意的是，气温根据当地气象资料确定；冬期施工期限除外，当日最低气温低于 0℃时，也应按规定执行。

（2）冬期施工的砌体工程质量验收除应符合本地区要求外，还应符合现行行业标准《建筑工程冬期施工规程》的有关规定。

（3）砌体工程冬期施工应有完整的冬期施工方案。

（4）冬期施工所用材料应符合下列规定：1）石灰膏、电石膏等应采取防冻措施，如遭冻结，应经融化后使用；2）拌制砂浆用砂，不得含有冰块和大于 10 mm 的冻结块；3）砖、砌块在砌筑前，应清除表面污物、冰雪等，不得使用遭水浸和受冻后表面结冰、污染的砖或砌块。

（5）冬期施工砂浆试块的留置，除应按常温规定要求外，尚应增加 1 组与砌体同条件养护的试块，用于检验转入常温 28 d 的强度。如有特殊需要，可另外增加相应龄期的同条件养护的试块。

（6）地基土有冻胀性时，应在未冻的地基上砌筑，应防止在施工期间和回填土前地基受冻。

（二）砌体工程冬期施工常用方法

砌体工程冬期施工常用的方法有掺盐砂浆法、冻结法和暖棚法。

1. 掺盐砂浆法

掺盐砂浆法是在砂浆中掺入一定数量的氯化钠（单盐）或氯化钠加氯化钙（双盐），以降低冰点，使砂浆中的水分在低于 0℃一定范围内不冻结。这种方法施工简便、经济、可靠，是砌体工程冬期施工广泛采用的方法。掺盐砂浆的掺盐量应符合规定。当设计无要求且最低气温≤ -15℃时，砌筑承重砌体砂浆强度等级要按常温施工提高一级。

2. 暖棚法

暖棚法是利用简易结构和廉价的保温材料，将需要砌筑的砌体和工作面临时封闭起来，棚内加热，使之在正温条件下砌筑和养护。暖棚法费用高、热效低、劳动效率不高，因此宜少采用。一般来说，地下工程、基础工程以及工期紧迫的砌体结构，可考虑采用暖棚法施工。

采用暖棚法施工，块材在砌筑时的温度不可低于 5℃，距离所砌的结构底面 0.5 m 处的棚内温度也不应低于 5℃。

二、砌筑工程雨期施工

（一）砌体工程雨期施工要求

（1）砖在雨期必须集中堆放，以便用塑料薄膜、竹席等覆盖，且不宜浇水。砌墙时，要求干湿砖块合理搭配。砖湿度过大时不可上墙，砌筑高度不宜超过 1.2 m。

（2）雨期遇大雨必须停工。砌砖收工时应在砖墙顶盖一层干砖，避免大雨冲刷灰浆。搅拌砂浆宜用中粗砂，因为中粗砂拌制的砂浆收缩变形小。另外，要减少砂浆用水量，防止砂浆使用中变稀。大雨过后受雨冲刷过的新砌墙体应翻动最上面两皮砖。

（3）稳定性较差的窗间墙、独立砖柱，要加设临时支撑或及时浇筑圈梁，以增加砌体的稳定性。

（4）砌体施工时，内外墙要尽量同时砌筑，并注意转角及丁字墙之间的连接要跟上，同时要适当缩小砌体的水平灰缝、减小砌体的压缩变形，其水平灰缝宜控制在 8 mm 左右。遇台风时，应在与风向相反的方向加临时支撑，以保证墙体的稳定。

（5）雨后继续施工，必须复核已完工砌体的垂直度与标高。

（二）雨期施工工艺

砌筑方法宜采用“三一”法，每天的砌筑高度应限制在 1.2 m 以内，以减小砌体倾斜的可能性。必要时，可将墙体两面用夹板支撑加固。

根据雨期长短及工程实际情况，可搭活动的防雨棚，随砌筑位置变动而搬动。若为小雨，可不采取此措施。收工时，在墙上盖一层砖，并用草帘加以覆盖，以免雨水将砂浆冲掉。

（三）雨期施工安全措施

雨期施工时脚手架等应增设防滑设施。金属脚手架和高耸设备，应有防雷接地设施。在雨期，露天施工人员易受寒，要备好姜汤以及药物。

第五节　砌筑工程常见质量事故与安全防护措施

一、砌筑工程常见质量事故及处理

在砌筑过程中，时有质量事故发生，故应详细分析产生事故的原因，防患于未然。常见的质量事故包括砂浆强度不稳定、石砌墙体里外分层、砌块墙面渗水等。

（一）砂浆强度不稳定

砂浆强度不稳定，通常是砂浆强度低于设计要求或是砂浆的强度波动较大，匀质性差。其主要原因是：材料的计量不准；超量使用微沫剂；砂浆搅拌不均匀。所以，在实际施工中，要按照砂浆的配合比准确称量各种原材料；对塑化材料宜先调制成标准稠度，再进行称量；采用机械搅拌，合理确定投料顺序，保证搅拌均匀。

（二）石砌墙偭里外分层

石砌墙体里外分层是指在石墙的砌筑过程中，形成里外互不联结不能自成一体的现象，造成这一现象的原因是：毛石的块量过小，相互之间不能搭压，或搭压量过小；未设拉结石造成横截面的上下对缝；砌筑方法不当，采用了先砌外面石块、后中间填心的方法。避免这种现象的方法是：不能只用大块石而不用小块石填空，要大小块石搭配；按规定设置拉结石；砌筑时，应分皮卧砌，上下错缝，内外搭砌。

（三）砌块墙面渗水

砌块墙面渗水是指水沿着墙体由外渗入墙内或由门窗框四周渗入。造成这种现象的原因是：砌块收缩量过大；砂浆不饱满；窗台、遮阳板等凸出墙外的构件未做好排水坡，造成倒泛水或积水。防治的方法是：砌块之间的灰缝要饱满、密实；门窗框四周在嵌缝前先润湿；窗台、遮阳板等凸出墙外的构件，在抹灰时，可在上面要做出排水坡，下面要抹出滴水槽。

二、砌筑工程安全防护措施

（1）在砌筑操作前，必须检查施工现场各项准备工作是否符合安全要求，如道路是否畅通、机具是否完好牢固、安全设施和防护用品是否齐全，经检查符合要求后才可施工。

（2）施工人员进入现场必须戴好安全帽。砌基础时，应检查与注意基坑土质的变化情况；堆放砖石材料应离开坑边 1 m 以上；砌墙高度超过地坪 1.2 m 以上时，应搭设脚手架，架上堆放材料不得超过规定荷载值，堆砖高度不得超过三皮侧砖，同一块脚手板上的操作人员不应超过两人；按规定搭设安全网。

（3）不准站在墙顶上做画线、刮缝及清扫墙面或检查大角垂直等工作；不准用不稳固的工具或物体在脚手板上垫高操作。

（4）砍砖时应面向墙面，工作完毕应将脚手板和砖墙上的碎砖、灰浆清扫干净，防止掉落伤人。正在砌筑的墙上禁止走人，不准站在墙上做画线、刮缝、吊线等工作。山墙砌完后，应立即安装桁条或临时支撑，防止倒塌。

（5）每日下班时，应做好防雨准备，以防雨水冲走砂浆，致使砌体倒塌。冬期施工时，脚手板上如有冰霜、积雪，清除后才能上架子进行操作。

（6）砌石墙时，不准在墙顶或架上修石材，以免振动墙体影响质量或石片掉下伤人。不准徒手移动上墙的石块，以免压破或擦伤手指。不准勉强在超过胸部高度的墙上进行砌筑，以免将墙体碰撞倒塌或上石时失手掉下，造成安全事故。石块不得往下掷。运石上下时，脚手板要钉装牢固，并钉装防滑条及扶手栏杆。

（7）对有部分破裂和脱落危险的砌块，严禁起吊；起吊砌块时，严禁将砌块停留在操作人员的上空或在空中整修；砌块吊装时，不得在下一层楼面上进行其他任何工作；卸下砌块时应避免冲击，砌块堆放应尽量靠近楼板两端，不得超过楼板的承重能力；砌块吊装就位时，应待砌块放稳后，方可松开夹具。

（8）凡脚手架、龙门架搭设好后，须经专人验收合格后方准使用。

第九章 建筑防水工程

第一节 建筑屋面防水工程施工

屋面防水工程按其构造可分为柔性防水屋面、刚性防水屋面、上人屋面、架空隔热屋面、蓄水屋面、种植屋面和金属板材屋面等。屋面防水可多道设防，将卷材、涂膜、细石防水混凝土复合使用，也可将卷材叠层施工。国家标准《屋面工程质量验收规范》根据建筑物的性质、重要程度、使用功能要求以及防水层耐用年限等，将屋面防水分为四个等级，不同的防水等级有不同的设防要求。屋面工程应根据工程特点、地区自然条件等，按照屋面防水等级设防要求，展开防水构造设计。

一、卷材防水屋面

卷材防水屋面属柔性防水屋面，其优点是：重量轻，防水性能较好，尤其是防水层，具有良好的柔韧性，能适应一定程度的结构振动和胀缩变形；其缺点是：造价高，特别是沥青卷材易老化、起鼓，耐久性差，施工工序多，工效低，维修工作量大，产生渗漏时修补、找漏困难等。

卷材防水屋面一般由结构层、隔汽层、保温层、找平层、防水层和保护层组成。其中，隔汽层和保温层在一定的气温条件和使用条件下可不设。

（一）材料要求

1. 卷材防水屋面的材料

（1）沥青

沥青是一种有机胶凝材料。在土木工程中，目前常用的汤膏是石油沥青。石油沥青按其用途，可分为建筑石油沥青、道路石油沥青和普通石油沥青三种。建筑石油沥青黏性较高，多用于建筑物的屋面及地下工程防水；道路石油沥青则用于拌制沥青混凝土和沥青砂浆或道路工程；普通石油沥青因其温度稳定性差，黏性较低，在建筑工程中一般不单独使用，而是与建筑石油沥青掺配经氧化处理之后使用。

（2）卷材

1）沥青卷材

沥青防水卷材按照制造方法不同，可分为浸渍（有胎）和辊压（无胎）两种。石油沥青卷材又称油毡和油纸。油毡是用高软化点的石油沥青涂盖油纸的两面，再撒上一层滑石粉或云母片而成；油纸是用低软化点的石油沥青浸渍原纸而成。建筑工程中常用的有石油沥青油毡和石油沥青油纸两种。油毡和油纸在运输、堆放时应竖直搁置，高度不宜超过两层；应储存在阴凉通风的室内，避免日晒雨淋及高温、高热。

2）高聚物改性沥青卷材

高聚物改性沥青防水卷材是以合成高分子聚合物改性沥青为涂盖层，纤维织物或纤维毡为胎体，粉状、粒状、片状或薄膜材料为覆盖材料制成可卷曲的片状材料。

3）合成高分子卷材

合成高分子防水卷材是以合成橡胶、合成树脂或两者的共混体为基料，加入适量的化学助剂和填充料等，经不同工序加工而成的可卷曲的片状防水材料；或把上述材料与合成纤维等复合，形成两层或两层以上的可卷曲的片状防水材料。

（3）冷底子油

冷底子油则是用 10 号或 30 号石油沥青加入挥发性溶剂配制而成的溶液。石油沥青与轻柴油或煤油以 4 ∶ 6 的配合比调制而成的冷底子油为慢挥发性冷底子油，涂喷后 12 ～ 48 h 干燥；石油沥青与汽油或苯以 3 ∶ 7 的配合比调制而成的冷底子油为快挥发性冷底子油，涂喷后 5 ～ 10 h 干燥。调制时先将熬好的沥青倒入料桶中，再加入溶剂，并不停地搅拌至沥青全部溶化为止。冷底子油具有较强的渗透性和憎水性，并使沥青胶结材料与找平层之间的粘结力增强。

（4）沥青胶结材料

沥青胶结材料是用石油沥青按一定配合比掺入填充料（粉状和纤维状矿物质）混合熬制而成的，用于粘贴油毡作防水层或作为沥青防水涂层以及接头填缝。

2. 进场卷材的抽样复验

（1）同一品种、型号和规格的卷材，抽样数量：大于 1 000 卷抽取 5 卷；500 ～ 1 000 卷抽取 4 卷；100 ～ 499 卷抽取 3 卷；小于 100 卷抽取 2 卷。

（2）将受检的卷材进行规格、尺寸和外观质量检验，全部指标达到标准规定时即为合格。其中若有一项指标达不到要求，可允许在受检产品中另取相同数量卷材进行复检，全部达到标准规定为合格。复检时仍有一项指标不合格，则判定该产品外观质量为不合格。

（3）在外观质量检验合格的卷材中，任取一卷做物理性能检验，若物理性能有一项指标不符合标准规定，应在受检产品中加倍取样进行该项复检；如复检结果仍不合格，则判定该产品为不合格。

（二）卷材防水屋面的施工

1. 卷材防水的一般规定

（1）卷材的铺贴方向

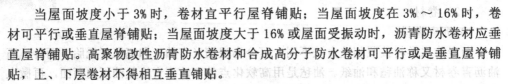

当屋面坡度小于 3% 时，卷材宜平行屋脊铺贴；当屋面坡度在 3% ～ 16% 时，卷材可平行或垂直屋脊铺贴；当屋面坡度大于 16% 或屋面受振动时，沥青防水卷材应垂直屋脊铺贴。高聚物改性沥青防水卷材和合成高分子防水卷材可平行或是垂直屋脊铺贴，上、下层卷材不得相互垂直铺贴。

（2）卷材的铺贴方法

卷材防水层上有重物覆盖或基层变形较大时，应优先采用空铺法、点粘法、条粘法或机械固定法，但距离屋面周边 800 mm 内以及叠层铺贴的各层卷材之间应满粘；防水层采取满粘法施工时，找平层的分格缝处宜空铺，空铺的宽度宜为 100 mm；卷材屋面的坡度不宜超过 26%，当坡度超过 26% 时应采取防止卷材下滑的措施。

（3）卷材铺贴的施工顺序

屋面防水层施工时，应先做好节点、附加层和屋面排水比较集中等部位的处理，然后由屋面最低处向上进行。铺贴天沟、檐沟卷材时，宜顺天沟、檐沟方向，减少卷材的搭接。铺贴多跨和有高低跨的屋面时，应按先高后低、先远后近的顺序进行。等高的大面积屋面，先铺贴离上料地点较远的部位，后铺贴较近的部位。应划分施工时，其界限宜设在屋脊、天沟、变形缝处。

（4）搭接方法和宽度要求

卷材铺贴应采用搭接法。相邻两幅卷材的接头还应相互错开 300 mm 以上，以免接头处多层卷材因重叠而粘结不实。叠层铺贴，上、下层两幅卷材的搭接缝也应错开 1/3 幅宽。当采用高聚物改性沥青防水卷材点粘或空铺时，两头部分必须全粘 500 mm 以上。平行于屋脊的搭接缝，应顺水流方向搭接；垂直于屋脊的搭接缝，应顺年最大频率风向搭接。叠层铺设的各层卷材，在天沟与屋面的连接处应采用交叉接法搭接，搭接缝应错开，接缝宜留在屋面或天沟侧面，不宜留在沟底。

2. 沥青防水卷材施工工艺

（1）基层清理

施工前清理干净基层表面的杂物和尘土，并保证基层干燥。干燥程度的建议检查方法是将 1 卷材平坦地干铺在找平层上，静置 3 ～ 4 h 后掀开检查，找平层覆盖部位与卷材上未见水印，即可认为基层干燥。

（2）喷涂冷底子油

先将沥青加热熔化，使其脱水到不起泡为止，然后将热沥青倒入桶内，冷却至 110℃，缓慢注入汽油，边注入边搅拌均匀。一般采用的冷底子油配合比（质量比）为 60 号道路石油沥青：汽油 =30 ：70；10 号（30 号）建筑石油沥青：轻柴油 =50 ：50。

冷底子油采用长柄棕刷进行涂刷，一般 1 ～ 2 遍成活，要求均匀一致，不得漏刷和出现麻点、气泡等缺陷；第二遍应在第一遍冷底子油干燥后再涂刷。冷底子油也可采用机械喷涂。

（3）油毡铺贴

油毡铺贴之前首先应拌制玛蹄脂，则常用的为热玛蹄脂，其拌制方法为：按配合比将定量沥青破碎成 80 ～ 100 mm 的碎块，放在沥青锅里均匀加热，随时搅拌，并用漏勺及时捞清杂物，熬至脱水无泡沫时，缓慢加入预热干燥的填充料，同时不停地搅拌至规定温度，其加热温度不高于240℃，实用温度不低于190℃，制作好的热玛蹄脂应在8 h之内用完。

油毡在铺贴前应保持干燥，其表面的撒布料应预先清扫干净，避免损伤油毡。在女儿墙、立墙、天沟、檐口、落水口、屋檐等屋面的转角处，均要加铺1～2层油毡附加层。

3. 高聚物改性沥青防水卷材施工工艺

（1）清理基层

基层要保证平整，无空鼓、起砂，阴阳角应呈圆弧形，坡度符合设计要求，尘土、杂物要清理干净，保持干燥。

（2）涂刷基层处理剂

基层处理剂是利用汽油等溶液稀释胶粘剂制成，应搅拌均匀，用长把滚刷均匀涂刷在基层表面上，涂刷时要均匀一致。

（3）高聚物改性沥青防水卷材施工

高聚物改性沥青防水卷材、施工，有冷粘法铺贴卷材热熔法铺贴卷材和自粘法铺贴卷材三种方法。

二、涂膜防水屋面

涂膜防水屋面是在屋面基层上涂刷防水涂料，经固化后形成一层有一定厚度和弹性的整体涂膜，从而达到防水目的的一种防水屋面形式。防水涂料的特点：防水性能好，固化后无接缝；施工操作简便，可适应各种复杂防水基面；与基面粘结强度高；温度适应性强；施工速度快，易于修补等。

（一）材料要求

1. 进场防水涂料和胎体增强材料的抽样复验

（1）同一规格、品种的防水涂料，每10 t为一批，不足10 t者按一批进行抽样。胎体增强材料，每3 000 m^2为一批，不足3 000 m^2者按一批进行抽样。

（2）防水涂料和胎体增强材料的物理性能检验，全部指标达到标准规定时，即为合格。若有一项指标达不到要求，允许在受检产品中加倍取样进行该项复检；如复检结果仍不合格，则判定该产品为不合格。

2. 防水涂料和增强材料的储运、保管

（1）防水涂料包装容器必须密封，容器表面应标明涂料名称、生产厂名、执行标准号、生产日期和产品有效期，并分类存放。

（2）反应型和水乳型涂料储运和保管的环境温度不宜低于5℃。

（3）溶剂型涂料储运和保管的环境温度不宜低于0℃，并不得日晒、碰撞和渗漏；保管环境应干燥、通风，并远离火源；仓库内应设有消防设施。

（4）胎体增强材料储运、保管的环境应干燥、通风。

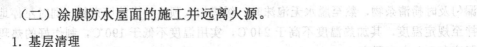

（二）涂膜防水屋面的施工并远离火源。

1. 基层清理

涂膜防水层施工前，先将基层表面的杂物、砂浆硬块清扫干净，基层表面平整，无起砂、起壳、龟裂等现象。

2. 涂刷基层处理剂

基层处理剂常采用稀释后的涂膜防水材料，其配合比应根据不同防水材料按要求配置。涂刷时应涂刷均匀，覆盖完全。

3. 附加涂膜层施工

涂膜防水层施工前，在管根部、落水口、阴阳角等部位必须先做附加涂层，附加涂层的做法是：在附加层涂膜中铺设玻璃纤维布，用板刷涂刮驱除气泡，将玻璃纤维布紧密地贴在基层上，不得出现空鼓或折皱，可以多次涂刷涂膜。

4. 涂膜防水层施工

涂膜防水应根据防水涂料的品种分层分遍涂布，不得一次涂成；应待先涂的涂层干燥成膜后，方可涂后一遍涂料；需铺设胎体增强材料时，屋面坡度小于 15% 时可平行屋脊铺设，屋面坡度大于 15% 时应垂直屋脊铺设；胎体增强材料长边搭接宽度不应小于 50 mm，短边搭接宽度不应小于 70 mm；采用两层胎体增强材料时，上、下层不得相互垂直铺设，搭接缝应错开，其间距不应小于幅宽的 1/3。

涂膜防水层的厚度：高聚物改性沥青防水涂料，在屋面防水等级为Ⅱ级时，不应小于 3 mm；合成高分子防水涂料，在屋面防水等级为Ⅲ级时，不应小于 1.5 mm。

施工要点：防水涂膜应分层分遍涂布，第一层一般不需要刷冷底子油，待先涂的涂层干燥成膜后，方可涂布下一遍涂料。在板端、板缝、檐口与屋面板交接处，先干铺一层宽度为 150 ～ 300 mm 的塑料薄膜缓冲层。铺贴玻璃丝布或毡片应采用搭接法。

铺加衬布前，应先浇胶料并刮刷均匀，然后立即铺加衬布，再在上面浇胶料刮刷均匀，纤维不露白，用辊子滚压实，排尽布下空气。必须待上道涂层干燥后，方可进行后道涂料施工，干燥时间视当地温度和湿度而定，一般则为 4 ～ 24 h。

5. 保护层施工

涂膜防水屋面应设置保护层。保护层材料可采用绿豆砂、云母、蛭石、浅色涂料、水泥砂浆、细石混凝土或块材等。当采用水泥砂浆、细石混凝土或块材保护层时，应在防水涂膜与保护层之间设置隔离层，以防止因保护层的伸缩变形，将涂膜防水层破坏而造成渗漏。当用绿豆砂、云母、蛭石时，应在最后一遍涂料涂刷后随即撒上，并用扫帚轻扫均匀、轻拍粘牢；当用浅色涂料作保护层时，应在涂膜固化后进行。

三、刚性防水屋面

刚性防水屋面用细石混凝土、块体材料或补偿收缩混凝土等材料作屋面防水层，依靠混凝土密实并采取一定的构造措施，以达到防水的目的。

刚性防水屋面所用材料虽然容易取得，价格低廉、耐久性好、维修方便，但是对地基不均匀沉降、温度变化、结构振动等因素都非常敏感，容易产生变形开裂，且防水层与大气直接接触，表面容易碳化和风化，若处理不当，极易发生渗漏水现象，所以，刚性防水屋面适用于Ⅰ～Ⅲ级的屋面防水，不适用于设有松散材料保温层以及受较大振动或冲击的和坡度大于 15% 的建筑屋面。

（一）材料要求

（1）防水层的细石混凝土宜用普通硅酸盐水泥或硅酸盐水泥，不得使用火山灰质硅酸盐水泥；当采用矿渣硅酸盐水泥时，应采取减少泌水性的措施。

（2）防水层内配置的钢筋宜采用冷拔低碳钢丝。

（3）防水层的细石混凝土中，粗集料的最大粒径不宜大于 15 mm，含泥量不应大于 1%；细集料应采用中砂或粗砂，含泥量不应大于 2%。

（4）防水层细石混凝土使用的外加剂，要根据不同品种的适用范围、技术要求选择。

（5）水泥储存时应防止受潮，存放期不得超过三个月。当超过存放期限时，应重新检验确定水泥强度等级。受潮结块的水泥不得使用。

（6）外加剂应分类保管，不得混杂，并应存放于阴凉、通风、干燥处。运输时应避免雨淋、日晒和受潮。

（二）刚性防水屋面施工

1. 基层要求

刚性防水屋面的结构层宜为整体现浇的钢筋混凝土。当屋面结构层采用装配式钢筋混凝土板时，应用强度等级不小于 C20 的细石混凝土灌缝，灌缝的细石混凝土宜掺加膨胀剂。当屋面板板缝宽度大于 40 mm 或上窄下宽时，板缝内必须设置构造钢筋，灌缝高度与板面平齐，板端缝应用密封材料进行嵌缝密封处理。

2. 隔离层施工

为了消除结构变形对防水层的不利影响，可将防水层和结构层完全脱离，在结构层和防水层之间增加一层厚度为 10 ～ 20 mm 的黏土砂浆，或者铺贴卷材隔离层。

第二节 地下建筑防水工程施工

地下工程常年受到各种地表水、地下水的作用，所以，地下工程的防渗漏处理比屋面防水工程要求更高，技术难度更大。地下工程的防水方案，应根据使用要求，全面考虑地质、地貌、水文地质、工程地质、地震烈度、冻结深度、环境条件、结构形式、施工工艺及材料来源等因素合理确定。

一、地下工程防水混凝土施工

（一）地下工程防水混凝土的设计要求

防水混凝土又称抗渗混凝土，是以改进混凝土配合比、掺加外加剂或采用特种水

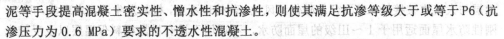

泥等手段提高混凝土密实性、憎水性和抗渗性，则使其满足抗渗等级大于或等于P6（抗渗压力为0.6 MPa）要求的不透水性混凝土。

1. 防水混凝土抗渗等级的选择

由于建筑地下防水工程配筋较多，不允许渗漏，其防水要求一般高于水工混凝土，故防水混凝土抗渗等级最低定为P6，一般多采用P8，水池的防水混凝土抗渗等级不应低于P6，重要工程的防水混凝土的抗渗等级宜定为P8 ～ P20。

2. 防水混凝土的最小抗压强度和结构厚度

（1）地下工程防水混凝土结构的混凝土垫层，其抗压强度等级不可低于C15，厚度不应小于100 mm。

（2）在满足抗渗等级要求的同时，其抗压强度等级一般可控制在C20 ～ C30范围内。

（3）防水混凝土结构厚度须根据计算确定，但其最小厚度应根据部位、配筋情况及施工是否方便等因素。

3. 防水混凝土的配筋及其保护层

（1）设计防水混凝土结构时，应优先采用变形钢筋，配置应细而密，直径宜用ϕ8 ～ϕ25，中距≤ 200 mm，分布应尽可能均匀。

（2）钢筋保护层厚度，处在迎水面应不小于35 mm；当直接处于侵蚀性介质中时，保护层厚度不应小于50 mm。

（3）在防水混凝土结构设计中，应按照裂缝展开进行验算。一般处于地下水及淡水中的混凝土裂缝的允许厚度，其上限可定为0.2 mm；在特殊重要工程、薄壁构件或处于侵蚀性水中，裂缝允许宽度应控制在0.1 ～ 0.15 mm；在混凝土在海水中并经受反复冻融循环时，控制应更严，可参照有关规定执行。

（二）防水混凝土的搅拌

（1）准确计算、称量用料量。严格按选定的施工配合比，准确计算并称量每种用料。外加剂的掺加方法应遵从所选外加剂的使用要求。水泥、水、外加剂掺合料计量允许偏差不应大于 ±1%；砂、石计量允许偏差不应大于2%。

（2）控制搅拌时间。防水混凝土应采用机械搅拌，搅拌时间一般不少于2 min，掺入引气型外加剂，则搅拌时间为2 ～ 3 min，掺入其他外加剂应根据相应的技术要求确定搅拌时间。

（三）防水混凝土的浇筑

浇筑前，应将模板内部清理干净，木模用水湿润模板。浇筑时，若入模自由高度超过1.5 m，则必须用串筒、溜槽或溜管等辅助工具将混凝土送入，以防离析和造成石子滚落堆积，影响质量。

在防水混凝土结构中有密集管群穿过处、预埋件或钢筋稠密处，浇筑混凝土有困难时，应采用相同抗渗等级的细石混凝土浇筑；预埋大管径的套管或面积较大的金属板时，应在其底部开设浇筑振捣孔，以利于排气、浇筑和振捣。

随着混凝土龄期的延长，水泥继续水化，内部可冻结水大量减少，同时水中溶解盐的浓度增加，因而冰点也会随龄期的增加而降低，使抗渗性能逐渐提高。为了保证早期免遭冻害，不宜在冬期施工，而应选择在气温为15℃以上的环境中施工。因为气温在4℃时，强度增长速度仅为15℃时的50%；而混凝土表面温度降到-4℃时，水泥水化作用停止，强度也停止增长。如果此时混凝土强度低于设计强度的50%，冻胀使内部结构遭到破坏，造成强度、抗渗性急剧下降。为防止混凝土早期受冻，北方地区对于施工季节的选择安排十分重要。

（四）防水混凝土的振捣

防水混凝土应采用混凝土振动器进行振捣。当用插入式混凝土振动器时，插点间距不宜大于振动棒作用半径的1.5倍，振动棒与模板的距离不应大于其作用半径的0.5倍。振动棒插入下层混凝土内的深度不应小于50 mm，每一振点均应快插慢拔，将振动棒拔出后，混凝土会自然地填满插孔。当采用表面式混凝土振动器时，其移动间距应保证振动器的平板能覆盖已振实部分的边缘。混凝土应振捣密实，每一振点的振捣延续时间应使混凝土表面呈现浮浆和不再沉落。

施工时的振捣是保证混凝土密实性的关键，浇筑时必须分层进行，按顺序振捣。采用插入式振捣器时，分层厚度不宜超过30 cm；用平板振捣器时，分层厚度不宜超过20 cm。一般应在下层混凝土初凝前接着浇筑上一层混凝土。通常，分层浇筑的时间间隔不超过2 h；气温在30℃以上时不超过1 h。防水混凝土浇筑高度一般不超过1.5 m，否则应用串筒和溜槽或侧壁开孔的办法浇捣。振捣时，不允许用人工振捣，必须采用机械振捣，做到不漏振、不欠振，又不重振、多振。防水混凝土密实度要求较高，振捣时间宜为10～30 s，直到混凝土开始泛浆和不冒气泡为止。掺引气剂、减水剂时应采用高频插入式振捣器振捣。振捣器的插入间距不得大于500 mm，贯入下层不得小于50 mm。这对保证防水混凝土的抗渗性和抗冻性更有利。

二、地下工程沥青防水卷材施工

（一）材料要求

（1）宜采用耐腐蚀油毡。油毡选用要求与防水屋面工程施工相同。

（2）沥青胶粘材料和冷底子油的选用、配制方法与石油沥青油毡防水屋面工程施工基本相同。沥青的软化点，应较基层及防水层周围介质可能达到的最高温度高出20℃～25℃，且不低于40℃。

（二）平面铺贴卷材

（1）铺贴卷材前，宜使基层表面干燥，先喷冷底子油结合层两道，然后根据卷材规格及搭接要求弹线，按线分层铺设。

（2）粘贴卷材的沥青胶粘材料的厚度一般为1.5～2.5 mm。

（3）卷材搭接长度，长边不应小于100 mm，短边不应小于150 mm。上、下两层和相邻两幅卷材的接缝应错开，上、下层卷材不可相互垂直铺贴。

（4）在平面与立面的转角处，卷材的接缝应留在平面上距立面不小于 600 mm 处。

（5）在所有转角处均应铺贴附加层。附加层应按加固处的形状仔细粘贴紧密。

（6）粘贴卷材时应展平压实。卷材与基层和各层卷材间必须粘结紧密，多余的沥青胶粘材料应挤出，搭接缝必须用沥青胶粘料仔细封严。最后一层卷材贴好后，应在其表面上均匀地涂刷一层厚度为 1 ～ 1.5 mm 的热沥青胶粘材料，同时撒拍粗砂，以形成防水保护层的结合层。

（三）立面铺贴卷材

（1）铺贴前宜使基层表面干燥，满喷冷底子油两道，干燥后即可铺贴。

（2）应先铺贴平面，后铺贴立面，平、立面交接处应加铺附加层。

（3）在结构施工前，应将永久性保护墙砌筑在与需防水结构同一垫层上。保护墙贴防水卷材面应先抹 1 ∶ 3 水泥砂浆找平层，干燥后喷涂冷底子油，干燥后即可铺贴油毡卷材。卷材铺贴必须分层，先铺贴立面，后铺贴平面，铺贴立面时应先铺转角，后铺大面；卷材防水层铺完后，应按规范或设计要求做水泥砂浆或混凝土保护层，一般在立面上应在涂刷防水层最后一层沥青胶粘材料时，粘上干净的粗砂，待冷却后，抹一层 10 ～ 20 mm 厚的 1 ∶ 3 水泥砂浆保护层；在平面上可铺设一层 30 ～ 50 mm 厚的细石混凝土保护层。

（四）采用外防外贴法铺贴卷材

（1）铺贴卷材应先铺平面、后铺立面，交接处应交叉搭接。

（2）临时性保护墙应用石灰砂浆砌筑，内表面应用石灰砂浆做找平层，并刷石灰浆。如用模板代替临时性保护墙时，应在其上涂刷隔离剂。

（3）从底面折向立面的卷材与永久性保护墙的接触部位，应采用空铺法施工。与临时性保护墙或围护结构模板接触的部位，应临时粘附在该墙上或模板上，卷材铺好后，其顶端应临时固定。

（4）当不设保护墙时，从底面折向立面的卷材的接槎部位应采取可靠的保护措施。

（5）主体结构完成后，铺贴立面卷材时，应先将接槎部位的各层卷材揭开，并将其表面清理干净，如卷材有局部损伤，应及时进行修补。卷材接槎的搭接长度，高聚物改性沥青卷材为 150 mm，合成高分子卷材为 100 mm。在使用两层卷材时，卷材应错槎接缝，上层卷材应盖过下层卷材。

三、水泥砂浆防水施工

水泥砂浆防水施工属刚性防水附加层的施工。如地下室工程虽然以混凝土结构自防水为主，可并不意味着其他防水做法不重要。因为大面积的防水混凝土难免会存在一些缺陷。另外，防水混凝土虽然不渗水，但透湿量还是相当大的，故对防水、防湿要求较高的地下室，还必须在混凝土的迎水面或背水面抹防水砂浆附加层。

水泥砂浆防水层所用的材料及配合比应符合规范规定。水泥砂浆防水层是由水泥砂浆层和水泥浆层交替铺抹而成，一般需做 4 ～ 5 层，其总厚度为 15 ～ 20 mm。施工时分层铺抹或喷射，水泥砂浆每层厚度宜为5～10 mm，铺抹后应压实，表面提浆压光；水泥浆每层厚度宜为2 mm。防水层各层间应紧密结合，并宜连续施工。如必须留设施工缝时，平面留槎采用阶梯坡形槎，接槎位置一般宜留设在地面上，也可留设在墙面上，但须离开阴阳角处200 mm。

第三节 厨房、卫生间防水工程施工

住宅和公共建筑中穿过楼地面或墙体的上下水管道，供热、燃气管道一般都集中明敷在厨房间或卫生间，使本来就面积较小、空间狭窄的厕浴间和厨房间形状更加复杂，在这种条件下，若仍用卷材做防水层，则很难取得良好的效果。因为卷材在细部构造处需要剪口，形成大量搭接缝，很难封闭严密和粘结牢固，防水层难以连成整体，比较容易发生渗漏事故。因此，根据卫生间和厨房的特点，应用柔性涂膜防水层和刚性防水砂浆防水层，或两者复合的防水层，方能取得理想的防水效果。

一、厨房、卫生间地面防水构造与施工要求

（一）结构层

卫生间地面结构层宜采用整体现浇钢筋混凝土板或预制整块开间钢筋混凝土板。如设计，则板缝应用防水砂浆堵严，表面20 mm深处宜嵌填放沥青基密封材料，也可在板缝嵌填放水砂浆并抹平表面后附加涂膜防水层，即铺贴100 mm宽玻璃纤维布一层，涂刷两道沥青基涂膜防水层，其厚度不小于2 mm。

（二）找坡层

地面坡度应严格按照设计要求施工，做到坡度准确、排水通畅。当找坡层厚度小于30 mm时，可用水泥混合砂浆（水泥：石灰：砂=1：1.5：8）；当找坡层厚度大于30 mm时，宜用1：6水泥炉渣材料，此时炉渣粒径宜为5～20 mm，要求严格过筛。

（三）找平层

要求采用1：2.5～1：3水泥砂浆，找平前清理基层并浇水湿润，但不得有积水，找平时边扫水泥浆边抹水泥砂浆，做到压实、找平、抹光，水泥砂浆宜掺防水剂，以形成一道防水层。

（四）防水层

由于厨房、卫生间管道多，工作面小，基层结构复杂，故一般采用涂膜防水材料较为适宜。常用的涂膜防水材料有聚氨酯防水涂料、氯丁胶乳沥青防水涂料、SBS橡胶改性沥青防水涂料等，应根据工程性质和使用标准选用。

（五）面层

地面装饰层按设计要求施工，一般采用1：2水泥砂浆、陶瓷马赛克和防滑地砖等。墙面防水层一般需做到1.8 m高，然后甩砂抹水泥砂浆或者贴面砖（或贴面砖到顶）装饰层。

二、厨房、卫生间地面防水层施工

（一）施工准备

1. 材料准备

（1）进场材料复验

供货时必须有生产厂家提供的材料质量检验合格证。材料进场后，使用单位应对进场材料的外观进行检查，并做好记录。材料进场一批，应抽样复验一批。复验项目包括：拉伸强度、断裂伸长率、不透水性、低温柔性、耐热度。各地也可根据本地区主管部门的有关规定，适当增减复验项目。各项材料指标复验合格之后，该材料方可用于工程施工。

（2）防水材料储存

材料进场后，设专人保管和发放。材料不能露天放置，必须分类存放在干燥通风的室内，并远离火源，严禁烟火。水溶性涂料在0℃以上储存，受冻后的材料不能用于工程。

2. 机具准备

一般应备有配料用的电动搅拌器、拌料桶、磅秤，涂刷涂料用的短把棕刷、油漆毛刷、滚动刷，油漆小桶、油漆嵌刀、塑料或橡皮刮板，铺贴胎体增强材料用的剪刀、压磙辐等。

3. 基层要求

（1）对卫生间现浇混凝土楼面必须振捣密实，随抹压光，形成一道自身防水层，这是十分重要的。

（2）穿楼板的管道孔洞、套管周围缝隙用掺膨胀剂的绿豆砂细石混凝土浇灌严实抹平，孔洞较大的，应吊底模浇灌。禁用碎砖、石块堵填。一般单面临墙的管道，距离墙体应不小于50 mm；双面临墙的管道，一边距离墙体不小于50 mm，另一边距离墙体不小于80 mm。

（3）为保证管道穿楼板孔洞位置准确和灌缝质量，可采用手持金刚石薄壁钻机钻孔。经应用测算，这种方法的成孔和灌缝工效比芯模留孔方法的工效高1.5倍。

（4）在结构层上做厚20 mm的1：3水泥砂浆找平层，作为防水层基层。

（5）基层必须平整、坚实，表面平整度用2 m长直尺检查，基层与直尺间最大间隙不应大于3 mm。基层有裂缝或凹坑，用1：3水泥砂浆或水泥胶腻子修补平滑。

（6）基层所有转角做成半径为10 mm均匀一致的平滑小圆角。

（7）所有管件、地漏或排水口等部位，必须就位正确，安装牢固。

（8）基层含水率应符合各种防水材料对含水率要求。

4. 劳动组织

为保证质量，应由专业防水施工队伍施工，一般民用住宅厕浴间的防水施工以2～3人为一组较合适。操作工人要穿工作服、戴手套、穿软底鞋操作。

（二）聚氨酯防水涂料施工

1. 施工程序

清理基层→涂刷基层处理剂→涂刷附加增强层防水涂料→涂刮第一遍涂料→涂刮第二遍涂料→涂刮第三遍涂料→第一次蓄水试验→稀撒砂粒→质量验收→饰面层施工→第二次蓄水试验。

2. 操作要点

（1）清理基层

将基层清扫干净；基层应做到找坡正确，排水顺畅，表面平整、坚实，无起灰、起砂、起壳及开裂等现象。涂刷基层处理剂前，基层表面应达到干燥状态。

（2）涂刷基层处理剂

将聚氨酯与二甲苯按规定的比例配合搅拌均匀即可使用。先在阴阳角、管道根部用滚动刷或油漆刷均匀涂刷一遍，然后大面积涂刷，材料用量为0.15～0.2 kg/m^2。涂刷后干燥 4 h 以上，才能进行下一道工序施工。

（3）涂刷附加增强层防水涂料

在地漏、管道根、阴阳角和出入口等容易漏水的薄弱部位，应先用聚氨酯防水涂料按规定的比例配合，均匀涂刮一次做附加增强层处理。可按设计要求，细部构造也可按带胎体增强材料的附加增强层处理。胎体增强材料宽度为300～500 mm，搭接缝为100 mm，施工时，需边铺贴平整，边涂刮聚氨酯防水涂料。

（4）涂刮第一遍涂料

将聚氨酯防水涂料按规定的比例混合，开动电动搅拌器，搅拌3～5 min，用胶皮刮板均匀涂刮一遍。操作时要厚薄一致，用料量为0.8～1.0 kg/m^2，立面涂刮高度不应小于100 mm。

（5）涂刮第二遍涂料

待第一遍涂料固化干燥后，要按相同方法涂刮第二遍涂料。涂刮方向应与第一遍相垂直，用料量与第一遍相同。

（6）涂刮第三遍涂料

待第二遍涂料涂膜固化后，再按上述方法涂刮第三遍涂料，其用料量为0.4～0.5 kg/m^2 施工程序

三、厨房、卫生间渗漏及堵漏措施

厨房、卫生间用水频繁，只要防水处理不当就会发生渗漏。渗漏主要表现在楼板管道滴漏水、地面积水、墙壁潮湿渗水，甚至下层顶板和墙壁也出现滴水等现象。治理卫生间的渗漏，必须先查找渗漏的部位和原因，然后采取有效的针对性措施。

（一）板面及墙面渗水

1. 渗水原因

板面及墙面渗水的主要原因是由于混凝土、砂浆施工的质量不良，在其表面存在微孔渗漏；板面、隔墙出现轻微裂缝；防水涂层施工质量不好或损坏都可以造成渗水现象。

2. 处理方法

首先，将厨房、卫生间渗漏部位的饰面材料拆除，在渗漏部位涂刷防水涂料进行处理。但拆除厨房、卫生间后，发现防水层存在开裂现象时，则应对裂缝先进行增强防水处理，再涂刷防水涂料。其增强处理一般可采用贴缝法、填缝法和填缝加贴缝法。贴缝法主要适用于微小的裂缝，可刷防水涂料并加贴纤维材料或布条，做防水处理。填缝法主要用于较显著的裂缝，施工时要先进行扩缝处理，将缝扩成15 mm×15 mm左右的V形槽，清理干净后刮填缝材料。填缝加贴缝法除采用填缝处理外，还应在缝的表面再涂刷防水涂料，并粘纤维材料处理。当渗漏不严重时，饰面板拆除困难，也可直接在其表面刮涂透明或彩色聚氨酯防水涂料。

（二）卫生洁具及穿楼版管道、排水管等部位渗漏

1. 渗漏原因

卫生洁具及穿楼板管道、排水管口等部位发生渗漏的原因主要是细部处理方法不当，卫生洁具及管口周围填塞不严；管口连接件老化；由于振动及砂浆、混凝土收缩等原因，出现裂缝；卫生洁具及管口周边未用弹性材料处理，或施工时嵌缝材料及防水涂料粘结不牢；嵌缝材料及防水涂层被拉裂或拉离粘结面。

2. 处理方法

先将漏水部位及周围清理干净，再填塞弹性嵌缝材料，或是在渗漏部位涂刷防水涂料并粘贴纤维材料进行增强处理。如渗漏部位在管口连接部位，管口连接件老化现象比较严重，则可直接更换老化管口的连接件。

第十章 墙体的节能设计与施工技术

第一节 外墙节能技术

一、节能墙体系统构成

在冬季，为了保持室内温度，建筑物必须获得热量。建筑物总得热量包括采暖设备的供热（占70%～75%）、太阳辐射得热（通过窗户和围护结构进入室内，占15%～20%）和建筑物内部得热（包括炊事、照明、家电和人体散热，占8%～12%）。这些热量再通过围护结构（包括外墙、屋顶和门窗等）的传热和空气渗透向外散失。建筑物的总失热包括围护结构的传热耗热量（占70%～80%）和通过门窗缝隙的空气渗透耗热量（占20%～30%）。当建筑物的总得热和总失热达到平衡时，室温得以保持。在夏季，建筑物内外温差较小，为了达到室内所要求的空气温度，室内空气必须通过降温处理。室内空调设备制冷量应等于围护结构的传热得热量和通过门窗缝隙的空气渗透得热量。因此，对于建筑物来说，节能的主要途径是：减少建筑物外表面积和加强围护结构保温，以减少冬季和夏季的传热量；提高门窗的气密性，以减少冬季空气渗透耗热量和夏季空气渗透得热量。在减少建筑物总失热或得热量的前提下，尽量利用太阳辐射得热和建筑物内部得热，最终达到节约能源的目的。从工程实践及经验中，改进建筑围护结构热工性能是建筑节能改造的关键，而提高围护结构热工性能的有效途径首推外墙保温技术。

近年来，在建筑保温技术不断发展的过程中，主要形成了外墙外保温和外墙内保温以及夹芯保温等三种技术形式。

（一）外墙内保温

外墙内保温是在外墙结构的内部加做保温层，在外墙内表面使用预制保温材料粘贴、拼接、抹面或直接做保温砂浆层，以达到保温目的。外墙内保温在我国应用时间较长，施工技术及检验标准比较完善。外墙内保温材料蓄热能力低，当室内采用间歇式的采暖或间歇式空调时，可使室内温度较快调整到所需的温度，适用于冬季不是太冷地区建筑的保温隔热。

1. 主要外墙内保温体系

常见的外墙内保温体系包括以下几种形式：

（1）在外墙内侧粘贴块状保温板，如膨胀聚苯板（EPS 板）、挤塑聚苯板（XPS 板）、石墨改性聚苯板、热固改性聚苯板等，并在表面抹保护层，如聚合物水泥胶浆、粉刷石膏等；（2）在外墙内侧粘贴复合板（保温材料：EPS/XPS/石墨改性聚苯板等，复合面层：纸面石膏板、无石棉硅酸钙板、无石棉纤维水泥平板等）；（3）在外墙内侧安装轻钢龙骨固定保温材料（如：玻璃棉板、岩棉板、喷涂聚氨酯等）；（4）在外墙内侧抹浆料类保温材料（如：玻化微珠保温砂浆、胶粉聚苯颗粒等）；（5）现场喷涂类系统（如喷涂纤维保温系统、喷涂聚氨酯系统）。

2. 外墙内保温的优点

内保温在技术上较为简单、施工方便（无须搭建脚手架），对建筑物外墙垂直度要求不高，具有施工进度快、造价相对较低等优点，在工程中常被采用。

3. 外墙内保温的缺点

结构热桥的存在容易导致局部结露，从而造成墙面发霉、开裂。同时，因外墙未做外保温，受到昼夜室内外温差变化幅度较大的影响，热胀冷缩现象特别明显，在这种反复变化的应力作用下，内保温体系始终处于不稳定的状态，极易发生空鼓和开裂现象。

（二）外墙外保温

外墙外保温是在主体墙结构外侧，在粘结材料的作用下固定一层保温材料，并在保温材料的外侧用玻璃纤维网加强并涂刷粘结浆料，从而达到保温隔热的效果。目前我国对外墙外保温技术的研究开发已较为成熟，外墙外保温技术可分为 EPS 板薄抹灰外墙外保温系统、胶粉 EPS 颗粒保温浆料外墙外保温系统、EPS 板现浇混凝土外墙外保温系统、EPS 钢丝网架板现浇混凝土外墙外保温系统、机械固定 EPS 钢丝网架板外墙外保温系统五大类。《硬泡聚氨酯保温防水工程技术规范》将硬泡聚氨酯外墙外保温工程纳入其中。近几年，外墙外保温技术发展迅速，岩棉外墙外保温系统、XPS 板外墙外保温系统、预制保温板外墙外保温系统、保温装饰一体化外墙外保温系统、夹芯外墙外保温系统等应运而生。外墙外保温技术不是几种材料的简单组合，则是一个有机结合的系统。外墙外保温技术体系融保温材料、粘结材料、耐碱玻纤网格布、抗裂材料、腻子、涂料、面砖等材料于一体，通过一定的技术工艺和做法集合而成。一般分为六层或七层，其中保温材料又可分为模塑聚苯板、挤塑聚苯板、聚氨酯等多种材料；粘结材料一般由胶粘剂、水泥、石英砂组成，按拌和方式分为双组分、单组分砂浆，按使用位置不同，按一定比例组合可成粘结砂浆、抗裂砂浆；面层根据需要，可以是涂料、面砖等；外墙外保温构造形式可分为薄抹灰外墙外保温系统、预制面层外墙外保温系统、有网现浇外墙外保温系统、无网现浇外墙外保温系统等多种形式，各种材料的组合形成不同的外墙外保温构造，外墙外保温系统的质量不仅仅取决于各种材料的质量，更取决于各种材料是否相互融合。

1. 主要墙体外保温体系

（1）膨胀聚苯板（EPS板）薄抹灰外墙外保温系统

膨胀聚苯板（EPS板）是以聚苯乙烯树脂为主要原料，经发泡剂发泡而成的、内部具有无数封闭微孔的材料。其特点是综合投资低、防寒隔热、热工性能高、吸水率低、保温性好、隔声性好、没有冷凝点、对建筑主体长期保护。但其燃点低、烟毒性高、防火性能差、自身强度不高。因其优势突出，近2年的市场中，许多保温材料生产厂家对EPS保温板进行技术改良，极大地提升了其防火性能。

膨胀聚苯板（EPS板）薄抹灰外墙外保温系统主要由胶粘剂（粘结砂浆）、EPS保温板（模塑聚苯乙烯泡沫塑料板）、抹面胶浆（抗裂砂浆）、耐碱网格布以及饰面材料（耐水腻子、涂料）构成，施工时利用锚栓辅助固定。

EPS板宽度不宜大于1200 mm，高度不宜大于600 mm。EPS板薄抹灰系统的基层表面应清洁，无油污、脱模剂等妨碍粘结的附着物。凸起、空鼓和疏松部位应剔除并找平。找平层应与墙体粘结牢固，不得有脱层、空鼓、裂缝，面层不得有粉化、起皮、爆灰等现象。粘贴EPS板时，应将胶粘剂涂在EPS板背面，涂胶粘剂面积不得小于EPS板面积的40%。EPS板应按顺砌方式粘贴，竖缝应逐行错缝。EPS板应粘贴牢固，不得有松动和空鼓现象。墙角处EPS板应交错互锁。门窗洞口四角处EPS板不得拼接，应采用整块EPS板切割，EPS板接缝应离开角部至少200 mm。

（2）挤塑聚苯板（XPS板）薄抹灰外墙外保温系统

作为膨胀聚苯板薄抹灰外墙外保温系统技术的延伸发展，近年来以XPS板（挤塑聚苯乙烯泡沫塑料板）作为保温层的XPS板薄抹灰外墙外保温系统，其也在工程中得到了大量应用，并且在瓷砖饰面系统中用量较大。

挤塑聚苯板是以XPS板为保温材料，采用粘钉结合的方式将XPS板固定在墙体的外表面上，聚合物胶浆为保护层，以耐碱玻璃纤维网格布为增强层，外饰面为涂料或面砖的外墙外保温系统。其特点是综合投资低、防寒隔热、热工性能略好于EPS，保温效果好、隔声好、对建筑主体长期保护，可提高主体结构耐久性，避免墙体产生冷桥，防止发霉。缺点是燃点低，防火性能较差，需设置防火隔离带，施工工艺要求较高，一旦墙面发生渗漏水，难以修复，其透气性极差，烟毒性高。目前XPS板材在我国外墙外保温的市场份额逐渐增大，但将其应用于外墙外保温系统时，应当解决XPS板材的可粘结性、尺寸稳定性、透气性以及耐火性等。

对于XPS板薄抹灰外墙外保温系统的使用一定要有严格的质量控制措施，如严格控制陈化时间，严禁用再生料生产XPS板，XPS板双面要喷刷界面剂等。

（3）胶粉聚苯颗粒保温浆料外墙外保温系统

胶粉聚苯颗粒保温浆料外墙外保温系统以及类似技术的无机保温浆料（如玻化微珠、膨胀珍珠岩、蛭石等）外墙外保温系统，以胶粉聚苯颗粒保温浆料或无机保温浆料作为保温层，可直接在基层墙体上施工，整体性好，无须胶粘剂粘贴，但基层墙体必须喷刷界面砂浆，以增加其粘结力。

胶粉聚苯颗粒保温浆料与无机保温浆料的燃烧性能要优于EPS/XPS板，防火性能好；不利之处是产品导热系数大，很难满足更高的节能要求。另外，浆料类保温材料吸水率高、干缩变形大，湿作业施工后浆料的各项技术指标与理论计算数据或实验室测得数据有较大差异。这种做法若达到计算保温层厚度的要求，施工遍数多、难度大、工期长、费用高，极易出现偷工减料的问题，严重影响工程质量和保温效果，难以达到建筑节能设计标准的要求。

（4）EPS板现浇混凝土外墙外保温系统

其以现浇混凝土外墙作为基层，EPS板为保温层。EPS板内表面（与现浇混凝土接触的表面）沿水平方向开有矩形齿槽，内、外表面均满涂界面砂浆。施工时将EPS板置于外模板内侧，并安装锚栓作为辅助固定件。浇灌混凝土后，墙体与EPS板及锚栓结合为一体。EPS板表面抹抗裂砂浆薄抹面层，薄抹面层中满铺玻纤网，外表以涂料为饰面层。

无网现浇系统EPS板两面必须预先喷刷界面砂浆。锚栓每平方米宜设2～3个。水平抗裂分隔缝宜按楼层设置。垂直抗裂分隔缝宜按墙面面积设置，在板式建筑中不宜大于30 m^2，在塔式建筑中可视具体情况而定，宜留在阴角部位。应采用钢制大模板施工。混凝土一次浇筑高度不宜大于1 m，混凝土需振捣密实均匀，墙面及接茬处应光滑、平整。混凝土浇筑后，EPS板表面局部不平整处宜抹胶粉EPS颗粒保温浆料修补和找平，修补和找平处厚度不得大于10 mm。

（5）EPS钢丝网架板现浇混凝土外墙外保温系统

以现浇混凝土外墙作为基层，EPS单面钢丝网架板置于外模板内侧，并安装钢筋作为辅助固定件。浇灌混凝土后，EPS单面钢丝网架板挑头钢丝和犳钢筋与混凝土结合为一体。EPS单面钢丝网架板表面抹掺外加剂的水泥砂浆形成抗裂砂浆厚抹面层，外表做饰面层。以涂料为饰面层时，应加抹玻纤网抗裂砂浆薄抹面层。

EPS单面钢丝网架板每平方米斜插腹丝不得超过200根，斜插腹丝应为镀锌钢丝，板两面应预先喷刷界面砂浆。有网现浇系统EPS钢丝网架板厚度、每平方米腹丝数量和表面荷载值应通过试验确定。EPS钢丝网架板构造设计和施工安装应考虑现浇混凝土侧压力影响，抹面层厚度应均匀，钢丝网应完全包覆于抹面层中。ϕ6钢筋每平方米宜设4根，锚固深度不得小于100 mm。混凝土一次浇筑高度不宜大于1 m，混凝土需振捣密实均匀，墙面及接茬处应光滑、平整。

（6）机械固定EPS钢丝网架板外墙外保温系统

机械固定系统由机械固定装置、腹丝非穿透型EPS钢丝网架板（SB1板）、抹掺外加剂的水泥砂浆形成的抗裂砂浆厚抹面层和饰面层构成。以涂料为饰面层时，应加抹玻纤网抗裂砂浆薄抹面层。机械固定系统不适用于加气混凝土和轻集料混凝土基层。

腹丝插入EPS板中深度不应小于35 mm，未穿透厚度不应小于15 mm。腹丝插入角度应保持一致，误差不应大于3度。板两面应预先喷刷界面砂浆。钢丝网与EPS板表面净距不应小于10 mm。

（7）喷涂硬泡聚氨酯外墙外保温系统

喷涂硬泡聚氨酯外墙外保温系统采用现场发泡、现场喷涂方式，将硬泡聚氨酯（PU）喷于外墙外侧，一般由基层、防潮底漆层、现场喷涂硬泡聚氨酯保温层、专用聚氨酯界面剂层、抗裂砂浆层、饰面层构成。

其特点是防水保温一体化，连续喷涂无接缝，施工速度较快；能够彻底解决墙体防水保温问题，性价比很高；聚氨酯是常用保温材料里热工性能最好的材料，其质量轻、保温效果好、隔声效果好、耐老化，对建筑主体有长期的保护，提高主体结构的耐久性。缺点是防火性能较差，大多数情况下根据相关规定及规范需设置防火隔离带，但聚氨酯是热固性材料，系统形成后系统的防火性能要远远优于 EPS（XPS）薄抹灰外墙外保温系统，系统构造措施合理时系统的防火等级可达到 A 级；现场喷涂，受气候条件影响较大，尤其在低温时系统的造价有显著的增加。

（8）保温装饰一体化外墙外保温系统

保温装饰一体化外墙外保温系统是近年来逐渐兴起的一种新的外墙外保温做法，它的核心技术特点，就是通过工厂预制成型等技术手段，将保温材料与面层保护材料（同时带有装饰效果）复合而成，具有保温和装饰双重功能。施工时可采用聚合物胶浆粘贴、聚合物胶浆粘贴与锚固件固定相结合、龙骨干挂 / 锚固等方法。

保温装饰一体化外墙外保温系统的产品构造形式多样：保温材料可是 XPS、EPS、PU 等有机泡沫保温材料，也可以是无机保温板。面层材料主要有天然石材（如大理石等）、彩色面砖、彩绘合金板、铝塑板、聚合物砂浆 + 涂料或真石漆、水泥纤维压力板（或硅钙板）+ 氟碳漆等。复合技术一般采用有机树脂胶粘贴加压成型，或聚氨酯直接发泡粘贴，也有采用聚合物砂浆直接复合的。

保温装饰一体化外墙外保温系统具有采用工厂化标准状态下预制成型、产品质量易控制、产品种类多样、装饰效果丰富、可满足不同外墙的装饰要求，同时具有施工便利、工期短、工序简单、施工质量有保障等优点。

另外，保温装饰一体化外墙外保温系统多为块体、板体结构，现场施工时，存在嵌缝、勾缝等技术问题，嵌缝、勾缝材料与保温材料、面层保护材料的适应性以及嵌缝、勾缝材料本身的耐久性都是决定保温装饰一体化外墙外保温系统成败关键。

（9）其他外墙外保温体系

1）岩棉板保温系统

以岩棉为主作为外墙外保温材料与混凝土浇筑一次成型或采用钢丝网架机械锚固件进行岩棉板锚固。岩棉是一种来自天然矿物、无毒无害的绿色产品，后经工业化高温熔炼成丝的产品。其防火性能好、耐久性好，尤其适用于防火等级要求高的建筑。目前岩棉在墙体保温应用中存在的主要问题是材料本身的强度小，施工性较差，特别是岩棉吸水、受潮后就会严重影响其保温效果，甚至出现墙体霉变、空鼓脱落现象，因此对施工的工艺要求较高。

2）酚醛板外墙外保温体系

所用主体材料酚醛板遇到明火会表面碳化，隔离热源，不产生有毒气体、不产生粉尘，并且在无明火状态下，酚醛板材不会自燃。此系统防寒隔热、热工性能高、保温效果好、耐久性好、隔声效果好，保温材料本身的防火等级为 B1 级，100 m 高度内住宅建筑无须设置防火隔离带。主要缺点是酚醛板应用技术不够成熟、完善，且无相关规范及性能指标；综合造价较高。

3）泡沫玻璃保温系统

泡沫玻璃是由碎玻璃、发泡剂、改性添加剂等，经过细粉碎和均匀混合后，再经过高温熔化、发泡、退火制成。泡沫玻璃是一种性能优越、绝热防潮、防火保温的装饰材料，A级不燃烧与建筑物同寿命。目前最大问题是成本极高，降低成本成为其推广应用的关键。

4）发泡陶瓷保温板保温系统

发泡陶瓷保温板是以陶土尾矿、陶瓷碎片、河道淤泥、掺加料等作为主要原料，采用先进的生产工艺和发泡技术经高温焙烧而成的高气孔率的闭孔陶瓷材料。产品适用于工业耐火保温、建筑外墙防火隔离带、建筑自保温冷热桥处理等场合。产品防火阻燃，变形系数小，抗老化，性能稳定，生态环保性好，与墙基层和抹面层相容性好，安全稳固性好，可与建筑物同寿命。更重要的是材料防火等级为A1级，克服了有机材料怕明火、易老化的致命弱点，填补了建筑无机防火保温材料国内空白，但其保温性能欠缺，不能单独用于外墙保温使用。

2. 墙体外保温体系的优点

（1）提高主体结构的耐久性

采用外墙外保温时，内部的砖墙或混凝土墙将受到保护。室外气候不断变化引起墙体内部较大的温度变化发生在外保温层内，使内部的主体墙冬季温度提高，湿度降低，温度变化较为平缓，热应力减少，因而主体墙产生裂缝、变形、破损的危害大为减轻，寿命得以大大延长。大气破坏力如：雨、雪、冻、融、干、湿等对主体墙的影响也会大大减轻。事实证明，只要墙体和屋面保温材料选择适当，厚度合理，施工质量好，外保温可有效防止和减少墙体和屋面的温度变形，进而有效地提高主体结构的耐久性。

（2）改善人居环境的舒适度

在进行外保温后，由于内部的实体墙热容量大，室内能蓄存更多的热量，使诸如太阳辐射或间歇采暖造成的室内温度变化减缓，室温较为稳定，生活较为舒适；也使太阳辐射得热、人体散热、家用电器及炊事散热等因素产生的“自由热”得到较好的利用，有利于节能。而在夏季，外保温层能减少太阳辐射热的进入和室外高气温的综合影响，使外墙内表面温度和室内空气温度得以降低。可见，外墙外保温有利于使建筑冬暖夏凉。室内居民实际感受到的温度即为室内温度。而通过外保温提高外墙内表面温度使室内的空气温度有所降低，也能得到舒适的热环境。由此可见，在加强外墙外保温、保持室内热环境质量的前提下，适当降低室温，可以减少采暖负荷，节约能源。

（3）可以避免墙体产生热桥

外墙既要承重又要起保温作用，外墙厚度必然较厚。采用高效保温材料后，墙厚可以减薄。但如果采用内保温，主墙体越薄，保温层越厚，热桥的问题就越趋于严重。在寒冷的冬天，热桥不仅会造成额外的热损失，还可能使外墙内表面潮湿、结露、甚至发生霉变和淌水，而外保温则可以避免这种问题出现。由于外保温避免了热桥，在采用同样厚度的保温材料条件下，外保温要比内保温的热损失减少，从而节约了热能。

（4）可以减少墙体内部结露的可能性

外保温墙体的主体结构温度高，所以相应的饱与蒸汽压高，不易使墙体内部的水

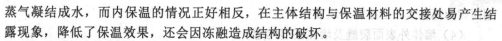

蒸气凝结成水，而内保温的情况正好相反，在主体结构与保温材料的交接处易产生结露现象，降低了保温效果，还会因冻融造成结构的破坏。

（5）优于内保温的其他功能

第一，采用内保温的墙面上难以吊挂物件，甚至设置窗帘盒、散热器都相当困难。在旧房改造时，存在使用户增加搬动家具、施工扰民、甚至临时搬迁等诸多麻烦，产生不必要的纠纷，还会因此减少使用面积，外保温则可以避免这些问题的发生。

第二，我国目前许多住户在入住新房时，先进行装修。而装修时，房屋内保温层往往遭到破坏。采用外保温则不存在这个问题。外保温有利于加快施工进度。如果采用内保温，房屋内部装修、安装暖气等作业，必须等待内保温做好后才能进行。但采用外保温，则可与室内工程平行作业。

第三，外保温可以使建筑更美观，只要做好建筑的立面设计，建筑外貌会十分出色。特别在旧房改造时，外保温能使房屋面貌大为改观。

第四，外保温适用范围十分广泛。既适用于采暖建筑，又适用于空调建筑；既适用于民用建筑，又适用于工业建筑；既可用于新建建筑，又可用于既有建筑；既能在低层、多层建筑中应用，又能在中高层、高层建筑中应用；既适用于寒冷和严寒地区，又适用于夏热冬冷地区和夏热冬暖地区。

第五，外保温的综合经济效益很高。虽然外保温工程每平方米造价比内保温工程相对要高一些，但技术选择适当，单位面积造价高的并不多。特别是由于外保温比内保温增加了使用面积近 2%，实际上使单位使用面积造价得到降低。

3. 墙体外保温体系的缺点

由于外保温具有以上的优点，所以外墙外保温技术在许多国家得到长足发展。现在，在一些发达国家，往往有几十种外墙外保温体系争奇斗艳，使其保温效果越来越好，建筑质量日益提高。但是，外墙外保温结构的保温层与外界环境直接接触，没有主体结构的保护，这就产生了很多影响保温层的保温效果和寿命的问题，只有充分了解和掌握外墙外保温的这些薄弱环节，方能使外墙外保温的优点体现出来，从而促进外墙外保温技术的进一步发展。

（1）防火问题

尽管保温层处于外墙外侧，尽管采用了自熄性聚苯乙烯板，防火处理仍不容忽视。在房屋内部发生火灾时，大火仍然会从窗户洞口往外燃烧，波及窗口四周的聚苯保温层，如果没有相当严密的防护隔离措施，很可能会造成火灾灾害，火势在外保温层内蔓延，以至将整个保温层烧掉。

（2）抗风压问题

越是建筑高处，风力越大，特别是在背风面上产生的吸力，有可能将保温板吸落。因此，对保温层应有十分可靠的固定措施。要计算当地不同层高处的风压力，以及保温层固定后所能抵抗的负风压力，并按标准方法进行耐负风压检测，以确保在最大风荷载时保温层不致脱落。

（3）贴面砖脱落问题

所有的面砖粘结层必须能经受住多年风雨侵蚀、温度变化始终保持牢固，否则个别面砖掉落伤人，后果将不堪设想。

（4）墙体外表面裂缝及墙体潮湿问题

外保温面层的裂缝是保温建筑的质量通病中的重症，防裂是墙体外保温体系要解决的关键技术之一，因为一旦保温层、保护层发生开裂，墙体保温性能就会发生很大的变化，非但满足不了设计的节能要求，甚至会危及墙体的安全。保温墙体裂缝的存在，降低了墙体的质量，如整体性、保温性、耐久性和抗震性能。

（三）墙体自保温

外墙自保温是指墙体自身的材料具有节能阻热的功能，通过选择合适的保温材料和墙体厚度的调整即可达到节能保温的目的，常见的自保温材料有：蒸汽加压混凝土、页岩烧结空心砌块、陶粒自保温砌块、泡沫混凝土砌块、轻型钢丝网架聚苯板等。

1. 墙体自保温的优点

外墙自保温体系的优点是将围护结构和保温隔热功能结合，无须附加其他保温隔热材料，能满足建筑的节能标准，同时外墙自保温体系的构造简单、技术成熟、省工省料，与外墙其他保温系统相比，无论从价格还是技术复杂程度上都有明显的优势，建筑全寿命周期内的维护成本费用更低。

2. 墙体自保温的缺点

虽然外墙自保温体系具有许多优势，但就像其他的新兴技术一样，在其广泛应用之前都会存在一些细节问题，诸如自保温体系的设计标准、施工规程以及新型的自保温材料的开发和性能改进。

（四）墙体夹芯保温

外墙夹芯保温技术是将保温材料设置在外墙中间，有利于较好地发挥墙体本身对外界环境的防护作用，做法就是将墙体分为承重和保护部分，中间留一定的空隙，内填无机松散或块状保温材料如炉渣、膨胀珍珠岩等，也可不填材料做成空气层。对保温材料的材质要求不高，施工方便，但墙体较厚，减少使用面积。采用夹芯保温时，圈梁、构造柱由于一般是实心的，难以处理，极易产生热桥，保温材料的效能得不到充分发挥。由于填充保温材料的沉降、粉化等原因，内部容易形成空气对流，也降低了保温效能。在非严寒地区，采用夹芯保温的外墙与传统墙体相比偏厚。因内外侧墙体之间需有连接件连接，构造较传统墙体复杂，施工相对比较困难。夹芯保温墙体的抗震性能比较差，建筑高度受到限制。因保温材料两侧的墙体存在很大的温度差，会引发内外墙体比较大的变形差，进而会使墙体多处发生裂缝及雨水渗漏，破坏建筑物主体结构。此种墙体有一定的保温性能，但其缺点也是非常明显的，其应用范围受到很大的约束。

（五）墙体内外组合保温

内外组合保温是指，在外保温操作方便的部位采用外保温，外保温操作不便的部位采用内保温。

内外组合保温从施工操作上看，能够有效提高施工速度，对外墙内保温不能保护到的热桥部分进行了有效的保护，使建筑物处于保温中。然而，外保温做法使墙体主要受室温影响，产生的温差变形较小；内保温做法使墙体主要受室外温度影响，因而产生的温差变形也就较大。

采用内外保温结合的组合保温方式，容易使外墙的不同部位产生不同速度和尺寸的变形，使结构处于更加不稳定状态，经年温差必将引起结构变形、产生裂缝，从而缩短建筑物的寿命。因此，内外混合保温做法结构要谨慎采用。

二、自保温墙体

（一）自保温墙体

1. 墙体保温现状

目前建筑市场上主流的外墙保温做法有四种：外墙外保温、外墙内保温、夹芯墙、混凝土复合保温砌块砌体。

外墙外保温是在主体墙（钢筋混凝土、砌块等）外面粘挂XPS（绝热用挤塑聚苯乙烯泡沫塑料）、EPS（绝热用模塑聚苯乙烯泡沫塑料）、岩棉、喷涂聚氨酯等导热系数低的高效保温材料，以减小墙体传热系数来满足要求。除了这几种外保温构造形式，还有FS外模板现浇混凝土复合保温技术（即免拆模外保温复合板技术）、EPS单面钢丝网架现浇混凝土外保温体系、EPS单面钢丝网架机械固定外保温体系等几种做法。

FS外模板现浇混凝土复合保温系统（免拆模复合保温板技术）以水泥基双面层复合保温板为永久性外模板，内侧浇筑混凝土，外侧抹抗裂砂浆保护层，通过连接件将双面层复合保温模板与混凝土牢固连接在一起而形成的保温结构体系。该体系属于现浇钢筋混凝土复合保温结构体系，适用于工业与民用建筑框架结构、剪力墙结构的外墙、柱、梁等现浇混凝土结构工程。所以，在外墙外保温体系中的梁柱、剪力墙部位，采用FS外模板现浇混凝土复合保温板技术。

EPS单面钢丝网架现浇混凝土外保温体系是外保温开始起步时的几种做法之一，俗称大模内置保温板。EPS单面钢丝网架保温板是在钢丝网架夹芯板（泰柏板）的基础上，结合剪力墙的支模浇筑体系研制而成。支模时置于现浇混凝土外模内侧，并以锚筋钩紧钢丝网片作为辅助固定措施，与钢筋混凝土外墙浇筑为一体。拆模后，在保温板上抹聚合物抗裂水泥砂浆做保护层，裹覆钢丝网片，表面做涂料或面砖饰层。该保温体系属于厚抹灰层。

外墙内保温是在主体墙（钢筋混凝土、砌块等）内侧敷设高效保温材料，形成复合外墙减小墙体传热系数来满足要求。我国刚开始推进建筑节能时，在外墙内部用双灰粉、保温砂浆等，就是典型的内保温形式。

夹芯墙是在墙体砌筑过程中采用内外两叶墙中间加绝热材料的构造做法，如东北地区用聚苯板建造夹芯墙，甘肃地区的太阳能建筑用岩棉建造夹芯墙等。

复合保温砌块砌体是新近发展迅速的一种构造，是用高热阻的夹芯复合砌块直接砌筑满足要求的外墙。

这几种做法各有特点：外墙外保温是现在提倡的主流做法，主要有消除热桥、增大使用面积、保护主体结构等优点，缺点是施工技术难度高、工序多、施工周期长，且近几年各地外墙外表面开裂、脱落的现象时有发生，由此其耐久性一直是困扰其发展的瓶颈。内保温的优点是施工方便、保温材料的使用环境好，不受紫外线、风雨、高温、冷冻等恶劣条件影响。缺点是不能阻断热桥、减小房屋使用面积、装修容易破坏保温层等。夹芯墙体的优点是保温隔热性能好、可阻断大部分热桥、与外保温相比造价低、墙面不易出现裂缝。缺点是施工难度大、砌筑质量要求高、工期长。

2. 墙体自保温与建筑工业化

已有的外墙保温体系归纳起来主要有以下 3 个主要问题：第一，建筑保温与结构不同寿命；第二，火灾隐患无法避免；第三，外保温通病无法克服。

有没有一种结构形式，既能够达到建筑要求，又能够与建筑同寿命，同时提高施工效率？这样的墙体自保温技术逐渐进入人们视野。按人们的预期，墙体自保温技术集成了节能、工业化等各种要素。

预制构件形式近年来得到大力发展，是新型建筑工业化的主要内容。发展新型建筑工业化才能更好地实现工程建设的专业化、协作化和集约化，这是工程建设实现社会化大生产的重要前提。

新型建筑工业化是实现绿色建造的工业化。绿色建造是指在工程建设的全过程中，最大限度地节约资源（节能、节地、节水、节材）、保护环境和减少污染，为人们建造健康、舒适的房屋。建筑业是实现绿色建造的主体，是国民经济支柱产业，全社会 50% 以上固定资产投资都要通过建筑业才能形成新的生产能力或使用价值。新型建筑工业化是城乡建设实现节能减排和资源节约的有效途径、是实现绿色建造的保证、是解决建筑行业发展模式粗放问题的必然选择。其主要特征具体体现在：通过标准化设计的优化，减少因设计不合理导致的材料、资源浪费；通过工厂化生产，减少现场手工湿作业带来的建筑垃圾、污水排放、固体废弃物弃置；通过装配化施工，减少噪声排放、现场扬尘、运输遗洒，提高施工质量和效率；通过采用信息化技术，依靠动态参数，实施定量、动态的施工管理，并以最少的资源投入，达到高效、低耗和环保。绿色建造是系统工程、是建筑业整体素质的提升、是现代工业文明的主要标志。建筑工业化的绿色发展必须依靠技术支撑，必须将绿色建造的理念贯穿到工程建设的全过程。

概言之，新型建筑工业化是以构件预制化生产、装配式施工为生产方式，以设计标准化、构件部品化、施工机械化为特征，能够整合设计、生产、施工等整个产业链，实现建筑产品节能、环保、全生命周期价值最大化的可持续发展的新型建筑生产方式。

在此基础上，随着建筑节能政策和技术标准推进发展起来一种集结构和保温功能于一体的围护结构形式——自保温墙体，根据荷载可分为称重结构体系和非承重的填充墙结构体系，根据施工顺序可分为预制构件体系和现场施工体系。住房和城乡建设部已经发布了关于自保温技术的行业标准和技术规程，比如《自保温混凝土复合砌块》和《自保温混凝土复合砌块墙体应用技术规程》，《自保温混凝土复合砌块》规定了填插砌块空心的 XPS、EPS、聚苯乙烯颗粒保温浆料、泡沫混凝土等材料的技术要求。以及之前发布的《烧结保温砖和保温砌块》，自保温砌体结构用的保温砖和保温砌块的产品标准技术规程基本齐全。

夹芯混凝土砌块自保温墙体是一种实现外墙保温和围护两种功能的墙体，优点是不影响房屋使用面积、施工方便、工期短，与复合保温墙体相比造价低，并且保温材料在墙体内可以有效延长使用周期，是一种发展前景良好的建筑保温结构工法。

（二）自保温墙体热工性能

1. 自保温砌块形式

自保温砌块也有的称之为复合保温砌块、夹芯砌块等，就是中间加有高效保温隔热材料的砌块，顾名思义就是该材料可以达到围护和保温的双重目的。其保温隔热性能取决于 3 个要素：基材、孔型、夹芯材料。

目前混凝土砌块的基本材质有普通混凝土、泡沫混凝土、轻骨料混凝土等几种；其孔型有单排孔、2 排孔、3 排孔、4 排孔等；空心填充材料有聚苯板、珍珠岩、泡沫混凝土、聚氨酯等。通常情况下，孔型可根据要求更换成型机模具来满足，夹芯材料基本上多用 EPS，自保温墙体因为诸多优点，受到人们广泛的接受。但是其热性能并没有被准确理解，在应用过程中还存在一些认识上的误区。下面进行一组自保温砌块砌筑的自保温墙体传热系数计算，从中可了解该类墙体的热工性能。

2. 夹芯砌块及砌体的传热性能

夹芯混凝土砌块及砌体是非均质材料，其传热性能以平均热阻或传热系数表示均可。按习惯用法，砌块的传热性能用热阻表示，砌体的传热性能用传热系数表示。夹芯砌块的热阻及砌体的传热系数计算的理论依据是《民用建筑热工设计规范》中复合结构的传热问题。

该砌块热阻和砌体的传热系数计算如下，并以此为例说明夹芯砌块及其砌体的自保温墙体传热特点。

（1）夹芯砌块的热阻

砌块的平均热阻按以下公式计算：

$$\bar{R} = \left[\frac{F_0}{\frac{F_1}{R_1} + \frac{F_2}{R_2} + \cdots\cdots + \frac{F_n}{R_n}} - (R_i + R_e) \right] \varphi$$

式中：$\bar{R}$——砌块平均热阻，$m^2 \cdot K/W$；

F_1、F_2……F_n——按平行于热流方向划分的各个传热面积，m^2；

R_1、R_2……R_n——各个传热面积部位的传热阻，$m^2 \cdot K/W$；

R_i——内表面换热阻；

R_e——外表面换热阻；

φ——修正系数。

其中 R_1、R_2……R_n 按单层均质材料考虑，其值由公式以下计算得出：

$$R = \frac{d}{\lambda}$$

式中：R——材料层的热阻，$m^2 \cdot K/W$；

d 材料层的厚度，m；

λ——材料的导热系数，W/（m · K）。

（2）夹芯砌体的传热系数计算

以上通过计算得到的是砌块的平均热阻。下面可进一步计算用该砌块砌筑的砌体的传热性能。

砌块在实际使用时要砌筑成砌体。计算砌体的热阻、传热阻、传热系数时，要考虑砌筑砂浆的厚度和导热系数，以及抹面砂浆的厚度和导热系数。在这种情况下，需分步计算：

1）先计算砌体中砌块的面积和砌筑砂浆灰缝的面积；2）计算出砌筑砂浆灰缝的热阻（砌筑砂浆可按均质材料计算）；3）根据砌体中砌块和砌筑砂浆所占面积比例，按面积加权的方法计算出砌体主体部位的平均热阻；4）测量抹面砂浆的厚度，计算抹面砂浆的热阻；5）再按多层材料复合结构热阻计算公式，计算出砌体最终的热阻；6）将上面得到的砌体最终热阻代入以下公式，计算出砌体的传热阻和传热系数。

$$R_0 = R_i + R + R_e$$

$$K = \frac{1}{R_0} = \frac{1}{R_i + R + R_e}$$

式中：K——传热系数，$W/m^2 \cdot K$；

R——砌体热阻，$m^2 \cdot K/W$；

R_0——砌体传热阻，$m^2 \cdot K/W$。

3. 夹芯砌块自保温砌体传热特点

（1）夹芯砌块热阻影响因素

通过上面的计算可以得知，影响夹芯砌块热阻的因素有：砌块的规格尺寸、砌块孔型、砌块混凝土基材、夹芯材料的厚度及导热性能等，主要取决于两部分：一部分是砌块基材，另一部分是夹芯的保温隔热材料。

（2）夹芯砌块孔型的设计不能照搬空心砌块的设计思路。

空心砌块应尽量设置多排孔以充分利用空气层增大砌块热阻，使得相同砌块体积具有最大的热阻，但是夹芯砌块的孔型设置应尽量简单整齐以充分利用夹芯高效保温材料的热阻，提高砌块的热阻，减小砌体的传热系数。

（3）夹芯砌块自保温墙体“三大”热桥——“热格栅”

对于夹芯砌块砌筑的砌体外墙而言，用夹芯砌块、砌筑砂浆砌筑而成的自保温墙体而言，其热阻主要由砌筑砂浆、砌块基材、中间的保温材料和内外表面换热阻几部分组成，其中内外表面的换热阻取决于墙体内外的热环境，一般不会有大的变化，行业内已经积累了比较丰富的经验值，热工设计规范给出了各种状态下的取值范围。因此，砌体中可变的有三部分：砌筑砂浆、砌块基材与中间的保温材料。这个砌体与建筑物的梁柱构成建筑物围护结构的自保温墙体。这种墙体存在三大热桥：（a）砌块边壁和肋是导热系数较高的材料，形成第一个热桥；（b）砌筑砂浆形成第二个热桥；

（c）建筑物围护结构的梁板柱部位的材料通常是钢筋混凝土，其导热系数高达 1.74 W/（m·K），会形成第三个热桥。这样的结构可以很形象地称之为“热格栅”。由于采用夹芯保温结构时，基于经济等因素考虑主体墙不可能再做内外保温层，可能会出现虽然砌块平均热阻达到要求，但砌筑砌体形成热桥，在严寒或寒冷地区如果使用不当，会产生严重的漏热甚至引起受潮结露等现象。

（4）夹芯砌块自保温墙体构造关键节点

通过以上的分析可知，要想得到满足设计要求的自保温墙体，可进行精心设计块型和优选保温材料，利用低导热系数的砌块基材、低导热系数的砌筑砂浆，然后在梁板柱部位用聚苯板或聚氨酯做外保温，并处理好外保温部分和砌块砌体交错处的节点处理，防止开裂。这种复合保温方式可以有效解决热桥，使整个围护结构的外墙做到无热桥，从而建造传热均匀的墙体，尽量满足建筑节能设计标准的传热要求。

第二节　屋面节能

一、屋面节能设计分类

屋面的节能设计涉及面很大，可包括屋顶的自然通风、太阳能技术的应用、屋顶的天然采光、屋顶的保温隔热、屋顶间的利用、住宅屋面结合退台的绿化、太阳能热水器与住宅屋面的一体化设计、屋顶面的绿化、利用屋顶面作为采集太阳能的构件等。因此，结合我国国情，屋面的节能设计主要体现在以下方面。

（一）自然通风屋顶

除了保证穿堂风以外，强化自然通风的有效方法之一是设置通风管道、住宅中的通风管道可保证室内在静风或弱风条件下正常通风。

自然通风是由来自室外风速形成的“风压”和建筑表面气流进出洞口间位置及温度造成的“热压”形成的室内外空气流动。按照热力学原理，建筑室内温度有沿高度逐渐向上递增的特点。当室内存在贯穿整栋建筑的“竖井”空间时，可利用其上下两端的温差来加速气流，带动室内通风。屋顶是形成温差、组织气流的重要环节，在整个自然通风系统中起着重要的作用。

通常，室内自然通风的实现依赖于门窗洞的开设，从而形成穿堂风。但因门窗密闭性差或材料本身热阻小，在冬季浪费了大量能源。除了保证穿堂风以外，强化自然通风的有效方法之一是设置通风管道。目前一些发达国家的做法是在外墙设小型通风道，每个房间有气流控制阀，保证房屋的正常通风。通风管道可保证室内在静风或弱风条件下正常通风。屋顶作为整个建筑自然通风的一个组成部分，利用天窗、烟囱、风斗等构造为气流提供进出口。

另外，屋顶本身也可以成为一个独立的通风系统。这种屋顶内部一般设有一个空气间层，利用热压通风的原理使气流在空气间层中流动，以提高或降低屋顶内表面的温度，进而影响到室内温度。

（二）水蓄热屋面

效率较高的隔热屋面由水袋及顶盖组成，这是因为水比同样重量的其他建筑材料能储存更多的热量。

冬天时，水袋受到太阳光照射而升温，热量通过下面的金属天花板传递至室内，使房间变暖。夏天，室内热量通过金属天花板传递给水袋，在夜间，水袋中的热量以辐射、对流等方式散发至天空，水袋上有活动盖板以增强蓄热性能。夏季，白天盖上盖板，减少阳光对水袋的辐射量，夜晚打开盖板，使水袋中的热量速散发到空中。使其可以吸纳较多的室内热冬天，白天打开盖板使水袋尽量吸收太阳的热辐射，夜晚盖上盖板使水袋中的热量向室内散发。

美国加利福尼亚州一项实验表明，当全年室外温度在 10 ～ 33℃波动时，采用这种屋面构造的建筑室内温度为 22.6 ～ 27.31。

（三）植草屋面

植草屋面在西欧和北欧乡间传统住宅上应用较为广泛，目前越来越多地应用于城市型低层及多层住宅建筑上。植草屋面具有降低屋面反射热、增强保温隔热性能、提高居住区绿化效果等优点。传统植草屋面的做法是在防水屋上覆土再植以茅草。随着无土栽植技术的成熟，日前多采用纤维基层栽植草皮。日本“环境共生住宅”采用植草屋面，其基本构造为野草生长基下为可“呼吸”的轻质滤层，其下为齿状保水槽、多重防水层和木板。这种技术在我国已得到初步发展并开始批量生产。但是在实际的项目中，因为造价过高以及维护费用昂贵，所以在城市多层住宅屋面中使用尚少。

除了植草屋面的物质功能，其郁郁葱葱的屋面与大自然融为一体，建筑与环境有机结合，蕴含了一种朴素的生态观，时至今日植草屋面也开始成为现代建筑师们思考现代建筑如何与绿化共生的切入点。位于东京国分寺市的“蒲公英之家”是东京大学建筑历史教授设计的住宅，这座坐落在一片草坪上，屋顶和墙上开满蒲公英的住宅源于藤森照信对自然与建筑的共生的思考，他认为建筑屋顶绿化设计中人工建筑与自然绿化在视觉上是分离的，与其说是自然与建筑的共生，不如说是寄生，建筑之中生长出自然，建筑壁体的绿化才是人工与自然融合的正道。

住宅主体为正方体，屋顶之四面坡在空中收束为一点，形成设计者希望的山形，使建筑“像从大地上生长出来一般”把根扎在大地上。作为住宅主角的蒲公英带状的种植在墙壁及屋顶上，稚嫩的黄花绿叶从灰紫调的石饰百板间探出头来，摇曳着春天。在钢筋混凝土结构上固定着石饰面板以及放置土壤的钢构架。为了解决土壤排水、通风及减轻结构自重等问题，特地选用了穿孔金属板材。

“蒲公英之家”用天然建筑材料石、木、泥土及花草在工业化都市的今天构筑温馨的家的氛围，是藤森关于建筑绿化这一课题的有意义的尝试，也是世纪住宅生态化的方向之一。

屋顶绿化和地面绿化一样，具有非常可观的生态效益，如可以提升城市景观的美感和质量；改善城市环境，创造舒适的小气候，净化城市空气、水分，吸收二氧化碳，交换出氧气，保障居民身心健康；丰富城市居民的文化精神生活等方面的作用。

（四）太阳能屋面

全球常规能源的日益匮乏，环保呼声的日益高涨，世界各国对可再生能源的需求越来越大，而其中太阳能的利用受到了越来越多的关注。“我国的太阳能资源非常丰富，太阳能年辐照总量每平方米超过 5000 mJ、年日照时数超过 2200 h 以上的地区约占我国国土面积的 2/3 以上，若将全国太阳能年辐射总量的 1% 转化为可利用能源，就能满足我国全部的能源需求”。众所周知，太阳能资源是取之不尽、用之不竭的，是最廉价最环保的能源之一，无污染的绿色能源，在当前全球可持续发展战略的倡导下，大范围的开发、利用已是大势所趋。

太阳能的应用主要是供能系统和供水系统。在供能系统中，它采用高强度透明玻璃制成密封盒子。冬天当其受到阳光照射时，其内部温度可达 30 ～ 70℃。热量可直接释放到室内或通过管道传至以卵石为主要材料的储热室，夜晚时再释放出来。由于技术与资金的原因，在我国，现在使用太阳能供暖的住宅还比较少。

目前，大量的是使用太阳能热水器。在供水系统中，按照中等日照条件，太阳能热水器每平方米采光面每天所获得的有效热能对于一般小康住宅来说，每人日均耗水的 20 ～ 30 L 用于生活热水，一个四口之家，配备 100 L 左右的太阳能热水器可以满足要求。太阳能热水器最与众不同的一点就是基本不耗费能源，运行费用为零，和使用其他能源的热水器相比，一年所节约的能源是十分可观的。因此，被人们所接受，在住宅中越来越普及。但是，在太阳能热水器大量使用的过程中也出现了很多的问题，如与住宅设计相抵触，损害了住宅和小区生活和视觉环境，也能达到一体化设计，因此带来了一些负面效果。这些问题也引起了人们的重视。

除此之外，太阳能技术在住宅中的运用可分为三种类型。

1. 被动式接受技术

通常通过透明的建筑围护结构和相应的构造设计，直接利用阳光中的热能来调节建筑室内的空气温度。这种类型的典型表现为太阳能温室或者被动式太阳房。在这类住宅中，屋顶是接收太阳能最有利的位置，大多数太阳能温室设在屋顶层，采用高强度透明玻璃制成密封盒子，白天受阳光照射，温室内部温度升高，夜晚热量可直接释放到室内。

2. 太阳能集热技术

通常通过集热器将阳光中的热能储存到水或其他介质中。在需要的时候，这些储存的能量可以在一定程度上满足建筑物的能耗需求。且该种利用技术根据储存能量的介质不同可表现为：太阳能集热板和太能热水。太阳能集热板通常设置在屋面上，白天集热板将吸收的热量储存在储热室，夜晚再将热量释放出来。太阳能热水器是将太阳能集热器吸收的热量储存在水中，用以提供人们对热水的需要的装置。一般被放置在屋顶上，朝向太阳照射的方向。

3. 太阳能光伏系统的运用

通过太阳能电池把光能直接转化为电能，可直接为住宅提供照明等能源需求。光伏系统与建筑结合的方式可分为两种，一种是建筑与光伏系统结合，即把封装好的光伏组件安装在建筑屋顶上，再与逆变器、蓄电池、控制器负载等装置相连。屋顶上的光伏组件主要是用于收集太阳能的电池板，其安装在屋顶上的方式有固定式和可调节式两种。另外一种建筑与光伏器件的结合是指用光伏器件替代部分建筑构件，如将建筑的屋顶、雨篷、遮阳、窗户等构件用光伏材料制作，不仅使这些传统的建筑组成部分拥有新的功能，又不让额外的光伏系统构件破坏建筑的整体形象，可谓一举两得。

除了在住宅中得到应用外，太阳能技术也逐渐应用于公共建筑中，以达到节约能源、美化城市景观的目的。

（五）屋面结合退台的绿化

近年来，由于城市向高密度化、高层化发展，城市绿地越来越少，城市居民对绿地的向往和对舒适优美环境中户外生活的渴望，促使屋顶绿化迅速发展。利用屋顶进行绿化，不仅增加了单位面积区域内的绿化面积，改善了人们视觉卫生条件（避免眩光和辐射热）和建筑屋顶的物理性能隔热、防渗、减噪等，而且对美化城市环境，保持城市生态平衡起着独特的作用。此外，屋顶绿化植物处于较高位置，能起到低处植物所起不到的作用，其作用与价值不可低估。

同时，屋顶绿化也是现代社会人们心理上的一种需求，而且已经成为住宅可持续设计的重要内容，关系着住宅屋面空间形态设计的优劣。

住宅屋面结合退台进行绿化设计要为人们提供优美的生活环境。因此，它应该更精致美观。由于场地窄小，大约 1 m^2 左右，小品和绿化植物更应该仔细推敲，比较适合这种小环境的绿化，充分利用屋顶的竖向和平面空间，既要与主体建筑物及周围大小环境保持协调一致，又要有独特的风格。以植物造景为主，利用棚架植物、攀岩植物、悬挂植物等实现立体绿化，尽可能增加绿化量。

针对场地狭小，且位于强风、缺水和少肥的环境，以及光照强、时间长、温差大等条件。选择生长缓慢、耐寒、耐旱、喜光、抗逆性强、易移栽和病虫害少的植物。

屋面结合露台进行绿化设计，可以把屋面与绿化很好地结合起来，屋顶集合了两者优点，既克服了传统屋面比较封闭的缺点，也使屋面内部空间利用更加合理，立面丰富多彩。

平坡结合的屋顶是住宅绿化的载体之一，露台上的绿化不仅可以改善环境，增加湿度，防风降噪，充分利用露台，可以有效地扩大住宅区绿化面积，对于空间景观效果不亚于地面绿化。当露台上遍布着自然形态的绿色植物时，原来单调生硬的墙壁变得又生机勃勃起来，重复不变的屋顶露台也各具特色。

住宅屋面的生态化设计还包括很多的方面，随着能源危机、建筑技术、建筑理论的不断发展和人们对于生活质量的不断追求，生态化趋势必将成为住宅和住宅屋面设计的发展方向。

二、寒冷地区住宅屋面节能设计

我国的寒地城市冬寒夏热十分突出，然大量的建筑物是在采取节能措施之前建造的，其保温隔热和气密性较差，采暖系统热效率低，单位住宅建筑面积能耗约为发达国家的3倍。

（一）屋顶节能构造

屋顶是建筑外围护结构之一，屋顶的耗热量占建筑总能耗的8.6%，是不可忽视的节能重点部位。寒冷地区，屋顶保温的主要措施是采用保温材料作为保温层，增大屋顶热阻。综合各种保温材料的节能效果和经济性分析评价，建议选用聚苯乙烯泡沫塑料板、水泥聚苯板、岩棉等轻质高效保温隔热材料。

寒冷地区屋顶保温一般有两种形式，即将保温层做在结构层的外侧或内侧，如果采用外侧保温，由于混凝土的热容量非常大，在夏天，接受太阳辐射热后，便将热量蓄积于内部，到了夜间，又把热释放出来。若是采用内侧保温，虽然绝热材料可以阻止混凝土向室内传热，但是，当绝热材料下侧的室内空气的温度很高时，绝热材料本身也会相应地具有很高的温度。夏天，室内空气温度容易高于室外气温，这主要是由于太阳辐射影响，使空气加热，温度升高，热空气停留于房间上部的缘故。一到夜间，又加上混凝土板向室内的传热，则保温材料表面或顶棚的内表面温度就会比人体的表面温度高得多，从而对人体进行热辐射，使人感到似“烘烤”一样。

为了防止这种“烘烤”现象，可以设法通风换气，使顶棚底部的空气温度下降至低于人体的温度，而最主要的还是设法减少混凝土受太阳辐射后的蓄热量。如果采用外侧绝热，便可减少混凝土的蓄热量，此时，混凝土板的温度只有30℃左右，人体自然就不会感到热辐射的“烘烤”了。当外侧保温时，由于靠内侧的混凝土热容量大，当室内温度较高的空气与混凝土相接触时，温度不会有明显的上升。这种现象不仅表现在屋顶处，而且在西墙上也是如此。所以，为了防止热效应，最好将保温材料布置在外侧。

另外，外侧保温还防止了混凝土底部由于金属吊钩引起的结露问题。

（二）老虎窗节能构造

对被开发利用的屋面阁楼，为保证阁楼内基本的卫生条件，阁楼必须进行通风换气。对未被开发利用的阁楼，从冬季屋面传热耗能角度考虑，阁楼不进行换气比进行换气的耗热量少；从阁楼内结露角度考虑，不用进行换气的阁楼内温度有所提高，表面上看有减少阁楼内部结露的可能性，但阁楼不进行换气，冬季水蒸气会充满阁楼，造成大量结露，影响保温材料的保温性能，而且夏季阁楼内闷热。因此，住宅宜采用阁楼进行通风换气的构造做法，通风换气可以排出水蒸气解决结露问题。阁楼的换气处理可以采用在檐口和山墙处设置换气口、设老虎窗等构造做法。

老虎窗是屋面传统的开窗方式，造型丰富、视线好、物美价廉、应用广泛，目前在住宅建筑中应用较多。老虎窗采用塑钢窗，塑钢窗耐腐蚀、耐潮湿，而且具有良好的热工和密闭性能，加工精度高、外观好、价格便宜。由于塑钢窗具有以上的优点，因此，在民用建筑中应用广泛，目前已经成为国家大力发展的一种窗型。

塑钢窗通常为单层框，严寒地区为了解决保温的问题，一般设置2～3层玻璃。在实际工程中有时会出现窗框内侧墙体结露的现象，在老虎窗处尤甚，影响了室内的环境。产生结露的主要原因是：过去采用双层木窗时，两层窗之间的空隙在室外和室内之间形成了一个中间温度区。室外的低温界面在向室内侵袭的过程中逐渐衰减，最终在两层窗框之间与室内温度界面平衡，所以就不易产生结露现象。

采用塑钢窗时，由于只有一层窗框，其厚度只有 80 mm 左右，导致室外的温度平衡界面位于室内一侧，就容易产生结露现象。为了解决老虎窗墙体结露的问题，主要应当在老虎窗有关部位的细部构造上下功夫，重点要解决的问题是：改变只在老虎窗侧面墙体设保温层的做法，在正面墙体及窗口外侧墙体设置保温层。保温层宜采用聚苯板、PG 板或挤塑泡沫板，由于老虎窗侧面墙体的厚度较薄（一般为 100 ～ 150 mm），某些保温板材不易施工，因此，也可以采用如稀土保温砂浆之类的膏状保温材料，但要在其外侧设有可靠的保护层，避免受潮变性。在老虎窗内侧墙体及屋顶表面抹膏状保温层，也会极大地改善此处的热工状况。

（三）热反射窗帘

热反射窗帘是在一定的化纤布表面上涂一层厚度小于 μm 的特种金属后制成的。这种特殊的窗帘在冬季能够保温，在夏季可以隔热，使室内冬暖夏凉，减少能耗。人体和一切物体按其自身湿度的不同，都会向外发出不同波长的热射线，在常温下则发出长波红外线，是一种散热的主要方式。对于这种常温下的红外辐射热，窗玻璃、墙壁材料与白色油漆的吸收率都在 90% 以上，仅有微量反射。

冷天，这些材料吸收室内热辐射后，便逐渐传到室之外，使室内温度降低。如果使用热反射窗帘则不同，这种窗帘布的反射率在 60% ～ 80%，从室内人体与物体辐射的绝大部分热量，都会被反射回来，只有少部分热量能够传出去。因此，与不挂热反射窗帘的房间比较，冬天室内温度可提高 2℃左右。冷天当人靠近窗户时，由于人与窗之间存在着辐射换热，人会感到冷。若使用了热反射窗帘，窗帘表面温度要比玻璃温度高很多，这时，人在窗户附近不会感到冷。

据测试，挂上一层热反射窗帘的单层窗比不挂窗帘的单层窗可节能 54%。太阳光和周围物体向室内辐射的热量，在夏季主要是通过窗户进入的。白天，挂上热反射窗帘，能够将大部分热量反射回去，不让热量进入室内，以保证室内阴凉。到了夜里，室外温度下降，就可以拉开窗帘让凉风进入室内。因此，这种窗帘对于节约能源，改善室内热环境，都有明显的效果。

第三节 外窗与门户的节能技术

窗户（包括阳台的透明部分）是建筑外围护结构的开口部位，是阻隔外界气候侵扰的基本屏障。窗户除需要满足视觉的联系、采光、通风、日照及建筑造型等功能要求外，作为围护结构的一部分应同样具有保温隔热，得热或散热的作用。因此，外窗的大小、形式、材料和构造就要兼顾各方面的要求，以取得整体的最佳效果。

从围护结构的保温节能性能来看，窗户是薄壁轻质构件，是建筑保温、隔热、隔声的薄弱环节。窗户不仅有与其他围护结构所共有的温差传热问题，还有通过窗户缝隙的空气渗透传热带来的热能消耗。对于夏季气候炎热的地区，窗户还包括通过玻璃的太阳能辐射引起室内过热，增加空调制冷负荷的问题。但是，对于严寒及寒冷地区南向外窗，通过玻璃的太阳能辐射对降低建筑采暖能耗是有利的。

以往我国大多数建筑外窗保温隔热性能差，密封不良，阻隔太阳辐射能力薄弱。在多数建筑中，尽管窗户面积一般只占建筑外围护结构表面积的1/3～1/5左右，但通过窗户损失的采暖和制冷能量，往往占到建筑围护结构能耗的一半以上，因而窗户是建筑节能的关键部位。也正是由于窗户对建筑节能的突出重要性，使窗户节能技术得到了巨大的发展。

在不同地域、气候条件下，不同的建筑功能对窗户的要求是有差别的。但是总体说来，节能窗技术的进步，都是在保证一定的采光条件下，可围绕着控制窗户的得热和失热展开的。我们可以通过以下措施使窗户达到节能要求。

一、控制建筑各朝向的窗墙面积比

窗墙面积比是影响建筑能耗的重要因素，窗墙面积比的确定要综合考虑多方面的因素，其中最主要的是不同地区冬、夏季日照情况（日照时间长短、太阳总辐射强度、阳光入射角大小），季风影响，室外空气温度，室内采光设计标准，

通风要求等因素。一般普通窗户的保温性能比外墙差很多，而且窗的四周与墙相交之处也容易出现热桥，窗越大，温差传热量也越大。因此，从降低建筑能耗的角度出发，必须限制窗墙面积比。建筑节能设计中对窗的设计原则是在满足功能要求基础上尽量减少窗户的面积。

（一）严寒和寒冷地区居住建筑的窗墙比

严寒和寒冷地区的冬季比较长，建筑的采暖用能较大，窗墙面积比的要求要有一定的限制。北向取值较小，主要是考虑卧室设在北向时的采光需要。从节能角度上看，在受冬季寒冷气流吹拂的北向及接近北向主面墙上应尽量减少窗户的面积。东、西向的取值，主要考虑夏季防晒和冬季防冷风渗透的影响。在严寒和寒冷地区，当外窗K值降低到一定程度时，冬季可以获得从南向外窗进入的太阳辐射热，有利于节能，因此南向窗墙面积比较大。由于目前住宅客厅的窗有越开越大的趋势，为减少窗的耗热量，保证节能效果，应降低窗的传热系数。

一旦所设计的建筑超过规定的窗墙面积比时，则要求提高建筑围护结构的保温隔热性能（如选择保温性能好的窗框和玻璃，以降低窗的传热系数，加厚外墙的保温层厚度以降低外墙的传热系数等），并应进行围护结构热工性能的权衡判断，检查建筑物耗热量指标是否能控制在规定的范围内。

（二）热冬冷地区居住建筑窗墙比

我国夏热冬冷地区气候夏季炎热，冬季湿冷。夏季室外空气温度大于35℃的天数约10～40天，最高温度可达到40℃以上，冬季气候寒冷，日平均温度小于5QC的天数约20～80天，相对湿度大，而且日照率远低于北方。北方冬季日照率大多超过

60%，而夏热冬冷地区从地理位置上由东到西，且冬季日照率逐渐减少。最高的东部也不超过50%，西部只有20%左右，加之空气湿度高达80%以上，造成了该地区冬季基本气候特点是阴冷潮湿。

确定窗墙面积比，是依据这一地区不同朝向墙面冬、夏日照情况，季风影响，室外空气温度，室内采光设计标准及开窗面积与建筑能耗所占的比率等因素综合确定的。从这一地区建筑能耗分析看，窗对建筑能耗损失主要有两个原因：一是窗的热工性能差所造成夏季空调，冬季采暖室内外温差的热量损失的增加；另外就是窗因受太阳辐射影响而造成的建筑室内空调采暖能耗的增加。从冬季来看，通过窗口进入室内的太阳辐射有利于建筑的节能，因此，减少窗的温差传热是建筑节能中窗口热损失的主要因素。

从这一地区几个城市最近10年气象参数统计分析可以看出，南向垂直表面冬季太阳辐射量最大，而夏季反而变小，同时，东西向垂直表面最大。这也就是为什么这一地区尤其注重夏季防止东西向日晒、冬季尽可争取南向日照的原因。

夏热冬冷地区人们无论是过渡季节还是冬、夏两季普遍有开窗加强房间通风的习惯。一是自然通风改善了空气质量，二是自然通风冬季中午日照可以通过窗口直接获得太阳辐射。夏季在两个连晴高温期间的阴雨降温过程或降雨后连晴高温开始升温过程，夜间气候凉爽宜人，房间通风能带走室内余热蓄冷。因此这一地区在进行围护结构节能设计时，不宜过分依靠减少窗墙比，应重点提高窗的热工性能。

以夏热冬冷地区六层砖混结构试验建筑为例，南向四层一房间大小为5.1 m（进深）×3.3m（开间）×2.8m（层高），窗为1.5 m×1.8m单框铝合金窗，在夏季连续空调时，计算不同负荷逐时变化曲线，可以看出通过墙体的传热量占总负荷的30%，通过窗的传热量最大，而且通过窗的传热中，主要是太阳辐射对负荷的影响，温差传热部分并不大。因此，应该把窗的遮阳作为夏季节能措施的另一个重点来考虑。

（三）夏热冬暖地区居住建筑窗墙比

夏热冬暖地区位于我国南部，在北纬27°以南，东经97°以东，包括海南全境、福建南部、广东大部、广西大部、云南小部分地区。

该地区为亚热带湿润季风气候（湿热型气候），其特征为夏季漫长，冬季寒冷时间很短，甚至几乎没有冬季，长年气温高而且湿度大，太阳辐射强烈，雨量充沛。由于夏季时间长达半年左右，降水集中，炎热潮湿，因而该地区建筑必须充分满足隔热、通风、防雨、防潮的要求。为遮挡强烈的太阳辐射，宜设遮阳，并避免日晒。夏热冬暖地区又细化成北区和南区。北区冬季稍冷，窗户要具有一定的保温性能，南区则不必考虑。

该地区居住建筑的外窗面积不应过大，各朝向的窗墙面积比，北向不应大于0.45，东、西向不应大于0.30，南向不应大于0.50。居住建筑的天窗面积不应大于屋顶总面积的4%，传热系数不应大于4.0 W/（m²·K），本身的遮阳系数不应大于0.5。当设计建筑的外窗或天窗不符合上述规定时，其空调采暖年耗电指数（或耗电量）不应超过参照建筑的空调采暖年耗电指数（或耗电量）。

（四）公共建筑窗墙比

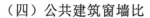

公共建筑的种类较多，形式多样，从建筑师到使用者都希望公共建筑更加通透明亮，建筑立面更加美观，建筑形态更为丰富。所以，公共建筑窗墙比一般比居住建筑要大些，并且也没有依据不同气候区进一步细化。但在设计中要谨慎使用大面积的玻璃幕墙，以避免加大采暖及空调的能耗。

我国现行标准中对公共建筑窗墙比作了如下规定：建筑每个朝向的窗（包括透明幕墙）墙面积比均不应大于 0.7。窗（包括透明幕墙）的传热系数 K 和遮阳系数 SC 应根据建筑所处城市的气候分区符合相应的国家标准。当窗（包括透明幕墙）墙面积比小于 0.4 时，玻璃（或其他透明材料）的可见光透射比不应小于 0.4。屋顶透明部分的面积不应大于屋顶总面积的 15%，其传热系数 K 和遮阳系数 SC 要根据建筑所处城市的气候分区符合相应的国家标准。

夏热冬暖地区、夏热冬冷地区（以及寒冷地区空调负荷大的地区）的建筑外窗（包括透明幕墙）要设置外部遮阳。以降低夏季空调能耗的需求。

三、提高窗的气密性，减少冷风渗透

完善的密封措施是保证窗的气密性、水密性以及隔声性能和隔热性能达到一定水平的关键。目前我国在窗的密封方面，多只在框与扇和玻璃与扇处作密封处理。由于安装施工中的一些问题，使得框与窗洞口之间的冷风渗透未能很好处理。因此为了达到较好的节能保温水平，必须要对框一洞口，框一扇，玻璃一扇三个部位的间隙均作为密封处理。至于框一扇和玻璃一扇间的间隙处理，目前我国采用双级密封的方法。国外在框一扇之间却已普遍采用三级密封的做法。通过这一措施，使窗的空气渗透量降到 1.0 m^3（m•h）以下。

从密闭构件上看，有的密闭条不能达到较佳的效果，其原因是：①密闭条采用注模法生产，断面尺寸不准确且不稳定，橡胶质硬度超过要求；②型材断面较小，刚度不够，致使执手部位缝隙严密，而在窗扇两端部位形成较大的缝隙。因此，随着钢（铝）窗型材的改进，必须生产、采用具有断面准确，质地柔软，压缩性比较大，耐火性较好等特点的密闭条。

我国的国家标准《建筑外窗空气渗透性能分级及其检测方法》中将窗的气密性能分为五级。其中 5 级最佳，节能标准中规定“设计中应采用密封性良好的窗户（包括阳台门），低层和多层居住建筑（1 ～ 6 层）中应等于或优于 3 级，高层和中高层居住建筑（7 ～ 30 层）应等于或优于 4 级，当窗户密闭性不能达到规定要求时，应加强气密措施，保证达到规定要求”。

普通单层钢窗 $q_1 < 5.0$，属 1 级；普通双层钢窗 $q_1 > 3.5$，属 2 级，因此，都不能满足节能要求。在钢窗中，只有制作和安装质量良好的标准型气密窗、国标气密条密封窗，以及类似的带气密条的窗户，才能达到 3 ～ 5 级。平开铝窗、塑料窗、塑钢复合窗等能达到 5 级。推拉铝窗、塑料窗能达到 4 ～ 5 级。

三、窗的遮阳

大量的调查和测试表明，太阳辐射通过窗进入室内的热量是造成夏季室内过热的主要原因。日本、美国、欧洲的一些国家以及中国香港地区都把提高窗的热工性能和阳光控制作为夏季防热以及建筑节能的重点，窗外普遍安装有遮阳设施。

夏季，南方水平面太阳辐射强度可高达 1000 W/㎡以上，在这种强烈的太阳辐射条件下，阳光直射到室内，将严重地影响建筑室内热环境，增加建筑空调能耗。因此，减少窗的辐射传热是建筑节能中降低窗口得热的主要途径。应该采取适当的遮阳措施，防止直射阳光的不利影响。

在严寒地区，阳光充分进入室内，有利于降低冬季采暖能耗。而这一地区采暖能耗在全年建筑总能耗中占主导地位，如果遮阳设施阻挡了冬季阳光进入室内，对自然能源的利用和节能是不利的。因此，遮阳措施一般不适用于北方严寒地区。

在夏热冬冷地区，窗和透明幕墙的太阳辐射的热夏季增大了空调负荷，冬季则减小了采暖负荷，应根据负荷分析确定采取何种形式的遮阳。一般而言，外卷帘或外百叶式的活动遮阳实际效果比较好。

遮阳是通过技术手段遮挡影响室内热环境的太阳直射光，但这并不影响采光条件的手段和措施。

四、提高窗保温性能的其他方法

窗的节能方法除了以上几个方面之外，设计上还可以使用具有保温隔热特性的窗帘、窗盖板等构件增加窗的节能效果。目前较成熟的一种活动窗帘是由多层铝箔——密闭空气层——铝箔构成，具有很好的保温隔热性能，不足之处则是价格昂贵。采用平开式或推拉式窗盖板，内填沥青珍珠岩、沥青蛭石、沥青麦草、沥青谷壳等，可获得较高的隔热性能及较经济的效果。现在正在试验阶段的另一种功能性窗盖板，是采用相变贮热材料的填充材料。这种材料白天可贮存太阳能，夜晚关窗的同时关紧盖板，该盖板不仅具有高隔热特性，可阻止室内失热，同时还将向室内放热。这样，整个窗户当按 24 小时周期计算时，就真正成为了得热构件。只是这种窗还须解决窗四周的耐久密封问题，及相变材料的造价问题等之后才有望商品化。

夜墙(Night wall)，国外的一些建筑中实验性地采用过这种装置。它是将膨胀聚苯板装于窗户两侧或四周，夜间可用电动或磁性手段将其推置窗户处，以大幅度地提高窗的保温性能。另外，一些组合的设计是在双层玻璃间用自动充填轻质聚苯球的方法提高窗的保温能力，白天这些小球可以被机械装置吸出收回，方便恢复窗的采光功能。

参考文献

[1] 王辉，王迎接．建筑工程施工质量验收与资料管理 [M]．北京：中国建筑工业出版社，2021.

[2] 叶辉，卓顺东，李诚．建筑施工管理与市政工程建设 [M]．北京：中国原子能出版社，2021.

[3] 李联友．工程造价与施工组织管理 [M]．武汉：华中科学技术大学出版社，2021.

[4] 高云．建筑工程项目招标与合同管理 [M]．石家庄：河北科学技术出版社，2021.

[5] 任雪丹，王丽．建筑装饰装修工程项目管理 [M]．北京：北京理工大学出版社，2021.

[6] 钟华．建筑工程造价 [M]．北京：机械工业出版社，2021.

[7] 田建冬．装配式建筑工程计量与计价 [M]．南京：东南大学出版社，2021.

[8] 孟琳．建筑构造 [M]．北京：北京理工大学出版社，2021.

[9] 经丽梅．建筑工程资料管理一体化教学工作页 [M]．重庆：重庆大学出版社，2021.

[10] 夏书强．建筑施工与工程管理技术 [M]．长春：北方妇女儿童出版社，2020.

[11] 蔡雪峰．建筑工程施工组织管理 [M]．北京：高等教育出版社，2020.

[12] 蒲娟，徐畅，刘雪敏．建筑工程施工与项目管理分析探索 [M]．长春：吉林科学技术出版社，2020.

[13] 蔡鲁祥，王岚．建筑装饰工程施工组织与管理 [M]．北京：中国轻工业出版社，2020.

[14] 钟汉华，董伟．建筑工程施工工艺 [M]．重庆：重庆大学出版社，2020.

[15] 姚亚锋，张蓓．建筑工程项目管理 [M]．北京：北京理工大学出版社，2020.

[16] 李书艳．道桥工程施工组织与管理 [M]．北京：北京理工大学出版社，2020.

[17] 蒋凤昌，周桂香．金融服务区建筑群的设计、施工与管理 [M]．上海：同济大学出版社，2020.

[18] 赵媛静．建筑工程造价管理 [M]．重庆：重庆大学出版社，2020.

[19] 项勇，卢立宇，徐姣姣．现代工程项目管理 [M]．北京：机械工业出版社，2020.

[20] 陈思杰，易书林．建筑施工技术与建筑设计研究 [M]．青岛：中国海洋大学出版社，2020.

[21] 杜瑞锋，韩淑芳，齐玉清．建筑工程 CAD[M]．北京：北京理工大学出版社，2020.

[22] 王炳洪，郭学明．装配式混凝土建筑 [M]．北京：机械工业出版社，2020.

[23] 陈鹏，叶财华，姜荣斌．装配式混凝土建筑识图与构造 [M]．北京：机械工业出版社，2020.

[24] 李润求，施式亮．建筑安全技术与管理 [M]．徐州：中国矿业大学出版社，2020.

[25] 关永冰，谷莹莹，方业博．工程造价管理 [M]．北京：北京理工大学出版社，2020.

[26] 杨智慧．建筑工程质量控制方法及应用 [M]．重庆：重庆大学出版社，2020.

[27] 赵海成．建筑设备安装工程概预算 [M]．北京：北京理工大学出版社，2020.

[28] 罗旭，胡江民，刘龙秋．轨道交通规划设计与施工管理 [M]．武汉：华中科学技术大学出版社，2020.

[29] 刘钟莹．建筑工程招标投标 [M]．南京：东南大学出版社，2020.

[30] 杨莅滦，郑宇．建筑工程施工资料管理 [M]．北京：北京理工大学出版社，2019.

[31] 李玉萍．建筑工程施工与管理 [M]．长春：吉林科学技术出版社，2019.

[32] 苏祥汾．建筑工程造价与施工管理 [M]．海口：南方出版社，2019.

[33] 朱治国，曹雅娴．建筑工程造价与施工管理 [M]．长春：吉林科学技术出版社，2019.

[34] 刘玉．建筑工程施工技术与项目管理研究 [M]．咸阳：西北农林科技大学出版社，2019.

[35] 肖凯成，郭晓东，杨波．建筑工程项目管理 [M]．北京：北京理工大学出版社，2019.